国家社科基金一般项目（项目批准号：21BJL127）

CHANGSANJIAO HUANJING ZHILI

ZHENGCE ZUHE JIXIAO PINGGU YU YOUHUA YANJIU

长三角环境治理政策组合
绩效评估与优化研究

李 强　魏 巍 ◎著

中国财经出版传媒集团

经济科学出版社
Economic Science Press

·北京·

图书在版编目（CIP）数据

长三角环境治理政策组合绩效评估与优化研究／李
强，魏巍著 . -- 北京： 经济科学出版社，2024.7.
ISBN 978 - 7 - 5218 - 6134 - 1

Ⅰ. X321. 25

中国国家版本馆 CIP 数据核字第 2024924W75 号

责任编辑：周国强　黎子民
责任校对：郑淑艳
责任印制：张佳裕

长三角环境治理政策组合绩效评估与优化研究

CHANGSANJIAO HUANJING ZHILI ZHENGCE ZUHE
JIXIAO PINGGU YU YOUHUA YANJIU

李　强　魏　巍　著
经济科学出版社出版、发行　新华书店经销
社址：北京市海淀区阜成路甲 28 号　邮编：100142
总编部电话：010 - 88191217　发行部电话：010 - 88191522
网址：www. esp. com. cn
电子邮箱：esp@ esp. com. cn
天猫网店：经济科学出版社旗舰店
网址：http: //jjkxcbs. tmall. com
固安华明印业有限公司印装
710 × 1000　16 开　19 印张　290000 字
2024 年 7 月第 1 版　2024 年 7 月第 1 次印刷
ISBN 978 - 7 - 5218 - 6134 - 1　定价：98. 00 元
（图书出现印装问题，本社负责调换。电话：010 - 88191545）
（版权所有　侵权必究　打击盗版　举报热线：010 - 88191661
QQ：2242791300　营销中心电话：010 - 88191537
电子邮箱：dbts@ esp. com. cn）

目　录

第一章

绪 论

本章重点介绍本书研究的背景及其意义，对国内外研究现状进行综合评述，最后对本书的研究思路、研究内容、研究方法及其创新之处进行重点阐释，为后续研究奠定基础。

第一节 研究背景和意义

一、研究背景

2020 年 8 月，习近平总书记主持召开扎实推进长三角一体化发展座谈会并指出，长三角地区是长江经济带的龙头，不仅要在经济发展上走在前列，也要在生态保护和建设上带好头。特别是，2020 年 9 月，习近平总书记在第七十五届联合国大会一般性辩论上宣布，中国二氧化碳排放力争于 2030 年前达到峰值，努力争取 2060 年前实现碳中和，如何实现"双碳"目标业已成为理论界与实务界关注的热点问题。作为我国经济发展水平较高和发展速度较快的区域，长三角地区环境治理取得一定成效，建立了大气和水污染防治协作机制，多项环境治理改革走在全国前列，如"河长制"的实施、"新安江模式"的推广，但环境治理是一个系统工程，长三角地区当前正处于环境问题高发期与环境意识升级期的叠加状态，修复生态环境是实现长三角地区高质量发展的重要组成部分。

作为生态文明建设的重要突破口，节能减排不仅是解决环境污染问题的重要手段，也是建设美丽中国的必经之路。中央政府高度重视环境治理问题，多次就生态文明作出顶层设计和总体部署，出台环境治理方面的指导意见。2012年，党的十八大把生态文明建设放在突出地位，并纳入社会主义现代化建设总体布局，明确提出大力推进生态文明建设。2014年，党的十八届四中全会提出加快建立生态文明法律制度，强调用严格的法律来保护生态环境。2016年，习近平总书记强调要树立"绿水青山就是金山银山"的强烈意识，应建立起生态文明制度的"四梁八柱"；同年，国务院发布《"十三五"生态环境保护规划》，提出要以提高环境质量为核心，打好污染防治三大攻坚战。2017年，党的十九大报告中关于环境治理方面的词汇，提到"生态"43处、"绿色"15处、"生态文明"12处、"美丽"8处，将"美丽中国"与中国梦紧密结合起来，明确将"美丽"作为全面建设社会主义现代化强国的重要目标之一，也是中国社会主要矛盾变化后作出的重要决策，体现了生态文明建设在我国未来经济社会发展进程中的重要性。党的十九届二中全会指出，必须坚持经济建设、政治建设、文化建设、社会建设、生态文明建设"五位一体"总体布局，必须坚持创新、协调、绿色、开放、共享的新发展理念，促使绿色发展理念更加深入人心。2018年，中共中央、国务院印发《关于全面加强生态环境保护　坚决打好污染防治攻坚战的意见》，明确了污染防治攻坚战的具体路线、时间，确保到2020年生态环境保护水平同全面建成小康社会的目标相适应。2018年，乡村振兴战略也突出以绿色发展为引领。2019年，党的十九届四中全会提出，要坚持和完善生态文明制度体系，实现人与自然和谐共生，并强调必须践行绿水青山就是金山银山的理念，坚持节约资源和保护环境的基本国策。2020年，中国共产党中央委员会第五次全体会议审议通过了《中共中央关于制定国民经济和社会发展第十四个五年规划和二〇三五年远景目标的建议》，明确提出我国生态文明建设的新目标，建设人与自然和谐共生的现代化。2021 年 3 月，习近平总书记在中央财经委员会第九次会议上强调："要把碳达峰、碳中和纳入生态文明建设整体布局，拿出抓铁有痕的劲头，如期实现 2030 年前碳达峰、2060 年前碳中和的目标。"国际社会对于我国提出的"双碳"目标给予高度评价，认为这对实现《巴黎协定》所设定的全球温升控制目标起到积极作用。2021 年 12 月 8 日，中央经济工作会议指出，要坚定不移推进实现碳达峰碳中和，但不可能毕其功于一役。2021 年 11 月 8 日，党的十九届六中全会提出，在实现碳达峰碳中和的进程中，要坚持稳中求进的工作总基调，逐步向前迈进。碳达峰与碳中和战略的推进需要经济社会进行系统性变革，在工业、能源、交通等方面深入开展绿色低碳行动，其中能源系统的低碳转型对实现"双碳"目标至关重要。我国当前能源结构以煤为主、能源体系规模庞大、转型成本高，同时，能源系统转型需要解决因可再生能源的不确定性造成的能源安全稳定供应难题，亟须探索能源系统低碳转型的可行路径。

根据经济学理论可知，环境污染治理的难点在于环境治理的正外部性、环境污染的负外部性和环境治理主体权责的不明晰。具体而言，我国环境政策的主要制定者是中央政府，而主要执行者是地方政府，因此，环境政策实施的效果依赖于地方政府的投入和地方政府间的协调沟通，更为重要的是，环境治理的正外部性、环境污染的负外部性和中央政府与地方政府在环境治理方面的目标不一致也是影响治理效果的重要因素（李永友和沈坤荣，2008）。此外，环境治理的效果还受中央政府对于地方政府治理环境污染的监管和考核的影响。就政策角度而言，以往中央政府对地方政府环境治理行为的监管和考核关注不多，尤其是环境污染与治理的外部效应，导致"多排放、少投入""我污染""你治理"成为地方政府的占优策略（赵霄伟，2014），进而造成地方政府环境治理意愿不强，也加剧了我国环境治理的难度（陈诗一，2011）。

因此，如何解决环境污染与治理的外部性、环境治理权责不明晰、地方政府与公众环境治理意愿不强等问题成为现阶段的研究热点。在此背景下，中央与地方政府高度重视环境治理问题，制定了一系列环境污染治理方面的政策与措施，如"河长制"、"林长制"、环保立法、环保督察、环保约谈等，那么，不同环境治理政策的实施效果如何？相较于单一环境治理政策而言，环境治理组合政策实施效果如何？"双碳"目标约束下如何进一步优化长三角环境治理政策组合？鉴于此，本书拟针对以上问题展开研究。与此相对应，本书提出的主要问题是：

（1）单一环境政策影响环境污染的内在机理是什么？单一政策具体的治污效果如何？

（2）如何进一步优化长三角环境治理政策组合？长三角环境治理的长效机制该如何构建，政策上、制度上该如何保障。

二、研究意义

长三角位于我国长江下游地区，濒临东海和黄海，是江海交会之地，也是"一带一路"与长江经济带的重要交会地带，还是我国经济最具活力、开放程度最高、创新能力最强的区域之一，在我国国家现代化建设大局和开放格局中具有举足轻重的战略地位。同时，长三角城市群是我国生态文明建设的先行示范带，面临经济发展和环境治理的双重任务，因此，对于长三角这样一个特殊区域而言，优化生态环境是未来一段时间长三角城市群建设的重要目标任务。基于此，本书的研究具有较高学术价值和应用价值。

（一）理论意义

环境问题具有典型的外部性特征，与之相伴而生的是环境治理权责不明晰、地方政府与公众环境治理意愿不强等问题，这也是影响我国环境治理绩效的关键因素。鉴于此，本书探究长三角环境治理政策的影响机制，聚焦环境治理政策绩效评估关键问题，扩展了环境治理相关理论，为长三角环境治理提供了新的研究思路及理论支撑，具有一定的学术价值。

（二）现实意义

生态环境不断恶化已成为影响长三角城市群可持续发展的重要因素，如何解决环境污染的外部性问题、推进环境治理成为影响长三角城市群可持续发展的关键所在。本书系统总结长三角"河长制"与"新安江模式"实践经验，揭示地方政府环境治理主体困境，在此基础上，对长三角地区已实施的环境治理政策组合减排效应进行评估，并拟从动力、补偿、协作、监督等角度提出长三角地区环境治理政策组合的优化路径，为制定科学合理的长三角环境治理政策提供理论依据，对于有序推进长三角地区绿色发展、更高质量一体化发展、可持续发展具有重要的参考价值，为建设美丽中国、打好污染防治攻坚战指明了前进方向。

第二节　国内外研究综述

现有文献从多个维度对环境污染与环境治理问题展开了研究，主要从环境治理的理论基础、主体、竞争、路径、效率等方面展开研究。基于本书的研究主题，拟从以下几个方面对现阶段文献成果进行梳理。

一、环境治理的理论基础

环境治理实践较早出现在西方发达国家，环境政策也主要经历了命令控制型、市场激励型与自愿参与型的转变，进而形成了环境治理的三大学派：环境干预主义学派、市场环境主义学派和自主治理学派。环境干预主义学派基于庇古税理论，主张政府采取征税、补贴等手段来解决环境污染外部性问题，进而发展为正式环境规制理论（Jaffe et al.，1995；Toshi & Sugino，2007；包群等，2013；林伯强和邹楚沅，2014；韩超等，2021）。市场环境主义学派基于科斯定理，认为市场能够解决环境污染的外部性问题，主张通过许可证交易制度、排放权交易制度等市场力量将外部性内部化，进而发展为非正式环境规制理论（Kathuria，2006；彭文斌和路江林，2017；傅京燕，2020；张彩云，2022）。自主治理学派基于奥斯特罗姆的自主治理理论，主张通过制度供给、可信承诺等方式使外部性内部化，最终达到环境治理的目的（Tiebout，1956；Harsman & Quigley，2010；Choi & Varian，2012；张宏翔和王铭槿，2020）。从我国环境治理实践来看，中央与地方政府是我国环境政策制定与实施的主要执行者，承担了我国环境治理的主要任务（魏一鸣等，2017；陈诗一和陈登科，2018），正式环境规制是现有文献研究的重要内容（沈坤荣和金刚，2018；陈晓红等，2020），如何科学评估长三角环境治理政策的实施效果也是本书研究的重点。

二、环境治理主体研究

环境污染涉及多个主体，因此环境治理的主体也应是一个多元化的主体，不仅包括政府，还应包括企业、居民和群众组织，它们在环境治理过程中发挥各自的作用（黄鑫权等，2019；胡乃元等，2021）。早期环境规制的研究主要依靠政府行政指令管理开展，将环境规制等同于政府规制，即由政府主导的正式环境规制。因此，众多国内外学者针对正式环境规制展开了丰富的研究（Dean et al.，2000；黄德春和刘志彪，2006；张成等，2011；范子英和赵仁杰，2019；李青原和肖泽华，2020；步晓宁和赵丽华，2022），研究的重点主要包括以下方面：环境规制对经济增长（李强和王琰，2019；郭然和梁艳，2022）、产业转移（刘燕等，2021）、技术进步（Hamamoto，2006；修静等，2022）、进出口贸易（李秀珍等，2014；王俊等，2020）的影响。

随着学者研究的深入，国外学者帕尔加勒和维勒（Pargal & Wheeler，1995）首次提出了非正式环境规制的概念，认为当正式环境规制失效时，公众仍可以通过谈判、协商等手段自发完成环保协议，实现环境污染治理（李子豪，2017；张华和冯烽，2020）。此后，国内外学者对非正式环境规制的有效性做了丰富的研究，但现阶段结论存在分歧（李强，2020）。部分学者的研究表明，公众参与下的非正式环境规制有助于污染产业的转移（彭文斌等，2013），有利于实现产业升级（原毅军和谢荣辉，2014；郑晓舟等，2021），也有助于环境污染的治理（Kathuria & Sterner，2006；李强，2018）。但也有学者发现，非正式环境规制的减排效应要弱于正式环境规制（彭文斌等，2014），其减排效应不明显（傅京燕，2009）。

三、环境治理路径研究

现有文献从不同角度对征收碳税、排放权交易以及两者的复合型减排政策做了大量研究，并实证检验了各种政策的减排效应（李强和王亚仓，2021）。征收碳税的理论基础是庇古税理论，研究重点是正式环境规制对环境污染的影响（Baranzini et al.，2000）。有学者研究发现，征收碳税不仅可以显著降低碳排放量，还可以促进新能源技术的发展（Floros & Vlachou，2005；肖谦等，2020）。也有学者研究表明，征收碳税会增加能源供给，最终加剧碳排放，即"绿色悖论"效应（Sinn，2008）；部分学者重点研究征收碳税对环境治理、技术进步的作用（Manne & Richels，2006；Nordhaus，2008；Jin，2012；Brandt & Svendsen，2014）。综合而言，作为应对气候变化和治理环境的重要手段，碳税的作用具有异质性，总体上其对发展中国家的影响大于发达国家（顾高翔和王铮，2015；吕宝龙等，2019；夏西强和李飚，2020）。排放权交易研究的理论依据是科斯定理，是一项基于市场力量进行环境治理的重要手段。西方国家的排放权交易实践表明，排放权交易有利于节能减排和环境治理，我国2007年也逐步实施了排放权交易试点。国外学者对于排放权交易的研究主要基于排放权的初始分配（Hahn，1984）、定价机制（Fehr et al.，2009）、排放权交易下企业的行为（Goeree，2010）以及福利效应（Betz et al.，2010）。国内学者的研究发现，我国排放权交易试点制度一定程度上降低了硫排放强度，有利于地区经济高质量发展（李永友和文云飞，2016；景国文，2022）。但也有学者研究发现，我国现阶段排放权交易试点建设过程中存在企业了解程度较少、参与度较低、市场交易量较小等问题，一定程度上降低了排污权交易政策的效果（朱皓云等，2012）。也有学者研究表明，将累进性的价格形成机制引入排放权初始分配体系中，有利于实现排放权交易制度的良性运转（邹伟进等，2009；沈洪涛和黄楠，2019）。总体而言，绝大多数文献的研究表明，碳税和排放权交易结合的复合型减排政策是治理我国环境的最有效手段（Mandell，2008；Lee et al.，2008；石敏俊等，2013；董梅，2020）。

四、环境治理竞争研究

目前，我国环境政策的制定者为中央政府，主要执行者是地方政府，由于环境治理显著的正外部性和环境污染负外部性特征，地方政府在环境政策执行过程中容易出现相互"模仿"的行为，特别是，环境政策制定者与执行者的分异将使其环境治理目标不一致，因此，如何避免地方政府间的环境规制竞争成为我国环境治理进程中亟待解决的关键问题。此外，环境污染具有的空间相关性及其空间溢出效应也加大了环境治理的难度（Anselin，2001；Maddison，2007；豆建民和张可，2015；赵琳等，2019；凌星元等，2022），进而加剧地方政府在环境规制方面的竞争。环境规制竞争主要指竞争主体为了吸引资本、劳动力等要素，从而采取更具吸引力的环境政策（Breton，1996）。当地方政府为了短期经济发展实施较宽松的环境政策时，相邻地区可能采取同样的手段，最终导致"逐底竞争"（Woods，2021；余升国等，2021；

沈忻昕，2022），引发环境水平不断恶化（Wheel，2001；王宇澄，2015；刘华军等，2019）。沈坤荣（2020）的研究发现，上下游地方政府竞争导致了污染回流效应，而污染回流效应将被辖区内的"标尺竞争"进一步放大。也有环境规制竞争影响因素的研究发现，环境污染外部性（李胜和陈晓春，2011；李国平和王奕淇，2016）、地方政府间的博弈（李国平和王奕淇，2016）、财政分权（张华，2016）是影响环境规制竞争的重要因素。与此同时，也有学者的研究表明，地方政府环境规制竞争现象并不明显（Potoski，2001；肖宏，2008），"棘轮效应"会使各地方政府实施更高规格的环境标准，从而引发政府间的"逐顶竞争"（Vogel，1997；张彩云等，2018）。

五、环境治理效率研究

国外学者对环境规制效率的研究大多基于成本－收益理论（Laplante & Rilstone，1996）、方向距离函数法（Pedro，2010）、环境库兹涅茨曲线（Brunnermeier，2003）等理论展开。有学者研究发现，环境规制政策主要通过降低企业污染排放量，提升环境治理效率（Magat & Viscusi，1990；Conrad & Wastl，1995；Greenstone，2002；Matthew，2007）。有学者的研究表明，环境规制政策主要通过降低污染排放的时间来达到治理环境（Nadeau，1997）。国内学者大多从空间收敛模型（贾卓等，2022）、基于松弛值的测算模型（任梅等，2019；常雅茹等，2022）、数据包络（杜红梅等，2017）等方法对环境规制效率进行分析。有学者的研究表明，我国环境规制效率总体呈不断上升的态势（徐维祥等，2021），但总体水平仍有待提高（范纯增等，2016），并且呈现区域异质性特征，东部环境规制效率明显高于中西部地区（常明等，2019；李强和韦薇，2019；董会忠和韩沅刚，2021），其中，科技创新（唐德才等，2016）、中央与地方政府之间的博弈（朱德米，2010）、政府干预（朱德米，2010；贾卓等，2022）对环境治理效率具有显著影响。

六、长三角环境治理的相关研究

长三角区域一体化上升为国家战略以来，长三角地区大气、水污染防治和区域协同治理等方面成为国内学者研究的重要内容（卢洪友和张奔，2020）。马海良等（2012）的研究表明，长三角地区要素能源效率普遍较高，总体水平仍在逐步提升（孙久文等，2012；宋晓薇等，2019；郭姣，2021），但不同城市存在较大差异（程华，2014；佘倩楠等，2015；郭炳南等，2017；宋晓薇和王慧芳，2019），且偏向于劳动密集型的要素投入结构有利于能源效率的提升（杨莉莉等，2014）。有学者的研究表明，忽视能源使用减排技术的提高将导致长三角地区能源使用技术进步增长率的降低（张伟和吴文元，2011），环境规制强度提升有助于缓解长三角地区水环境压力（赵领娣，2019）。

关于长三角地区碳排放的驱动因素研究方面，产业结构被视为影响长三角碳排放效率最重要的因素（丁胜和温作民，2014；何真，2018；李健等，2019），其原因在于第二产业仍是促进经济发展的主要动力，在短期难以实现大规模的产业结构转型。同时，外商直接投资（徐欢欢，2014）、人口和经济因素（陈操操，2017）、技术进步（李建豹等，2020）等也是影响长三角碳排放的重要因素。关于环境治理效率的研究，有学者研究表明，长三角环境效率处于较低水平（苑清敏等，2015），但总体处于波动上升的状态，且各城市存在一定差异（甘甜和王子龙，2018）。在区域协同治理方面，有学者提出建立区域大气污染联防联控机制（朱新中，2019；郭艺等，2022），从完善协同治理的制度框架、推进区域大气环境标准趋同、推动区域环境执法协同三个角度打破区域协同治理瓶颈（郭炳南等，2017；周林意，2019）。

综上所述，现有文献围绕环境治理的理论基础、主体、竞争、路径、效率等角度展开研究，这为本研究提供了有益借鉴。现有文献主要基于庇古税和科斯定理两大理论基础，探讨了地方政府环境治理竞争和环境治理效率问题；对环境治理主体研究主要从政府和市场两个方向展开，进而演变出正式环境规制与非正式环境规制研究；对环境规制路径探讨主要从政府和市场力量两个方面展开，进而演变出碳税和排放权交易研究（涂正革等，2018）。但是，现有文献着重探讨了单一环境治理政策的减排效应，缺乏综合考察不同环境治理政策组合实施效果的研究，特别是，当前我国环境治理取得较大成效，环境污染治理进入深水区，环境治理难度越来越大，环境治理政策组合势必成为未来一个阶段我国环境治理的主要路径。鉴于此，本书将在系统总结长三角环境治理实践与困境的基础上，科学评估长三角环境治理政策组合的实施效果，提出长三角环境治理政策组合的优化路径，为实现长三角可持续高质量发展提供智力支持。

第三节　研究对象、内容、方法与思路

一、研究对象

本书以长三角地区环境治理政策组合绩效评估与优化为研究对象，重点阐释环境治理政策的影响机理、验证环境治理政策组合的实施效果、提出长三角环境治理政策组合的优化路径，进而助推绿色美丽长三角建设。具体而言，长江三角洲城市群包括上海市、江苏省、浙江省和安徽省，共 41 个城市，具体为上海市，江苏省的南京、无锡、徐州、常州、苏州、南通、连云港、淮安、盐城、扬州、镇江、泰州、宿迁，浙江省的杭州、宁波、温州、嘉兴、湖州、绍兴、金华、衢州、舟山、台州、丽水，安徽省的合肥、芜湖、蚌埠、淮南、马鞍山、淮北、铜陵、安庆、黄山、滁州、阜阳、宿州、六安、亳州、池州、宣城。

二、研究内容

党的十九届六中全会指出，在生态文明建设上，党中央以前所未有的力度抓生态文明建设，美丽中国建设迈出重大步伐，我国生态环境保护发生历史性、转折性、全局性变化。长三角地区是长江经济带的龙头，不仅要在经济发展上走在前列，也要在生态保护和建设上带好头（习近平，2020）。鉴于此，本书首先对国内外环境治理问题进行回顾，探讨本书研究的主要内容、主要方法、创新之处等（第一章），对长三角环境污染与治理现状进行系统总结（第二章），探讨长三角环境治理实践，对长三角环境治理面临的困境进行深入剖析（第三章）；其次，阐释单一环境治理政策的影响机理（第四章），科学评估单一环境治理政策（环境分权、环保立法、生态补偿、环保约谈和环保督察）的实施效果（第五章），科学评估组合环境治理政策的实施效果（第六章）；再次，提出长三角环境治理政策组合优化路径，拟从动力机制、补偿机制、监督机制、公众参与机制、区域协调机制等维度构建长三角环境治理长效机制（第七章）；最后，在总结本书研究结论的基础上，提出促进长三角环境治理的政策建议（第八章）。主要研究内容如下：

第一章，绪论。本章首先阐述本书的研究背景以及研究意义，对国内外环境污染与环境治理的研究进行系统总结、归纳，在此基础上，提出本书研究的主要对象、主要内容、主要方法及创新之处，奠定研究基础。

第二章，长三角环境污染与治理时空演化特征研究。本章首先阐释"双碳"目标背景下环境治理的迫切性，在此基础上，分别从时间和空间两个维度对长三角城市群 41 个城市环境污染与环境治理现状进行分析，系统总结长三角环境污染与治理总体特征。

第三章，长三角环境治理实践与困境研究。本章从长三角环保立法、环境分权、生态补偿、环保督察、环保约谈等环境治理政策入手，系统梳理"太湖流域"区域环境立法、江苏吴江首个河长制跨区联治、"新安江流域"生态补偿机制试点、长三角"蓝天保卫战强化督察"以及地方环保约谈等长三角环境治理实践与案例,分析长三角地区的环境治理面临的困境。

第四章,长三角环境治理政策的影响机理研究。本章首先介绍环境治理方面的相关理论,在此基础上,从单一环境治理政策治理视角阐释环境分权、环保约谈、环保督察、环保立法、生态补偿这五种环境治理政策影响环境污染的内在机理,夯实本研究的理论基础。

第五章,长三角环境治理单一政策绩效评估。本章首先采用双重差分估计方法(DID)来实证评估环境治理单一政策的绩效水平,通过分组双重差分回归的方法探讨环境治理单一政策影响环境治理绩效的区域异质性、时间异质性情况;其次,设计了空间双重差分模型检验环境治理单一政策减排作用的空间溢出效应;最后,通过平行趋势检验、安慰剂检验、PSM-DID、更换被解释变量、固定省份效应等方法进行多维度的稳健性检验,系统总结长三角单一环境治理政策的实施效果。

第六章,长三角环境治理政策组合绩效评估。本章首先构建三重差分模型评估长三角环境治理政策组合(环境分权、环保约谈、环保立法、生态补偿和环保督察两两一组,共10组)实施效果;其次,构建空间杜宾模型、空间自回归模型、空间误差模型研究长三角区域环境治理策略互动行为,进行多维度的稳健性检验,与单一环境治理政策绩效进行比较,系统总结长三角组合环境治理政策的实施效果。

第七章,长三角环境治理路径优化与长效机制构建。本章基于前面章节的理论与实证研究,提出长三角环境治理政策组合优化路径,拟从动力机制、补偿机制、监督机制、公众参与机制、区域协调机制等维度提出长三角环境治理长效机制,为长三角地区环境治理政策制定提供理论参考。

第八章,研究结论和推进长三角环境治理政策建议。本章首先系统总结本书的主要研究结论,在此基础上,结合长三角地区实际,提出促进长三角地区环境治理的政策建议。

三、研究方法

第一，文献研究法。本书围绕环境治理、长三角区域一体化、城市群等内容，对相关研究文献进行系统梳理，了解现有文献对环境分权、环保立法、生态补偿、环保约谈和环保督察的评价方法，从中寻找与环境分权相关的理论和方法支持，为研究长三角环境治理长效机制做准备，构建长三角环境治理长效机制的理论研究框架。

第二，调查研究与案例分析相结合研究方法。选取太湖流域（"河长制"发源地）和新安江流域（皖浙两省生态补偿试点区域）进行实地调研，通过访谈调查和参与性观察等方法，系统总结"河长制"与"新安江模式"的成功经验。借鉴国际上尼罗河、亚马孙河等流域环境治理的成功经验，构建更切合长三角实际的环境治理研究思路。

第三，实证分析方法。采用 GIS、动态面板、空间计量、双重差分、三重差分等实证研究方法探究长三角地方政府环境治理的策略互动特征，实证研究长三角单一与组合环境治理政策的实施效果，系统总结、比较单一环境治理政策与环境治理组合政策的减排效应。

四、研究思路

本书聚焦长三角环境治理问题，比较单一环境治理政策与组合环境治理政策组合绩效，提出长三角环境治理优化路径。具体而言，在系统总结长三角地区环境治理实践与经验基础上，揭示环境治理主体博弈困境；阐释环境分权、环保立法、生态补偿、环保督察和环保约谈等环境治理政策的影响机理；评估不同环境治理政策组合的实施效果；从动力机制、补偿机制、监督机制、公众参与机制、区域协调机制等方面设计长三角环境治理政策组合的长效机制；提出长三角地区环境治理政策组合的优化路径。本书总体研究思路见图 1-1。

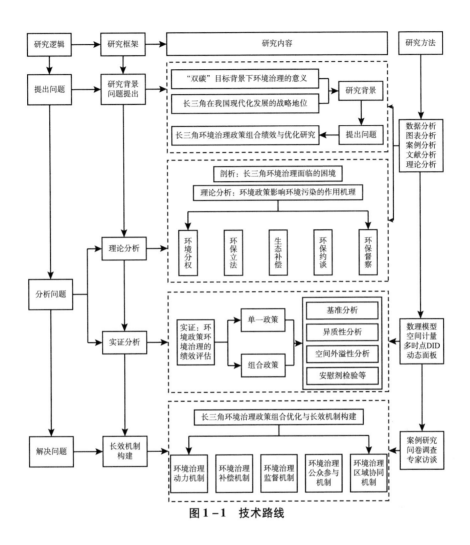

图 1-1　技术路线

第四节　可能的创新与不足

一、创新之处

研究视角方面的创新。现有研究着重探讨了单一环境治理政策的实施效果，但综合考察不同环境治理政策组合实施效果的研究较少涉及。本书聚焦长三角环境治理政策组合绩效评估与优化问题，研究视角较为新颖，具有一定创新性。

理论探索方面的创新。探究环境分权、环保立法、生态补偿、环保督察和环保约谈等环境治理政策的影响机理，丰富和扩展了环境治理的理论分析框架，理论探索上具有一定创新性。

政策设计方面的创新。基于环境治理政策组合绩效评估研究，拟从动力机制、补偿机制和监督机制等维度设计长三角环境治理政策组合的优化路径，为长三角地区乃至全国环境政策制定提供理论支撑，政策设计路径上具有一定创新性。

二、不足之处

一是区域异质上，区域异质性表现在区位条件、资源禀赋、市场化程度等方面，碍于数据的可得性及指标衡量的复杂性，本书仅从区位条件一个方面来研究环境政策与环境治理的关系，多维度考察异质性的影响是以后的研究中需要改善的地方。

二是研究深度上，受限于作者自身专业及能力，在本书的撰写过程中可能存在逻辑性不够严密与层次感不强等问题，导致研究内容缺乏一定的深度与系统性。

第五节　本章小结

本章首先阐释本书的研究背景与意义，突出长三角环境治理的重要性，对国内外环境治理研究进行系统总结，着重总结了环境治理的理论基础、主体、路径、竞争等研究，对长三角环境污染与治理等研究进行回顾，对现有文献的研究进行梳理，并据此提出未来可能的研究方向。其次，系统分析本书的研究对象、研究方法、研究内容和创新之处，为本书的理论和实证研究奠定基础。

第二章

长三角环境污染与治理时空演化特征研究

作为国家重大战略的重要承载区和示范区，厘清长三角环境污染与环境治理的时空演化特征具有极其重要的理论与现实意义。鉴于此，本章首先阐述了"双碳"约束背景下长三角地区环境治理的意义，在此基础上，分别从时序变化与空间分异角度出发，深入分析 2009～2019 年长三角地区 41 个城市环境污染和环境治理现状，探究长三角各城市的环境污染和环境治理水平的时空演化特征，为本书后续章节的实证研究夯实基础。

第一节　引　　言

环境污染问题是当前全球面临的共同挑战，关乎经济社会可持续发展，受到了国际社会的普遍关注。作为世界上最大的能源消耗国与碳排放国，我国对环境污染问题给予了高度关注，提出了一系列促进环境改善的发展思路与发展目标。"碳达峰"和"碳中和"作为我国重大发展战略，旨在通过以化石能源为主的能源体系向以可再生能源为主转型，进而推进经济社会高质量发展。作为全球气候与环境治理的重要参与者，我国已将"碳达峰"和"碳中和"纳入生态文明建设整体布局。作为"十四五"的开局之年，国家及相关部委在 2021 年共颁布生态环境相关领域政策性文件 105 项，其中中共中央、国务院层面发布文件 14 项，相关部委发布文件 91 项，整体呈现数量多、分量足、重点明确的特点。2021 年 3 月，习近平总书记在中央财经委员会第九次会议中强调"我国力争 2030 年前实现碳达峰，2060 年前实现碳中和"。国际社会对于我国提出的"双碳"目标给予高度评价，认为这对实现《巴黎协定》所设定的全球温升控制目标起到积极作用。2021 年 9 月 22 日，为全面贯彻落实新发展理念，做好"碳达峰"和"碳中和"工作，中共中央、国务院出台了《关于完整准确全面贯彻新发展理念做好碳达峰碳中和工作的意见》，2021 年 10 月 24 日国务院印发了《2030 年前碳达峰行动方案》，这两份文件的有机衔接为"双碳约束"工作明确了目标、要求、原则与任务，标志着我国"双碳约束"战略的实施迈出了实质性一步。当前，我国经济正处于由高速增长向高质量增长转型阶段，"双碳"目标约束下以绿色低碳和可持续发展为特征的新增长路径将成为全国经济转型的主要方向，与此同时，环境保护与环境治理也将是未来一段时间我国经济发展的重中之重。

长三角是"一带一路"与长江经济带的重要交会地带，在我国现代化建设大局和开放格局中具有举足轻重的战略地位，是我国参与国际竞争的重要平台、经济社会发展的重要引擎、长江经济带的引领者，是我国经济最具活力、开放程度最高、创新能力最强的区域之一，也是我国区域一体化起步最早、基础最好、程度最高的地区。同时，长三角城市群是我国生态文明建设的先行示范带，面临经济发展和环境治理的双重任务，因此，对于长三角这样一个特殊区域而言，优化生态环境是未来一段时间长三角城市群建设的重要目标任务，"双碳约束"背景下探究长三角地区环境治理绩效与优化路径具有重要的理论与现实意义。

第二节　长三角环境污染时空演化特征分析

21 世纪以来，长三角地区经济社会快速发展，成为我国经济最具活力的地区之一，然而，经济建设取得巨大成就的背后，资源环境面临着严峻的考验，与区域经济发展所处阶段极不协调。据生态环境部公布的《2019 年中国生态环境状况公报》显示，长三角 41 个城市平均污染超标天数比例为 23.5%，其中，细颗粒物（$PM_{2.5}$）、可吸入颗粒物（PM_{10}）和二氧化氮（NO_2）对环境造成的污染尤为严重。环境污染问题不仅威胁居民的身体健康，对城市可持续发展也带来了严峻挑战，因此，加快推进生态文明建设已然成为实现我国经济社会可持续发展的重大现实需求。在此背景下，掌握长三角地区环境污染现状，深化对长三角环境污染时空演变特征研究，对制定长三角地区绿色发展政策意义重大。本节利用三类污染物排放量对环境污染指数进行测算，在此基础上，分析 2009 ～ 2019 年长三角 41 个城市环境污染的时序变化以及空间分异特征，对长三角环境污染现状作出初步评估。

一、指标体系构建与数据来源

（一）指标体系构建原则

构建科学的环境污染指标评价体系是准确测度环境质量的重要基础。为了准确真实分析长三角环境污染现状，遵循科学性、全面性、实用性、可比性，以及动态和静态相结合等原则建立环境污染指标评价体系。其中，科学性原则是指在环境污染指标体系构建过程中，需要借助科学的理论，遵循科学的程序，运用科学的思维进行研究、分析，既要紧扣我国实际国情，尤其是长三角现阶段环境污染现状，把握住影响环境污染的最基本的要素，又要科学、客观看待事物发展的过程，综合多维度地进行分析。全面性原则是指在构建环境污染指标体系过程中，往往单一或较少的指标不能概括、反映环境污染各个层面的具体特征，因此在初步建立指标体系时应尽可能多地选取相关指标，保证评价体系的客观和准确。实用性原则是指选取的指标数据需要具有实用意义，不仅能真实反映长三角污染概况，还能保障可获取、准确、真实，确保环境污染指标反映结果的真实性和有效性。可比性原则是指选取的体系指标需要进一步考虑计量口径、方法问题，以满足纵向可比和横向可比。其中，纵向可比主要针对不同时期下的同一事物的比较，而横向可比则主要针对同一时期下不同事物的比较。静态和动态相结合原则是指基于环境污染的静态特征和动态特征，从动态与静态相结合的视角对环境污染水平进行测度。

（二）环境污染指标体系

近年来，环境问题逐渐成为学术界研究的热点问题，国内外学者对环境污染的测度方法展开了诸多探索，从现有的研究成果看，主要分为单指标测度和综合指标测度两种方法。鉴于单指标测度法并不能全面、准确衡量环境污染真实特征，因此，本研究采用综合指标测度法对环境污染指数进行测度。考虑到城市层面数据的可得性以及计算结果的可比性，本部分参考李强（2018）的研究，结合废水、废气、烟尘三方面污染来源，通过城市工业废水排放量、工业二氧化硫排放量、工业烟（粉）尘排放量三个基础指标构建环境污染综合指标体系，具体见表2-1。

表2-1　　　　　　　　　　环境污染指数指标体系

一级指标	二级指标	三级指标	单位
环境污染指数	水	工业废水排放量	万吨
	气体	工业二氧化硫	吨
	粉尘	工业烟（粉）尘排放量	吨

（三）数据来源

本研究中，水污染、气体污染和粉尘污染变量分别用工业废水排放量、工业二氧化硫排放量和工业烟（粉）尘排放量表征，基础数据来源于2010～2020年的《中国城市统计年鉴》《安徽省统计年鉴》《江苏省统计年鉴》《浙江省统计年鉴》《上海市统计年鉴》。

（四）环境质量指数测度方法

学界关于多指标评价的方法较多，主要可以归纳为主观赋权法和客观赋权法两大类。其中，熵值法是在社会经济领域中应用较为广泛的客观赋权法。通常，在 m 个样本、n 个评价指标形成的原始数据矩阵中，熵值法主要用来判断某个指标的离散程度。熵在信息论中通常是对不确定信息的度量，因此一个指标的信息熵越小，其离散程度越大，提供的信息越大，所占权重也就越大；反之，信息熵越大，离散程度越小，信息量越小，所占权重也就越小。使用熵值法确定权重不仅可以克服主观赋权法存在的随机性问题，还可以有效解决综合指标变量间的信息重叠问题。由此，为了使评价结果更为客观，本部分选择熵值法进行权重确定，并在此基础上利用加权求和测度长三角地区环境污染指数，具体的计算步骤为：

1. 设定数据矩阵

假设矩阵 $A = \begin{pmatrix} x_{11} & \cdots & x_{1m} \\ \vdots & & \vdots \\ x_{n1} & \cdots & x_{nm} \end{pmatrix}$，其中，$x_{ij}$ 为第 i 年第 j 个指标的值，$i \in [1,$ 10]、$j \in [1, 3]$。

2. 数据的标准化

鉴于体系选取的各项指标计量单位不统一，因此在计算综合得分前，需要进行数据标准化处理，将绝对值处理为相对值，以此避免不同指标值的同质化问题。但考虑到正向指标和负向指标数值的内涵不同（正向指标数值越高越好，负向指标数值越高越差），因此，需要对正向指标和负向指标采用不同的算法进行数据标准化处理。具体如下：

正向指标：

$$x_{ij}' = \frac{x_{ij} - \min(x_{1j}, \cdots, x_{nj})}{\max(x_{1j}, \cdots, x_{nj}) - \min(x_{1j}, \cdots, x_{nj})} + 0.00001 \qquad (2-1)$$

负向指标：

$$x'_{ij} = \frac{\max(x_{1j}, \cdots, x_{nj}) - x_{ij}}{\max(x_{1j}, \cdots, x_{nj}) - \min(x_{1j}, \cdots, x_{nj})} + 0.00001 \quad (2-2)$$

式（2-1）和式（2-2）中，$\min(x_{1j}, \cdots, x_{nj})$、$\max(x_{1j}, \cdots, x_{nj})$ 分别表示全部年份第 j 个指标观测值中的最小值和最大值。出于方便的考虑，本章将归一化后的非负数据统一记为 X_{ij}。

3. 同度量化各指标

在数据标准化处理后，需要对指标 X_{ij} 的比重 P_{ij} 进行计算，具体计算第 i 年第 j 个指标经标准化处理后的值在所有被评价对象第 j 个指标经标准化处理后的值总和中的比例。

$$p_{ij} = \frac{X_{ij}}{\sum_{j=1}^{n} X_{ij}} \quad (2-3)$$

4. 指标熵值

计算第 j 项指标的熵值 e_j，可证明 $e_j \in [0, 1]$。

$$e_j = -\left(\frac{1}{\ln n}\right) \sum_{i=1}^{n} p_{ij} \ln(p_{ij}) \quad (2-4)$$

其中，$n=10$。

5. 计算差异系数

计算第 j 项指标的差异性系数 λ_j，其值越大，则指标在综合评价中就越重要。

$$\lambda_j = 1 - e_j \quad (2-5)$$

6. 差异系数归一化

计算每个指标的权重 w_j。

$$w_j = \frac{\lambda_j}{\sum_{j=1}^{m} \lambda_j} \quad (2-6)$$

7. 计算环境污染指数

计算第 i 年的环境污染指数 EM_i。

$$EM_i = \sum_{j=1}^{m} w_j \times p_{ij} \quad (2-7)$$

二、长三角地区环境污染现状分析

为综合考察长三角地区环境污染概况，本部分主要分析 2009～2019 年长三角地区 41 个城市工业废水排放量、工业二氧化硫排放量和工业烟（粉）尘排放量，从时间和空间两个维度对长三角环境污染现状进行分析。

（一）长三角地区工业废水排放分析

图 2 - 1、图 2 - 2 为长三角地区工业废水排放量的时序变化图。总体而言，长三角地区工业废水排放量呈下降趋势，少数年份下降趋势不明显，其中 2015～2016 年下降最为明显。具体而言，江苏省工业废水排放量呈逐步下降的趋势，其中 2015～2017 年下降最为明显。浙江省工业废水排放量呈现出波动下降的趋势，2010 年和 2013 年工业废水排放量达到峰值，2014～2019 年浙江省工业废水下降趋势逐渐趋于平缓。安徽省和上海市在 2009～2019 年工业废水排放量和变化趋势较为接近，其中安徽省在 2013 年和 2015 年的工业废水排放量较高，2015 年后出现下降趋势。上海市工业废水排放量在 2015～2018 年呈现下降趋势，但在 2019 年有所上升。长三角地区工业废水排放量在空间上呈现出明显的差异，其中，安徽省单位面积工业废水排放量最小，江苏省和浙江省单位面积工业废水排放次之，上海市单位面积排放量最大。城市层面数据分析结果表明，工业废水排放量较高的五个城市依次分别为：苏州市、上海市、绍兴市、杭州市和无锡市。

（二）长三角地区工业二氧化硫排放分析

图 2 - 3、图 2 - 4 为长三角地区工业二氧化硫排放量的时序变化图。综合而言，2009～2019 年长三角地区工业二氧化硫排放量总体呈现下降态势。具体而言，江苏省 2009～2015 年工业二氧化硫排放下降趋势较为平缓，2015～2019 年的下降趋势较为显著，排放量从 2015 年的 79.47 吨降至 2019 年的 19.15 吨。浙江省工业二氧化硫排放总量总体呈下降趋势，其中，2009～

2015 年二氧化硫排放总量下降趋势较为平缓；2015 ～ 2016 年下降幅度较大，由 2015 年的 52.4 吨下降至 2016 年的 24.5 吨；2016 ～ 2019 年下降趋势较为平缓。安徽省工业二氧化硫排放总量总体呈现下降趋势，其中，2016 年安徽省二氧化硫排放总量下降幅度最大。上海市工业二氧化硫排放总量总体呈现下降趋势，其中，2010 ～ 2017 年下降趋势较为明显。长三角地区工业二氧化硫排放量的空间分布呈现出明显的差异，其中，安徽省单位面积工业二氧化碳排放量最小，江苏省和浙江省次之，上海市单位面积排放量最大。城市层面数据分析结果表明，工业二氧化硫排放量较高的五个城市依次分别为：苏州市、无锡市、徐州市、阜阳市和淮南市。

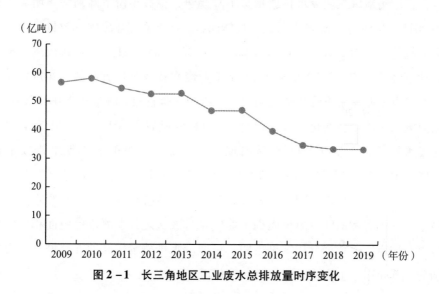

图 2 - 1　长三角地区工业废水总排放量时序变化

（三）长三角地区工业烟（粉）尘排放分析

图 2 - 5、图 2 - 6 为长三角地区的工业烟（粉）尘排放状况。综合而言，长三角地区各省（市）工业烟（粉）尘排放量呈现先上升、后下降趋势，但总体排放量呈下降的趋势。分区域来看，上海市工业烟（粉）尘排放量较为稳定，其次是浙江省和江苏省，安徽省工业烟（粉）尘排放量波

动最大。长三角各地区工业烟（粉）尘排放量在空间分布上呈现出明显的差异，其中，安徽单位面积工业烟（粉）尘排放量最小，江苏省和浙江省次之，上海市单位面积排放量最大。城市层面数据分析结果表明，工业烟（粉）尘排放量较高的五个城市依次分别为：马鞍山市、常州市、徐州市、无锡市和苏州市。

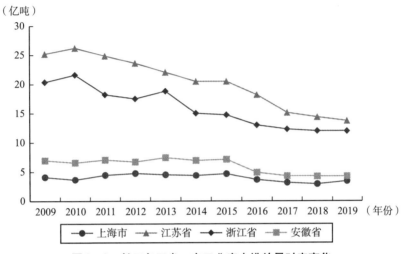

图 2 - 2　长三角三省一市工业废水排放量时序变化

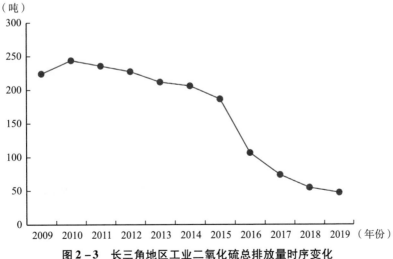

图 2 - 3　长三角地区工业二氧化硫总排放量时序变化

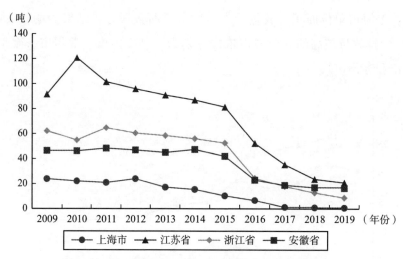

图2-4 长三角三省一市工业二氧化硫排放量时序变化

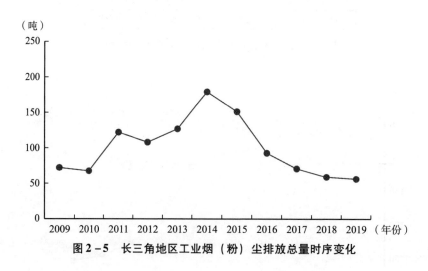

图2-5 长三角地区工业烟（粉）尘排放总量时序变化

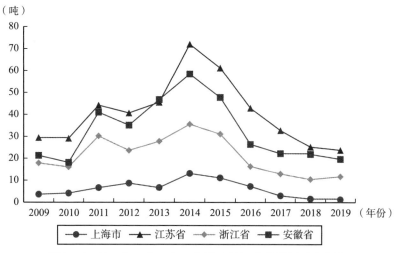

（吨）

图2-6 长三角三省一市工业烟（粉）尘排放量时序变化

（四）长三角地区环境污染时空演化分析

本部分选取长三角41个城市2009～2019年工业废水排放量、工业二氧化硫排放量、工业烟（粉）尘排放量作为基础指标，构建综合指标体系测度长三角城市环境污染指数。测度结果如下：

1. 长三角地区环境污染时序演变特征

图2-7报告了长三角环境污染时序变化趋势。结果显示，长三角地区2009～2019年环境污染水平波动幅度较大，整体呈现先波动上升后下降的趋势，意味着此阶段长三角城市环境质量不断提升。

2. 长三角环境污染空间分布特征

总体而言，长三角地区各区域环境污染差异较为明显，2019年环境污染分布状况相对于2009年发生了较大变化，且各省区域之间环境污染水平存在差异。具体而言，上海市环境污染水平较高，其环境质量低于长三角其他地区；浙江省和安徽省的环境污染指数较为接近，总体环境质量较好。

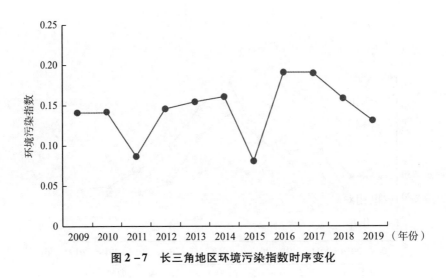

图 2-7　长三角地区环境污染指数时序变化

（五）长三角地区环境污染空间分异特征

1. 空间自相关

根据"地理学第一定律"，所有事物之间均有联系，且事物之间地理距离越近，这种联系也越紧密。长三角腹地广袤，各城市环境污染呈现差异化特点，应把握区域环境污染现状，采取高效的环境治理，为此，本章应用空间计量经济学中的空间自相关理论与方法，对长三角环境污染的相关性进行分析，空间自相关方法包括全局空间自相关和局部空间自相关两种，计算结果被划分为正空间自相关、负空间自相关和无空间自相关三种。通过对某地区和相邻地区环境污染指数空间相关性进行检验，有助于更清晰地了解区域环境污染的空间分布特征。为此，本章运用 Stata 软件，进行全局自相关、局域自相关检验，试图厘清长三角环境污染的空间分布特征。

（1）全局空间自相关。全局空间自相关主要从整体空间进行分析，对区域内污染分布是否存在空间集聚特征进行判断。根据相关研究，Moran's I 通常作为衡量全局空间自相关的常用指标，取值区间一般为 [-1，1]，若 Moran's I 数值为正，表明区域环境污染在空间分布上具有正相关关系，其数值越靠近 1, 正相关性越强, 反之则相反, 特别地, 当 Moran's I 值为 0 时, 区域环境污染不具有空间相关性, 即环境污染空间布局是随机的。

（2）局域空间自相关。局域空间自相关是全局空间自相关研究的深入, 主要反映某一空间与其邻近空间之间的相互关联程度。Moran's I 也可用来判断局域空间自相关, 根据 Moran's I 散点图, 学界将研究区域划分为 "H-L" "H-H" "L-H" "L-L" 四种集聚类型。具体而言, Moran's I 散点图中第一象限是 "H-H" 集聚类型, 表示某一区域自身环境污染程度较高, 邻近区域环境污染指数也相对较高, 即环境污染在邻近地区存在空间正相关性; 第二象限为 "L-H" 集聚类型, 具体表示某一环境污染程度的区域被环境污染较高的区域所环绕, 即相邻地区间存在负的空间相关性; 第三象限属于 "L-L" 集聚类型, 表示某一区域环境污染程度较低, 其邻近地区污染排放也较少, 即相邻地区间存在正的空间相关性; 第四象限属于 "H-L" 集聚类型, 表示尽管某一地区环境污染程度较高, 但其邻近区域环境污染程度却较低, 呈现出相邻地区负的空间相关性。

2. 空间自相关性分析

（1）全局空间自相关性检验。为全面分析长三角地区的环境污染情况, 首先, 对长三角 41 个城市的三项基础指标分别进行分析, 运用 Stata 软件检验长三角 2003~2019 年这些城市的环境污染指数的基础指标的空间相关性; 其次, 对长三角 2003~2019 年 41 个城市环境污染指数进行空间自相关检验分析, 数据来自长三角 41 个城市 2003~2019 年各指标数值。

①长三角地区工业废水排放量 Moran's I 指数趋势分析。从表 2-2 可以看出, 长三角地区 41 个城市的工业废水排放量 Moran's I 指数为正, 意味着样本期间内, 长三角地区工业废水排放量具有显著的正向空间自相关性, 且相邻工业废水排放在地理空间上存在明显的集聚性特征, 表明长三角地区工业废水排放量具有空间同质特征。

表 2 - 2　　长三角地区 41 个地级及以上城市工业废水排放量 Moran's I 指数

年份	I	E(I)	标准差	Z 值	P 值
2003	0.216	-0.025	0.095	2.530	0.011
2004	0.245	-0.025	0.097	2.798	0.005
2005	0.188	-0.025	0.094	2.266	0.023
2006	0.242	-0.025	0.095	2.816	0.005
2007	0.241	-0.025	0.095	2.818	0.005
2008	0.248	-0.025	0.095	2.887	0.004
2009	0.247	-0.025	0.093	2.920	0.003
2010	0.232	-0.025	0.093	2.779	0.005
2011	0.353	-0.025	0.092	4.086	0.000
2012	0.339	-0.025	0.092	3.967	0.000
2013	0.301	-0.025	0.093	3.507	0.000
2014	0.350	-0.025	0.091	4.097	0.000
2015	0.358	-0.025	0.092	4.174	0.000
2016	0.398	-0.025	0.095	4.471	0.000
2017	0.431	-0.025	0.096	4.760	0.000
2018	0.435	-0.025	0.096	4.766	0.000
2019	0.451	-0.025	0.097	4.916	0.000

从图 2 - 8 可以看出，样本期间内，长三角 2003 ~ 2019 年工业废水排放量的 Moran's I 指数总体显著，且呈现波动上升趋势，表明长三角地区工业废水排放量具有明显的空间集聚特征。具体分时间段来看，2003 ~ 2005 年，工业废水排放量 Moran's I 指数先上升后下降，并在 2005 年达到最低值，表明该时期内长三角工业废水排放量在空间相关性上表现为先增强后减弱，且在 2005 年降低至最低水平。2006 ~ 2019 年，长三角地区工业废水排放量的 Moran's I 指数呈波动上升状态。其中 2006 ~ 2012 年，工业废水排放量 Moran's I 指数呈 W 形发展趋势，该样本期间内 Moran's I 指数的波动较明显，而 2013 ~ 2019 年，工业废水排放量 Moran's I 指数逐年递增，空间集聚现象持

续增强，Moran's I 指数在 2019 年达到顶峰。综合来看，长三角 2003～2019 年工业废水排放量空间存在变化波动，但总体上呈增强走势，空间集聚现象显著。

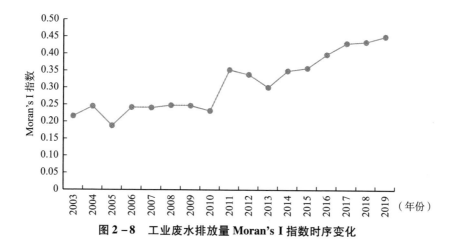

图 2-8　工业废水排放量 Moran's I 指数时序变化

②长三角地区工业二氧化硫排放量 Moran's I 指数趋势分析。从表 2-3 可以看出，样本期间内长三角工业二氧化硫排放量的 Moran's I 指数为正，表明 2003～2019 年工业二氧化硫排放量呈现出较为显著的正向空间自相关性，且相邻城市工业二氧化硫排放量存在明显的集聚性特征，意味着长三角各地区工业二氧化硫排放量具有空间同质特征。

表 2-3　　　　　长三角地区工业二氧化硫排放量 Moran's I 指数

年份	I	E(I)	标准差	Z 值	P 值
2003	0.140	-0.025	0.094	1.748	0.080
2004	0.178	-0.025	0.093	2.184	0.029
2005	0.171	-0.025	0.093	2.106	0.035
2006	0.224	-0.025	0.091	2.731	0.006
2007	0.274	-0.025	0.089	3.383	0.001

续表

年份	I	E(I)	标准差	Z值	P值
2008	0.217	-0.025	0.091	2.648	0.008
2009	0.206	-0.025	0.095	2.425	0.015
2010	0.188	-0.025	0.068	3.110	0.002
2011	0.168	-0.025	0.097	1.995	0.046
2012	0.185	-0.025	0.094	2.223	0.026
2013	0.166	-0.025	0.098	1.954	0.051
2014	0.187	-0.025	0.097	2.173	0.030
2015	0.126	-0.025	0.098	1.541	0.123
2016	0.224	-0.025	0.094	2.637	0.008
2017	0.079	-0.025	0.089	1.163	0.245
2018	0.148	-0.025	0.085	2.024	0.043
2019	0.098	-0.025	0.090	1.372	0.170

从图 2-9 可以看出,长三角 2003~2019 年工业二氧化硫排放量的 Moran's I 指数显著为正,且总体呈现先上升后下降的波动趋势,意味着长三角 41 个城市工业二氧化硫的空间集聚程度变化较大,且总体上呈下降趋势。具体而言,在经历 2005 年短暂下降后,2003~2007 年工业二氧化硫排放量总体呈上升趋势,Moran's I 指数由 0.140 上升至 0.274,并在 2007 年数值达到顶峰,意味着长三角工业二氧化硫排放空间相关性在持续增强,2007 年空间集聚型特征较为明显。2008~2011 年工业二氧化硫排放量的 Moran's I 指数持续下降,以 2009 年为界,下降趋势先陡峭后平缓,表明长三角城市指标排放在地理空间上的相关性下降,空间集聚特征减弱。2012~2019 年,工业二氧化硫排放量 Moran's I 指数波动趋势明显,波动幅度在 0.079~0.224,以 2015 年为界,2012~2015 年呈现出平缓波动,而 2016~2019 年呈现陡峭波动,基本回到 2017 年数值水平,表明该样本期间内,长三角内 41 个城市工

业二氧化硫排放量的空间相关性并不稳定。总体上长三角41个城市工业二氧化硫排放正的空间相关性在经历几次波动后变化较大，空间集聚程度差异较大。

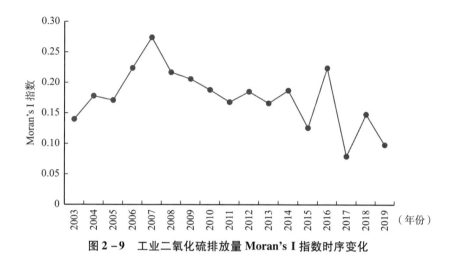

图2-9　工业二氧化硫排放量Moran's I指数时序变化

③长三角地区工业烟（粉）尘排放量Moran's I指数趋势分析。从表2-4可以看出，长三角地区工业烟（粉）尘排放量Moran's I指数为正，表明长三角地区工业烟（粉）尘排放量呈现正的空间自相关性。具体分析，长三角地区2003~2009年，工业烟（粉）尘排放量Moran's I指数未通过显著性检验，意味着该阶段内长三角地区工业烟（粉）尘排放是随机分布的，正向空间自相关性不明显，即某一城市的工业烟（粉）尘排放未对相邻城市的环境造成实质影响。值得注意的是，2010~2019年，长三角地区Moran's I指数呈现较显著的正向空间自相关性，其工业烟（粉）尘排放量逐渐呈现空间同质特征，意味着环境污染在地理空间上存在集聚性，可能是随着长三角一体化进程的推进，城市间交流日益深化，地区间的联系更加紧密，本地环境污染不可避免地影响相邻地区。

表 2-4　　　　　　长三角地区工业烟（粉）尘排放量 Moran's I 指数

年份	I	E(I)	标准差	Z 值	P 值
2003	0.052	-0.025	0.101	0.768	0.443
2004	0.150	-0.025	0.101	1.734	0.083
2005	0.106	-0.025	0.101	1.296	0.195
2006	0.126	-0.025	0.092	1.651	0.099
2007	0.161	-0.025	0.098	1.890	0.059
2008	0.085	-0.025	0.101	1.089	0.276
2009	0.082	-0.025	0.101	1.058	0.290
2010	0.213	-0.025	0.100	2.371	0.018
2011	0.179	-0.025	0.100	2.038	0.042
2012	0.197	-0.025	0.097	2.296	0.022
2013	0.245	-0.025	0.101	2.675	0.007
2014	0.201	-0.025	0.100	2.256	0.024
2015	0.172	-0.025	0.100	1.977	0.048
2016	0.164	-0.025	0.099	1.907	0.057
2017	0.175	-0.025	0.098	2.047	0.041
2018	0.172	-0.025	0.090	2.188	0.029
2019	0.133	-0.025	0.097	1.631	0.103

从图 2-10 可以看出，长三角 2003～2019 年工业烟（粉）尘排放量 Moran's I 指数为正，大部分年份均能通过显著性检验，意味着样本期间内长三角各地区工业烟（粉）尘排放量呈现出空间集聚特征，而且，这种空间集聚程度在不断增强。具体分时间段来看，2003～2009 年，工业烟（粉）尘排放 Moran's I 指数大多未能通过显著性检验，表明该阶段内长三角地区工业烟（粉）尘排放不存在空间集聚现象。2009～2013 年，长三角工业烟（粉）尘

排放 Moran's I 指数波动上升，Moran's I 指数在 2013 年达到最大，表明长三角地区工业烟（粉）尘排放量正向空间相关性增加，空间集聚程度在增强。2014～2019 年的 Moran's I 指数持续下降，但数值较接近，表明此区间内长三角城市工业烟（粉）尘排放量的空间集聚性平缓降低。综合看来，长三角地区工业烟（粉）尘排放量正的空间相关性在增加，空间集聚程度在增强。

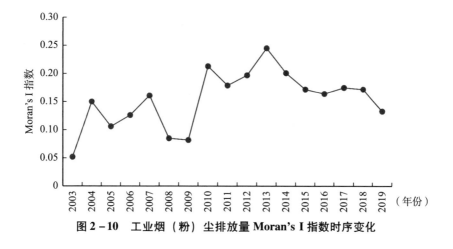

图 2 - 10   工业烟（粉）尘排放量 Moran's I 指数时序变化

④长三角地区环境污染 Moran's I 指数趋势分析。从表 2 - 5 可以看出，长三角 2003～2019 年的环境污染 Moran's I 指数均为正数，并均通过 Moran's I 指数显著性检验，意味着长三角地区环境污染呈现较强的空间集聚性。

表 2 - 5   长三角地区环境污染 Moran's I 指数

年份	I	E(I)	标准差	Z 值	P 值
2003	0.198	-0.025	0.096	2.322	0.010
2004	0.242	-0.025	0.097	2.760	0.003
2005	0.200	-0.025	0.097	2.330	0.010
2006	0.248	-0.025	0.097	2.807	0.003
2007	0.274	-0.025	0.096	3.103	0.001

续表

年份	I	E(I)	标准差	Z 值	P 值
2008	0.244	-0.025	0.098	2.758	0.003
2009	0.251	-0.025	0.097	2.839	0.002
2010	0.246	-0.025	0.092	2.953	0.002
2011	0.331	-0.025	0.095	3.768	0.000
2012	0.310	-0.025	0.094	3.573	0.000
2013	0.253	-0.025	0.095	2.932	0.002
2014	0.284	-0.025	0.096	3.223	0.001
2015	0.309	-0.025	0.094	3.566	0.000
2016	0.277	-0.025	0.097	3.116	0.002
2017	0.260	-0.025	0.096	2.964	0.002
2018	0.287	-0.025	0.095	3.273	0.001
2019	0.329	-0.025	0.095	3.708	0.000

从图 2-11 可以看出，样本期间内，长三角环境污染 Moran's I 指数持续波动上升，长三角环境污染总体呈现空间集聚现象。具体分时间段来看，2003~2007 年环境污染的 Moran's I 指数呈 N 形，经历了先上升，后下降，再上升的阶段，表明该阶段长三角环境污染指数呈波动上升趋势，这一时期空间集聚程度也相应地波动较大。2008~2011 年波动较大，长三角环境污染的 Moran's I 指数在 2009~2010 年变化平稳，基本呈水平趋势，但在 2010~2011 年，环境污染 Moran's I 指数突然剧增，并达到顶峰数值 0.31，意味着长三角环境污染空间集聚在该阶段明显增强。2012~2019 年，环境污染 Moran's I 指数呈现 W 形，指数波动较大但均显著为正，表明长三角在该阶段环境污染相关性呈现波动上升，值得注意的是，在经历波动后，长三角环境污染 Moran's I 指数与 2011 年巅峰数值接近，高达 0.329，表明在长三角环境污染空间正相关性不断加强，呈现较强的空间集聚现象。

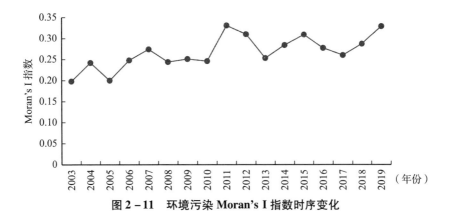

图 2-11　环境污染 Moran's I 指数时序变化

（2）局部空间自相关性检验。综合而言，尽管全局空间自相关指数可以判断出长三角地区环境污染的整体分布情况，但具体参考单元和邻近空间单元的空间聚集程度难以描述。鉴于此，本书进一步采用局部自相关解决该问题。针对 2003～2019 年部分年份的数据进行局部 Moran's I 指数分析，具体如图 2-12 所示。

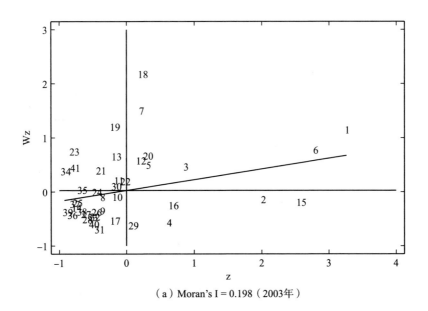

（a）Moran's I = 0.198（2003年）

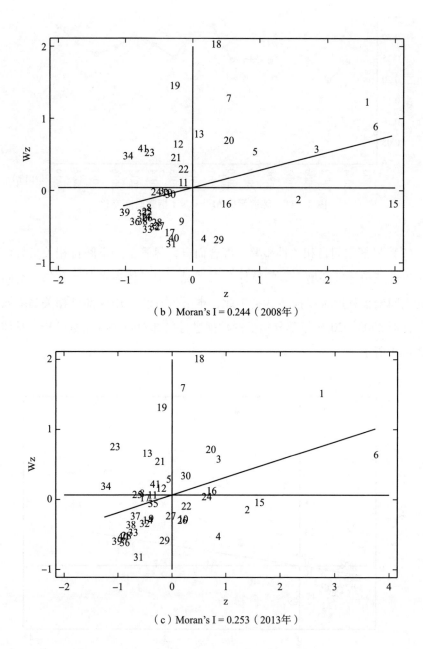

（b）Moran's I = 0.244（2008年）

（c）Moran's I = 0.253（2013年）

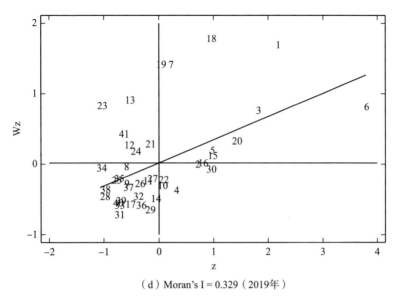

（d）Moran's I = 0.329（2019年）

图 2 – 12 环境污染指数 Moran's I 散点图

综合而言，长三角地区多数城市的 Moran's I 指数位于第一和第三象限，这表明多数地区环境污染指数在空间上呈现正向关系。也有少数城市环境污染指数在空间上呈现负向关系。以 2003 年为例，处于第二、第四象限的城市有 12 个，分别为湖州、舟山、泰州、宣城、黄山、金华、扬州、衢州、马鞍山、淮南、徐州、宁波。以 2019 年为例，处于第二、第四象限的城市有 10 个，分别为泰州、舟山、宣城、镇江、台州、金华、宁波、南京、马鞍山、徐州。

第三节 长三角环境治理时空演化特征分析

作为"绿水青山就是金山银山"理念的发源地和率先实践地，长三角地区出台了《长三角生态绿色一体化发展示范区总体方案》，明确要求将绿色发展融入长三角一体化的规划和实践中。近年来，为深入推进环境治理，长三角地区实施了生态环境共保联治，建立了国内首个跨省湖长协商协作机制，共建太湖流域水环境综合治理信息共享平台等，区域生态绿色一体化发展成效显著。同时，长三角地区是资源开发强度高、生态环境较脆弱的地区之一，生态绿色一体化面临诸多挑战，需进一步巩固与完善区域环境治理，努力打造成生态环境治理的新标杆。本节利用环境治理投资额进行测算，在此基础上，分析 2003～2017 年长三角 41 个城市环境治理的时序变化以及空间格局变化①，对长三角环境治理现状作出初步评估。

一、指标体系构建与数据来源

（一）环境治理评价指标体系构建

在我国环境治理体系中，政府、企业和公众作为环境治理的主体，发挥着不同的作用，由于环境资源作为典型的公共物品，具有较强的外部性特征，因此，政府理应在环境治理进程中扮演更为重要的角色。为此，参考李正升（2015）的做法，采用人均环境治理投资额以表征地区环境治理水平。此外，考虑到每个地区的经济发展和环境污染总体水平存在较大差异，本部分选用环境治理投资额占地区生产总值比重表征环境治理水平。根据国际经验，生态环境治理投资占地区生产总值的比值达到 1%～1.5% 时，生态环境恶化便能在一定程度上得到遏制；当比重达到 2%～3% 时，生态环境质量得到改善。

（二）数据说明

本节主要对长三角 41 个城市 2003～2017 年环境治理水平测度分析，各省（市）的环境治理投资数据均来源于 2004～2018 年的《中国环境统计年鉴》和《中国环境年鉴》，年底总人口（常住人口）数据来自《中国统计年鉴》。

---

① 2019 年《中国环境统计年鉴》不再公布环境治理投资数据，故本部分数据到 2017 年。

二、长三角环境治理时序变化特征分析

为更客观全面地描述环境治理情况，本部分对长三角三省一市环境治理指数进行测算分析，分析长三角地区环境治理的时序变化特征。

（一）长三角三省一市环境治理投资总额视角分析

如图 2-13 所示，2003～2017 年，江苏省环境治理投资水平持续上升，其中 2015 年环境治理投资达到峰值。浙江省 2003～2017 年环境治理投资总额时序变化图呈锯齿状，环境治理投资水平波动上升，其中分别在 2008 年和 2016 年达到峰值。安徽省和上海市环境治理投资额总体上呈波动上升趋势，且波动较小，但样本期间内，安徽省环境治理投资增速要明显快于上海市。

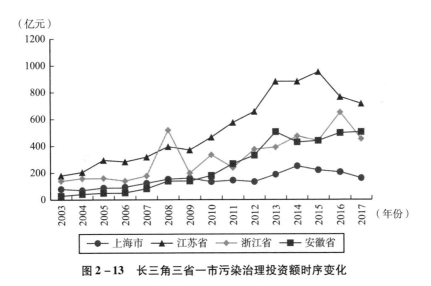

图 2-13　长三角三省一市污染治理投资额时序变化

（二）长三角三省一市环境污染治理投资占 GDP 比例视角分析

图 2-14 报告了长三角地区 2013～2017 年环境治理投资占 GDP 比重演进特征。其中，江苏省环境治理投资占 GDP 的比重均大于 0.8%，总体呈现

波动下降的趋势特征，其中在 2005 年和 2013 年达到峰值。样本期间内，浙江省环境污染治理投资占 GDP 比重呈波动下降趋势，其中 2008 年该数值高达 2.4%，可能的原因在于，浙江省 2008 年开展实施第二轮"811"环保行动，各地区对环境治理的投资力度不断扩大，进而使生态环境治理取得较大成效。样本期间内，安徽省环境污染治理投资占 GDP 数值呈波动上升趋势，且环境污染治理投资保持高水平，并在 2013 年达到峰值，可能的原因在于，近年来安徽省经济社会呈现快速发展态势，进而加大了对环境治理领域的投资力度。样本期间内，上海市环境污染治理投资占 GDP 的比重波动下降，环境治理投资占比处于较低水平。

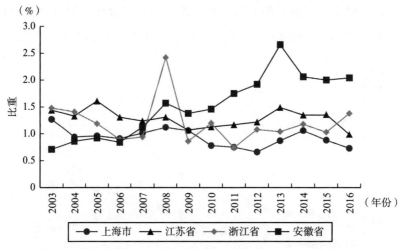

图 2-14   长三角三省一市污染治理投资额占 GDP 比重时序变化

(三) 长三角地区总体环境治理情况分析

图 2-15 报告了长三角地区 2003~2017 年环境治理的时序变化，综合而言，长三角环境治理投资呈现持续上升的态势，这表明长三角地方政府对环境问题越发重视，对环境治理的投资力度也在不断加大，生态文明建设、绿色发展取得较大成效。

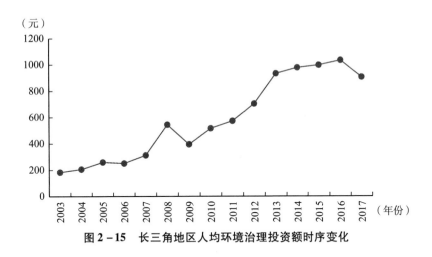

（元）

图 2-15　长三角地区人均环境治理投资额时序变化

三、长三角地区环境治理空间分布特征分析

（一）长三角地区人均环境治理投资空间分布特征分析

总体而言，长三角各地区环境治理投资差异明显，相较于 2003 年，2017 年的长三角地区人均环境治理投资在空间上发生较大变化。具体而言，长三角地区 2003 年人均环境治理投资江苏省最高、浙江省次之、上海市第三，最后是安徽省，可能与其经济实力有较大关联。与此相对应的是，长三角地区 2017 年人均环境治理投资由大到小分别是江苏省、安徽省、浙江省、上海市，其中，江苏省仍然排在第一位，安徽省人均环境治理投资增长最快，体现出安徽省对环境污染治理的重视。

从长三角 2003~2017 年各地区平均人均环境治理投资分布来看，环境治理投资排名由大到小分别为江苏、浙江、安徽、上海。其中，江苏省人均环境治理投资依然领先于其他的省市，位居第一；与之相对应的是，上海市人均环境治理投资水平最低。2003 年以来，安徽省人均环境治理投资额逐年增加，但样本期间内人均环境治理投资要低于江苏省和浙江省。

（二）长三角地区环境治理投资占 GDP 比重分布特征分析

安徽省环境治理投资占 GDP 比例最高，平均为 1.54%，部分年份指标占比大于 2%。江苏和浙江两省环境治理总额较大，但环境治理投资占 GDP 比重较小，上海市环境治理投资占 GDP 比重仅为 0.9%，如何提高地方政府对环境治理的重视程度、增加环境治理投资仍然是江苏、浙江、上海地区急需解决的关键问题。总体而言，长三角地区环境治理水平存在空间差异，但各地区环境治理水平稳步提高，应优化环境治理体系，提高环境治理投资效率，进而推动长三角地区更高质量发展、可持续发展。

第四节 本章小结

长三角城市群是我国经济发展的重要增长极，伴随着城镇化和工业化进程的快速推进，长三角地区当前正处于环境问题高发期与环境意识升级期叠加状态，在"双碳约束"背景下探究长三角环境污染与治理现状具有重要意义。

首先，本章选取长三角 41 个城市 2009～2019 年工业废水排放量、工业二氧化硫排放量、工业烟（粉）尘排放量作为基础指标，构建综合指标体系从时序变化和空间分布两个维度对长三角城市环境污染水平进行分析。时序变化方面，长三角地区 2009～2019 年环境污染水平波动幅度较大，整体呈现先波动上升后下降的趋势，意味着此阶段长三角城市环境质量在提升。空间分布方面，各省区域之间环境污染水平存在差异，其中上海市环境污染水平高于其他地区。

其次，本章基于 2003～2017 年长三角 41 个城市环境治理投资数据，对长三角城市群环境治理的时空演化特征进行分析。时序变化方面，长三角城市群城市环境治理投资不断增加，意味着长三角地区地方政府环境治理的积极性不断提高。空间分布方面，长三角地区环境治理水平存在空间差异，安徽省环境治理投资占 GDP 比例最高，江苏和浙江两省次之，上海市环境治理投资占 GDP 比重仅为 0.9%，但各地区环境治理水平都稳步提高。

第三章

长三角环境治理实践与困境研究

本章从长三角环保立法、环境分权、生态补偿、环保督察、环保约谈等环境治理政策入手，系统整理太湖流域区域环境立法、江苏吴江首个河（湖）长制跨区联治、新安江流域生态补偿机制试点、长三角"蓝天保卫战强化督察"以及地方环保约谈等长三角环境治理实践与案例，分析长三角地区的环境治理现状以及困境，最后提出合理建议，以实现长三角环境与经济良性循环互动。

第一节　引　　言

环境治理即按照环境理论的科学指导，在环境允许的限度内，综合运用经济、技术、法律、行政等手段，对人类社会经济活动进行管理，以期实现经济效益、社会效益和生态效益的统一。党的十九大以来，中央政府明确指出要将区域发展和生态环境保护相结合，并把修复长江生态环境问题摆在突出位置。长三角地区是长江经济带的龙头，其山水相连、河湖相通，与生态环境休戚相关。为治理长三角环境污染，国家出台《长三角生态绿色一体化发展示范区总体方案》《长江三角洲区域生态环境共同保护规划》，长三角城市群建立了生态环境保护协作机制，督促长三角各省市实现生态环境协同治理。十九届五中全会进一步为长三角生态文明建设和生态环境保护指明了方向，要求长三角持续推进一体化绿色创新发展，加强区域环境协同治理，制定各种严格的环境生态政策，将长三角区域打造为我国绿色创新发展高地和现代化绿色城市群。进入新发展阶段，上海、江苏、浙江、安徽等地将生态环境保护和修复工作摆在重要位置，制定了一系列环境治理政策措施。如聚焦水资源环境治理重点领域，建立太湖流域的跨界联合河（湖）长制，推进新安江流域生态补偿试点工作，加强立法协同治理，破除长三角环境治理立法困境等。为深入了解长三角环境治理现状，本章从环保立法、生态补偿、环境分权、环保督察、环保约谈等不同视角，详细分析环境政策的实践措施，探讨五种环境政策对环境治理的影响，总结该地区环境治理经验和环境治理现状。

第二节　长三角环境治理实践分析

本节首先介绍五项环境保护政策的主要内容，选取太湖流域环境治理立法、新安江流域生态补偿政策试点实施情况、吴江河湖的联合河（湖）长制等进行分析，整理并探究长三角近年来的环保督察、约谈情况，再对长三角地区环境治理实践进行总结，综合探究长三角环境治理的现状，启动高标准落实督察反馈问题整改，严肃生态环境保护督察考核，严格生态环境监督执法，使生态环境风险防控有力，优质生态产品供给基本满足市场需求，全面推进绿色低碳转型，推动长三角区域生态环境共保联治。

一、太湖流域环境治理实践

环境法作为一项新兴法律，主要功能是为经济社会明确违法行为，预警并告知违法后果，但现行环境法体系庞大、内容众多，许多方面存在缺失（吕忠梅，2020），由于环境治理主体责任体系缺乏法律支撑，造成长三角环境治理存在相互推诿现象，区域环境污染日益严重，尤其是太湖流域水污染的爆发，凸显出环境问题的严重性。为遏制太湖流域水污染加剧的态势，中央与地方政府结合实地情况，出台了我国首部跨行政区域的流域性立法，以法律条例规范跨流域、跨行政区的水污染治理问题，严明执法力度，督促属地官员整治水污染，环境治理取得显著成效。

（一）"太湖流域"的起源与发展

太湖位于长江三角洲南缘，是我国第三大淡水湖，流域面积共计36900平方千米，上游地区以丘陵山地为主，下游是平原及水网，它具有诸多职能，是流域内重要的水源地，不仅担负着无锡、苏州、锡山等市（县）的城乡供水，同时向上海城市供水，其供水服务范围超过2000万人，占太湖流域总人口的55%。除此以外，太湖下游地区拥有丰富的旅游资源，这些旅游资源是加快经济发展的重要途径。但随着经济发展、人口增长以及旅游资源的盲目开发，且太湖流域具有跨省的流域性，在条块分割的管理体制下治污过程常出现职责不清、管辖不明的情况，对流域内污染主体又缺乏约束力，最终导致污染物过度排放，不断掣肘太湖流域生态环境治理。因此，太湖流域的环境治理应加强环境保护的法律体系建设，《太湖管理条例》应运而生，成为我国第一部跨行政区域的流域性立法，以法律制度着手，强化环境保护意识，使环境治理有法可依、有法必依。

（二）区域性环境立法实践与成效

目前，我国制定了《中华人民共和国环境保护法》《中华人民共和国水法》等一系列与水资源有关的法律，并由国务院及其各部门制定了相应的行政法规和规章制度。形式上而言，一个较完善的水资源保护法律体系已基本形成，但太湖具有地位特殊、跨省、多功能等特点，国家层面没有专门针对湖泊管理与保护的水法，治理太湖的目标屡屡落空。2002年起，水利部组织深入太湖地区，在开展广泛调研、征求有关意见、认真论证的基础上，提出《太湖管理条例》草案。2007年无锡供水危机后，太湖管理立法工作进程提速，2008年水利部同环保部成立联合起草小组，同时提出《太湖管理条例》

征求意见稿。为做好立法工作，国务院法制办四次公开征求意见，召开论证会，两次到太湖流域进行立法调研，在严谨流程下形成草案，《太湖管理条例》更名为《太湖流域管理条例》（以下简称《条例》），经发展改革委等19个部委、单位审核后，2011年5月正式报送国务院办公厅。后经国务院常务会议审议，2011年8月24日，《条例》正式通过从解决水域治理存在管理主体不明确、责任不明确等重点问题入手，对流域水资源进行统一规划和统一管理，打破以往分部门行政管理体制弊端，对水量水质管理责任部分交叉部门进行拆除和细化，在管理方面得到有效对接。首先，《中华人民共和国水法》（2002年）规定，水资源采取流域管理与行政区域管理结合的管理体制，但是流域管理和区域管理关系尚不明确，《条例》对流域及区域内管理结合点进行了界定。其次，在现行管理体制中，太湖局是水利部派出机构，在当地发展经济与保护生态环境出现冲突而以牺牲生态环境为代价时，权力难以刚性行使，监督检查责任主体缺位。基于此，《条例》明确太湖流域保护规划及监督管理职责，对太湖水资源治理进行统一监测与公布，统一调度太湖防洪，优化水资源配置，建立旱情应急时的水量调度以及突发事件的应急处置机制等系列法律制度。除此之外，《条例》还涉及太湖水域占用补偿、行政执法监督管理、省际纠纷处理等制度，以明确太湖各责任主体，构建统一高效协调管理体制。在清晰且严明的管理制度下，太湖流域历经十多年的治理，水环境质量大幅度改善。截至2019年底，太湖无锡水域水质总体符合Ⅳ类水平，重点水功能区水质达标率97.8%，13条主要入湖河流和3条入江支流水质首次全面达到或优于Ⅲ类水，水体富营养化程度下降，提前完成国家确定的2020年目标任务。

（三）环境立法治理实践总结

1. 完善环境立法制度

通过对小流域实施立法，试点推行，针对具体流域的个别立法解决个性问题，也总结治理共性问题，完善专项立法。以实践推动立法，严格制定污染物排放标准，使生态环境保护的强制性标准系统化。建立应急防控工作体系，长三角三省一市合作深度治理，加强联保共治。在统一标准下，摈除环境治理各自为政情形的弊端，加强区域合作，严格环境执法、联合执法。推进长三角区域的制度改革、环境执法检查互认、环境风险防控与应急联动、碳普惠机制联动建设等。

2. 综合立法，完善地区特色立法

长三角区域的资源开发强度高、生态环境较脆弱，根据各地生态短板，因地制宜，加强环境保护，特别加强生态文明体系建设和污染防治。强调源头防治，促进环境生态保护，转变生产、生活方式，强调社会共治、信息公开和公众参与，实行最严格的环境保护制度，做到源头严防，严格管理过程，严惩后果。加强生态文明制度地方立法、特定生态环境和自然资源类地方立法，促进可持续发展，使地方生态文明制度建设走上法治化和规范化的轨道。地方性法规或法规性决定以确立生态文明理念为核心，以制定生态规划为基础，以发展生态经济为重点，以维护生态安全为目标，以生态环境保护为重点，以生态补偿机制为支撑，以环保诉讼为补充，在生态环境的保护与生态产业发展及生态补偿、生态环境保护问责等有关制度的实施等问题上给予刚性约束与主动规制。

二、河（湖）长制环境治理实践

经济学家萨缪尔森的公共产品理论认为，生态环境是一种典型的公共物品，具有非竞争性和非排他性，因此，政府作为生态环境的供给者，应使用环境政策工具管理环境，避免出现"公地悲剧"。近年来，生态环境问题已成为社会各界关注的重点问题，随着对环境问题的深入研究，学者们发现建立科学的环境污染治理体系，会取得显著治污效果，除了将环境保护纳入法律之外，中央政府应该加强顶层设计，出台制度性政策文件，防治污染。在各项污染中，水污染问题尤其严重，为保护河湖系统、改善水生态环境，河（湖）长制应运而生。该制度通过逐级设立治污负责人，对流域环境问题进行专项整治，将治理结果纳入政府官员政绩考核，厘清治理权责，激发各区政府治理流域污染的积极性。

（一）河（湖）长制的起源与发展

河（湖）长制缘起于江苏无锡，2007 年无锡太湖暴发蓝藻，引发大面积水污染，导致的供水危机引发全面关注。江苏省委、省政府开创新治湖治河思路，建议实行河（湖）长制度，由各级、各区主要负责人担任主要河流的河长，并全力承担河道水污染防治任务。2008 年，无锡市政府建立河（湖、库、荡、沈）长制，以加强河（湖、库、荡、沈）综合整治，并在全市范围内推行河（湖）长制管理模式。太湖流域水污染治理工作在市委、市政府层层落实责任的高压和各级领导的督导下，实施成效明显。在无锡"蓝藻事件"河（湖）长制治理取得显著成效的同时，河（湖）长制在全省范围内得到推广，此后河（湖）长制有向全国扩展之势。《关于全面推行河长制的意见》中提到，在境内江湖管理中，要实行主河人责任制，以水资源保护、水污染防治、水生态恢复为主要抓手，实行河长制，从而以立法的形式促进河（湖）长制的推广。

（二）河（湖）长制环境治理实践与成效

吴江地处江苏省南部、上海市北部，与东江、娄江共称"太湖三江"。随着经济快速发展，吴江河湖生态环境遭受严重破坏。在吴江河湖治理过程中，建立了"联合河（湖）长制"防污治理新机制，加强河湖长效管理。自2008 年以来，共计退垦还湖 18.5 平方千米，清除湖体底泥 1148 万立方米，大力发展绿色经济，迁出一批污染企业，倒逼产业转型升级，全面推行河（湖）长制，设立河（湖）长。吴江河湖跨区较多，与上海、浙江河湖水系连通，为提高环境治理效率，避免官员治污相互推诿，2018 年，水利部太湖流域管理局印发《关于推进太湖流域片率先全面建立河长制的指导意见》，实行联合河（湖）长制，跨省联合治水新模式应运而生。吴江在联合河（湖）长制基础上探索实践，建立河（湖）长制联防联治，强化部门联动。目前，吴江联合河（湖）长制初具规模，联合治理覆盖所有交界河湖，联合巡河、联合保洁、联合监测、联合执法、联合治理五大机制常态化运行，区域一体化河（湖）治理制度体系日趋完善，成为长三角生态绿色一体化发展示范区制度创新典型，并逐步在其他地区推广。2020年，水利部太湖流域管理局联合上海、江苏、浙江三地河长办印发《关于进一步深化长三角生态绿色一体化发展示范区河（湖）长制，加快建设幸福河湖的指导意见》，要求示范区所有水体全覆盖河（湖）长制，跨区域河湖联合河（湖）长普遍建立，全面推行长三角区域协同治水经验。围绕解决现有河流问题，落实"一河一政策"河长制，统筹上下游管理，协调河道两岸管理，协调部门义务与责任，制定可行的整改措施。河（湖）长制的跨界联防联治，厘清了主体责任，落实水域管护责任，打通了河湖管护"最后一公里"。同时，联合吴江上下游三地，由总河湖长牵头，各级经过多年的防治探索，目前，吴江河湖区域中太浦河、江南运河等重点河湖水质达标，2个集中饮用水水源地水质达标率100%，江苏吴江在河（湖）长制基础上，建立并完善了联防联治新机制，成为长三角生态治理新突破。

（三）河（湖）长制环境治理实践总结

1. 完善河（湖）长制及相关立法体系

运用法治使得河（湖）长制长效化，完善环境法规，严格环境执法，通过法律的强制性，提高环境破坏成本，促进河（湖）长制的目标责任内部化，提高环境保护效率，实现河（湖）长制常态化实施。建立统一的河流管理机构和上下游流域协作机制，避免由行政划分带来不利于流域治理的影响，按照法律制度从严惩处非法排污和侵占行为，强化农林业，环保和水利职能部门之间的协同配合，合理谋划部门工作任务，推动形成联合执法机制。河（湖）长制结合现行立法，有效解决复杂环境问题，对于流域内生活垃圾和农田的秸秆腐烂所造成的环境污染，涉及上下游、左右岸、不同行政区域和行业，水利部门和环保部门在现行的《环境保护法》《水污染防治法》《水法》基础上，实行河（湖）长制，领导负责、高位推动落实，夯实基础，强化考核，推进环保工作。

2. 建立全过程公众参与机制

在河（湖）长制的实施过程中，建立健全公众全过程参与机制。在河（湖）长制推行过程中，在决策阶段，畅通渠道，强化公众参与，破解政府失灵难题；在制定决策的过程中增加民众会议，将所做决策公之于众，广泛采纳社会各界意见，深入宣传，使民众广泛参与环境整治，对环境问题及时建言献策；在监督方面，将绩效考核公众化，确保考核与问责落到实处，使其发挥出应有作用，促进河（湖）长制的进一步发展。

3. 建立跨部门协作的程序性机制

一是健全环保部门联席会议制度，加强部门间决策协同，由河（湖）长办公室牵头成立联席会议制度，确定议事规则与流程，有关水务部门通过互动加强信任与交流。当出现问题时，河（湖）长办公室可牵头组织联席会议，并就该主题举行部际磋商，达成共识后形成目标任务清单。对一些尚未解决的事项，河（湖）长应当出面协调解决。二是建立部门综合执法体系，加强部门层面实施协调。流域存在点多、线长、面广等问题，如果采取单一执法，难以取得成效且僵化部门职责。通过加强联合执法，协调流域整体与分散部门之间的矛盾，在有效整合不同部门执法资源的同时增加部门间信任和共同目标认同感。

4. 强化监督考核体系

为建立生态环境保护专项监督制度，应贯彻实施生态环境保护和监管"最后一公里"，加快形成全域排查、全面治理、全过程监管、全方位提升的环保监督格局，健全政府主导、企业主体、社会组织和公众共同参与的现代环境治理体系。河（湖）长制的本质是行政问责，必须明确各级政府人员在所辖部门的工作内容，夯实工作基础、落实生态治理，生态环境监督体系是高效环境治理的重要保障，因此要建立对环保人员全方位、综合性监督。首先，要构建科学的评价指标，落实工作人员环境考核指标，厘清各部门的交叉职责，明确执法主体，整合检测力量。其次，制定环境治理监督法规，建立上下级垂直监督体系，公开考核内容，使得考核监督透明化。在强化内部监督的基础上引入第三方评价机构，实现定期和不定期的督察监督，并根据督察结果，严格整改措施，同时建立激励机制，对生态环境保护监督长制进行考核表彰，打破监督囿于形式的困境。最后，要强化社会监督，畅通公众参与渠道，建立健全生态环境监督信息公布渠道，聘用环境义务志愿者，与生态环境保护专项监督长、监督员监督进行联动，鼓励社会广泛参与环境监督，强化监督考核。

三、新安江流域环境治理实践

经济发展需要消耗大量水资源，流域上下游水资源利益平衡成为稳定区域经济社会发展的重要问题（曲富国和孙宇飞，2014）。根据科斯定理，明确产权可以有效解决环境外部性问题，政府在管理环境污染时，可将市场机制引入环境政策，通过价格手段优化资源配置，平衡各方利益。通过流域生态补偿转移支付制度，调节生态保护者与破坏者之间的利益关系，基于奖惩机制激励环境主体，提升生态环境保护意识。基于此，长三角政府在新安江流域实行生态补偿机制试点，建立和完善补偿标准，助力我国生态文明建设，提升环境治理的政策效果。

（一）新安江流域环境治理实践模式

新安江流域是我国首个跨省流域性质的生态补偿机制试点地区，为推进新安江流域生态补偿工作，财政部发放启动资金 5000 万元。2011 年，浙江、安徽两省签署《浙皖跨界环境污染纠纷处置和应急联动工作方案》，中央出台《新安江流域水环境补偿试点实施方案》，新安江生态补偿试点工作正式开始。第一轮试点时间范围在 2012～2014 年，根据第一轮生态补偿工作试点协议，补偿金额每年有 5 亿元，其中中央政府承担 3 亿元，浙江、安徽两省各出资 1 亿元，年度水质以《地表水环境质量标准》中的定义 P 值大小进行考核，若定义 P 值小于等于 1，安徽省水质达标，上游地区未污染下游地区水环境，浙江省拨付安徽省 1 亿元生态补偿资金；若定义 P 值大于 1，表明上游地区存在污染，安徽省需赔付浙江省资金。首轮试点结束后，新安江流域生态补偿效果斐然。第二轮试点开始于 2015 年，在第一轮方案基础上，增加了补偿资金规模，提高了评估水质的标准。浙江、安徽两省生态补偿资金由每年 1 亿元提升到每年 2 亿元，并转变中央政府生态补偿资金的给付方式，由固定补偿额度过渡到退坡式补助方式。在水质考核方面，实行分档补助补偿方式，调整水质考核指标，如果定义 P 值小于等于 1，安徽省接受浙江省的生态补偿资金；如果定义 P 值小于等于 0.95，浙江省需在补偿基础上再增加 1 亿元；如果定义 P 值大于 1，安徽省需按照规则赔付浙江省资金。经历两轮试点，新安江流域模式逐渐成熟，在安徽、浙江两省多次协商下，签署《关于新安江流域上下游横向生态补偿的协议》，正式开启为期三年（2018 ~ 2020 年）的第三轮新安江流域跨省生态补偿工作，浙江、安徽每年各出资 2 亿元，与前两轮试点不同的是，第三轮试点进一步提高了水质考核指标，在货币化补偿的基础上，将积极探索多元化、市场化的补偿机制。

（二）新安江流域环境治理实践与成效

《新安江流域水环境补偿试点实施方案》印发以来，省级流域生态补偿制度逐步完善。经过安徽、浙江两省的共同努力，新安江流域三轮生态补偿试点扎实开展，环境卓越、绿色发展、生态效益，经济效益和社会效益同步增长，硕果累累，其成功经验促使其他省份陆续开展跨省流域生态补偿。经三轮试点，新安江流域水质不断向好，千岛湖营养状态指数逐步下降，实现了以生态保护补偿为纽带促进流域上下游统筹保护和协同发展的目的，探索出一条生态保护、互利共赢之路。在东江、汀江、九洲江、潮白河以及长江等跨省流域横向生态保护补偿机制，总体上都沿用了新安江模式，表明该机制推动流域上下游协调发展、促进保护治理的有效性。试点项目启动以来，在财政部、生态环境部及浙江、安徽两省省委、省政府的大力推动下，新安河流域始终坚持水质优良目标，截至 2021 年，共投入新安江保护管理 194.05 亿元，其中试点补贴 49.2 亿元。社会效益方面，新安江试点项目提供了坚实的省际流域环境补偿理论和实践经验，为省际流域环境补偿的进一步发展奠定了基础，有助于实现流域经济环境总体发展的目标。具体实施中，浙江、安徽省政府建立权责清晰的流域横向补偿机制框架,共同编制规划,实施流域水资源与生态环境保护方案,设立环境监测中心,统一检测方法、标准与考核要求,在此基础上建立多个层级联席交流会议制度,确立双方认可的环境执法框架、执法范围、执法形式和执法程序框架,制定和完善边界污染事件防控实施方案,初步形成了预防有力、指挥有序、简明高效、协调统一的应急处置体系。目前,新安江流域总体水质为优并稳定向好,跨省界断面水质达到地表水环境质量 Ⅱ 类标准,每年向千岛湖输送 70 多亿立方米干净水,并连续多年成为全国水质最好的河流之一,助力千岛湖水质稳定在 Ⅰ 类水质。

(三)生态补偿实践总结

1. 完善法律法规

出台有关政策明确生态补偿基本原则,有关利益主体权利和义务、资金来源、补偿标准、考核评估办法和责任追究。确保长三角地区生态环境补偿实施,并对长江流域地区生态保护的受偿主体及补偿主体、补偿标准、补偿模式及相关法律后果及激励政策进行了界定。长江流域生态补偿有很强的区域性特点,利用地方立法自主权并在现行法律基础上,形成独特的环境补偿制度,以适应长江流域沿线的实际环境保护形势和经济发展情况。

2. 建立资金管理机构,明确补偿主体

在明确流域补偿基金会性质基础上,设立监事会监督基金运行,使得流域生态的建设者和维护者得到合理经济补偿,促进流域上下游的利益平衡。流域生态补偿基金会根据行政区确定其管理机关,按照严明的流程,由相应管理机构注册,经企业主管部门审批,在此基础上拓宽流域生态补偿资金的使用范围,引导社会资本流入,实施流域综合管理,吸收多主体资金来源,提高环境补偿基金的效率和效益。生态补偿主体是流域内受影响群众,但补偿方法涉及大量群众,政府代表作为代理人,应与流域上下游省市协商。因此,生态补偿本质上来看是对民事主体间的权利义务进行调整,而非行政主体。由于流域的流动性、跨行政区域等特点,对下游生态环境进行保护时,上游开发利用很大程度会受到制约。因此,在生态建设中有贡献者以及因污染而受损者理所应当是流域生态补偿主体。

四、环保督察环境治理实践

环保督察制度，属于运动式治理机制，通过强化环保部门的职责，促使部门高度相联，将行政问题转化为政治问题（盛明科和李代明，2018），破除部门僵化的权力结构，是我国环境治理体制的有效补充，为跨行政区域的环境污染问题提供了合作和解决的途径。在长三角大气污染治理中，需要建立一个常态化、有实际约束力的区域性协调机构，即通过设立环境督察组，监管区域环保督察制度存在的问题，长三角地区的政府在生态政绩考核的压力下，积极对督察结果提供整改意见，有效控制环境污染。

（一）环保督察起源与发展

2005 年《关于落实科学发展观加强环境保护的决定》（以下简称为《决定》）出台，为我国的环境污染治理提供了制度支持，标志着环保督察正式确立。2006 年，环境保护部组建华东、华南、西北、西南、东北、华北 6 个区域环保督察中心。目前，环保督察制度体系已相对成熟，设立的环保督察机构，配备了环保督察人员，监督各地政府环境治理行动，督察环境污染案件，参与环境突发事件应急处理，并在区域间协调跨流域、跨部门的环境保护工作。在具体执行中，环保督察运行机制由以下部分组成：第一部分是由国家牵头进行环保督察工作部署；第二部分是地方与区域间环保督察，其中，区域环保督察中心接受环境保护部直接领导，环境保护部赋予区域环保督察的权利。在上令下行的模式下，区域环保督察负责监督与检测地方环境，制订地方环保督察计划，并上报环境保护部审批，通过后开始执行督察。我国在检查地方环境法律与政策的执行中采取逐级督察。督察进驻分为三个阶段：一是省级层面的督察；二是下沉地市的督察；三是梳理分析存档。这三个阶段各有方向，依序推进，入驻后，疏通交流渠道，发布举报电话和邮箱接受群众反映。第一阶段省级层面督察，根据明确的分工，一部分环保工作人员对地区领导、责任人和经信、发改、住建等与环保关系密切的省直部门领导分别进行了座谈，其他人员查阅资料、走访问询、开会研究、关注问题等，即第一阶段主要通过听取汇报、实地查看等方式查找原因、分析情况。第二阶段开展专项督察和专题调研活动，督促各部门落实责任，确保各项工作任务落到实处。第二阶段下沉督察旨在对省级层面的苗头问题做深做细、核查取证。最后是梳理汇总撰写报告阶段，对省级层面督察、下沉督察和受理举报线索等情况进行整合，存档问询笔录材料、问题线索，形成督察报告。对于存在环境失责的地区，责令限时整改，并准备下一轮督察进入监督。

（二）环保督察实践与成效

在历次环保督察中，最具规模、力度最大的督察行为是由生态环境部专项督察办公室统一开展的"蓝天保卫战强化督察"，从2018年6月开始，持续至2019年4月。在"2+26"市整体安排督察组约200个，在汾渭平原11市整体安排约90个，各督察组配备数名督察员，主要来自当地环保系统、生态环境部所属单位。督察工作分三个阶段进行：一是初步调研；二是重点检查；三是跟踪督导。在第一阶段，有200多个检查小组，每个检查组3~4人；同时预留了100多个特别机动组，因此，此次强化督察共动用约1.8万人（次）。其主要工作是监督"弥散污染"企业的全面淘汰，工业企业环境问题的管理，工业炉的整治，清洁取暖和煤炭替代，燃煤锅炉的综合整治、运输结构和方式调整，以及露天矿的全面改善、采石场综合整治、粉尘综合治理、禁止焚烧秸秆控制、分阶段调峰生产、实施与重度污染天气相关的应急措施、解决群众投诉的主要环境问题等。在此次环保督察中，长三角地区环境治理目标逐步清晰，措施逐步严厉，成效也逐步明显。上海市作为长三角区域的龙头，在蓝天保卫战过程中战绩突出。其中，2018年上海市细颗粒物、可吸入颗粒物、二氧化硫、二氧化氮和AQI优良率五项空气质量指标均为历年最好。

为落实生态环境治理，持续优化生态环境，中央环保督察组在全国开展督察工作，实施综合督察，推动形成"合围之势"。2017年，浙江省迎来第一轮中央环保督察，释放环保压力，浙江省由此针对性地制定、实施各项攻坚行动方案，其中包括污水直排区建设、行业废气清洁排放技术改造、污染地块和垃圾填埋场生态修复等，2020年，列入浙江整改方案的46项任务中，42项任务全面整改完成，其余4项也已取得阶段性成果。为巩固整治成果，严防污染防弹，中央在开展巡回督察的同时督察整改情况。2018年，中央督察组进入江苏省，对整改情况开展"回头看"，进行大气污染问题专项督察，面对督察问责压力，江苏省政府制定专项督察反馈意见整改方案，并限期整改，截至2019年底，江苏省已完成国家约束性考核指标，长江、淮河等重点流域水质明显改善，13个设区市及县基本消除黑臭水体；全省$PM_{2.5}$平均浓度为43微克/立方米，是2013年有监测记录以来的最低值，生态文明建设成果得到夯实。随着中央环保督察纵深推进，省级环保督察也随即进行督察工作，省级环保督察作为中央环保督察的延伸和补充，在环境治理方面发挥了重要作用。2021年6月，安徽省开始第一轮省级环保督察工作，督察聚焦4个自然保护地、四家省属企业和安徽省自然资源厅、交通运输厅、林业局3个省直部门，并曝光了6起典型案例，省级督察将环境破坏问题具体化、对象广泛化，对标中央督察，持续督察力度。

（三）环保督察实践总结

1. 完善环境管理制度建设

环境管理制度层面，我国已逐步完成环保督察制度、党政干部环保责任追究办法、环保机构垂直管理改革、河（湖）长制、排污许可证制度等的建设工作，并不断完善以解决环境管理中存在的问题。目前环保督察的制度、责任落实、监测网络、传导路径等都在逐步完善，环保督察的长效机制正在形成，未来环保督察将成常态化。环保机构垂直管理制度，保障环保监测执法的独立性与公平性；"党政同责，一岗双责"和环保终身责任制，将环保责任落实到党政官员；完善生态监测网络建设，为厘清落实责任提供数据支撑；中央环保督察在两年时间内走遍全国，打通环保压力自上而下的传导路径。

2. 明确中央、省级生态环保督察定位，促使督察权威提高

中央环保督察是生态文明建设、落实党政同责的核心制度保障，省级环保督察是对中央环保督察制度的延伸与补充，因此，明确中央、省级环保督察定位、督察工作机制以及督察内容是推进生态环境治理能力和治理体系建设的一项重要内容。中央环保督察借助中央权威，实施自上而下的高强度管理，完善环保督察制度，制定与实施环保督察法规，将环保工作常规化、规范化、科学化；工作方式上强调问责，逐级传导环保压力，重点对省级政府和有关环保部门进行督察、聚焦一岗双责；在工作内容上，对群众反映强烈的环境问题和区域做重点督察，监督地方执行国家环境保护政策。区别于中央环保督察的宏观调度，省级环保督察应结合辖区的现实情况，明确省级环保督察定位，厘清在生态保护领域的责任划分、权利归属，避免与中央环保督察发展职责交叉，并制定督察整改的流程和标准，形成科学的工作指南。建立与中央环保督察相衔接的工作机制，细化环保人员生态环境损害责任认定和问责程序，明晰自上而下的环境管理互动关系，推动形成令行禁止的高效环境治理能力，建立长效管理机制。在工作内容上，地方政府应落实中央环保督察在环境治理方面的政策方针，对中央督察反馈的整改问题进行省级专项督察，发挥省级环保督察的威慑作用，加大对县区环保部门的督察力度，实行边督边改，建立生态环境督察工作平台，整合环境治理的资源与信息，夯实工作基础，进一步完善环保督察制度体系。

3. 发挥环保督察中心的作用，与长三角地区政府联动执法

加强区域环保督察中心的实际约束力，促进三地协同执法，建立规范区域协调机构，加强区域联络能力，推动三地联合防控，促进长三角地区政府在大气污染减排领域的联合执法和协调执法。加强各地污染治理的合作。分工重点，聚焦大气污染严重城市和资源型城市，通过"精准定位"，将环境巡查效果最大化。根据污染程度和城市类型，科学制定重点检查区域，具体分析重点检查区域污染原因，合理制定检查时间，改变当前中央环保督察的局限性。

五、环保约谈治理实践

在环境监管方面，督促地方政府加强环保意识，对污染企业形成一定的震慑压力。通过梳理环保约谈的主要形式以及对地方企业环保约谈的实例和约谈效果，发现环保约谈可以避免属地管理造成的执法困境和打破地方保护主义行政干预，与环保督察有效衔接，在督察中发挥约谈的软约束力，增强环保督察的刚性威慑力，避免地方政府为发展当地经济和追求自身政绩，与环保政策背道而驰，激励政府积极解决环境污染问题。

（一）环保约谈起源与发展

为解决各类环境问题，生态环境部门采取了一些强制措施，虽然传统环境执法发挥了一定作用，但并不能解决全部问题。为更好地转变服务型政府职能，缓解经济发展和生态保护之间的矛盾，且随着公众参与程度的深入，环境行政约谈制度在现实中得以产生，并逐渐成为一种为政府及公众所接受和认同的制度，从而丰富了环境保护的手段，为解决环境问题提出了新的模式和理念。2020 年生态环境部发布了《生态环境部约谈办法》（以下简称《办法》），《办法》规定了约谈的内容，建立了内外结合的方式。环境行政约谈制度，即由拥有一定权力的行政主体对其所管辖范围内可能存在的污染问题，与下级政府或者环境主管部门的负责人、相关企业负责人采取面谈协商、提出意见建议、沟通指导、整改监督等措施。当前，我国环境污染形势严峻，环境主管部门正在积极运用该行政措施，完善环境执法力度，有效遏制环境污染。原环保部于 2014 年颁布《环境保护部约谈暂行办法》（以下简称《约谈暂行办法》），并于 2015 年正式实施《中华人民共和国环境保护法》（修订版），首次把"保护环境"上升为一项基本国策。2020 年生态环境部发布的《办法》阐述了生态环境访谈工作内容，以及环境保护的重要作用和重要性，提出了解决我国严重环境问题的新办法和途径。

（二）环保约谈实践与成效

环境约谈是一种行政监督程序。由于存在来自地方部门或企业的环境违法、环境义务未履行、环境指令未实施、环境隐患未消除等行为，2014 年 5 月出台的《环境保护部约谈暂行办法规定》，由环境保护部约见面谈。约谈属程序性，一般由有行政职权的组织或者部门先行启动，采用事前告知、事中沟通、事后反馈等沟通形式，及时纠正和规范下级部门或民间组织工作中存在的问题，并在面谈后持续监测。环境约谈是一种灵活的执法工具，不仅可以在环保体系内外进行，又可发生于综合督察前后，尽管其外部效力并不显著，但是对于违法企业而言威慑力极强。2017 年 7 月第一轮中央环保督察反馈安徽省矿产资源无序开采问题后，安徽省池州市东至县发文，要求舜盛新材料科技有限责任公司关闭大历山省级风景名胜区内的石灰岩矿开采行动，启动矿山地质环境恢复治理工程，2018 年底前完成。2020 年，就长江经济带生态环境问题整改不力的情况，安徽省池州市有关负责人被生态环境部再次约谈。该风景区管理处放任企业长期非法开采，以修复之名，行开采之实，池州市原国土资源局的相关人员明显失职，东至县国土资源、市场监管、生态环境等部门履职不力。就此情况，生态环境部要求池州市党委、政府限期整改到位，并同步向社会公开。除此之外，2013 年间，江苏省太湖流域重点断面水质频繁异常波动，环保厅首次对太湖流域启动约谈机制，在 2017 年又约谈 163 人、问责 23 人，面对督导压力，江苏省限期整改，水环境质量到 2019 年已达到近 5 年来最好水平，总体改善幅度为长三角地区最大，并超额完成环境质量考核目标。

（三）环保约谈实践总结

1. 约谈与督察相结合

约谈是环境监督重要的环节，环保压力传导到具体岗位及个人，促使环保约谈的效果立竿见影。在约谈过程中，深化刚性约束问责制度，对环境工作中存在的庸官懒政、不作为现象，实行问责机制，把环保工作列入干部管理考核体制中，强化地方各级政府和官员的环保意识，推动环保工作常态化实施。建立媒体和公众参与政策改革的机制，促进政策透明度和可预期性。目前，生态环境部公布的访谈协议已获得公众广泛支持，这也是环境访谈机制的重要举措，形成改革方案、效果机制、畅通访谈监督通道，高度重视预警面谈。对中央政府来说，制定环境污染相关政策时应做到政策制定与对地方政府监管两不误，既要从根源上入手，又要跟踪政策法规的实施，以免因为环保约谈等柔性管理方式而使地方政府官员忽视口头训诫。

2. 强化环保约谈功能、严格环境执法

环保约谈并不局限于命令式的管理，约谈过程中也体现出其协商机制，强调行政处罚的同时发挥预防污染风险，有利于地方政府整改环境污染时防控风险，实现源头治理。在环境执法工作中，赋予环保约谈人员充分的执法权，保障环保约谈人员的权威性和有效性，建设严格的环境执法机构。随着环境问题的复杂化，需加强对约谈工作人员的科学知识和专业技能的培训，使他们熟练掌握环境法律法规，依据环保法律法规、政策文件赋予环保人员行政权力，发挥环保约谈实施主体的权威性、强制性，传导环保压力。强化环保约谈的监督机制，内部监督与外部监督相结合，实现自上而下的政治内部监督，并建立扩大媒体、公众等多元主体参与的外部监督机制，在提高环保部门治理环境自觉性的同时激发地方政府的责任心，调动环保约谈的资源。

第三节　长三角环境治理困境分析

环境政策有其特殊性，是环境保护政策工具的选择，长三角地区文化差异较大、地区发展不均衡，环境政策在不同的背景下发挥的效果有所差异，分析环境政策难以达到预期效果的原因，保持政策的可持续性，总结政策存在的困境，有利于突破现状，高效治污。基于此，本部分主要从环境立法、环境分权、生态补偿、环保督察及环保约谈五项环境政策在实施过程中的问题进行探讨。

一、环境立法政策实施困境分析

目前，我国已制定和颁布了一系列与环境保护相关的法律法规，但是这些法律法规还需要进一步修改完善，例如，《环境噪声污染防治法》《固体废物污染环境防治法》等重要法律法规有待进一步完善；法律法规没有及时废止或者进行立法解释，一定程度会阻碍环境治理；未制定详细的法律或行政法规服务于生态保护、环境损害赔偿和环境监测等；在环境技术规范与标准体系中，没有进行统一的规范管理，出现了一些规范空白；现行的环境法律、法规、规章及规范性文件之间缺乏协调配合；环境管理体制不完善，没有形成一个完整系统的管理体系；环保执法力度不够，执法不严格现象突出；公众参与机制不健全。在环境立法体系上存在污染防治立法和资源保护立法彼此隔绝、彼此分离等问题，制度缺乏综合性、互补性。环境法制定集中在国家层面，随着区域的划分，区域间的生产合作更密切，亟须系统、详尽的法律条文规范环保行为。在现有的污染防治法律原则和制度中，重点侧重保护大中城市的环境，以及大中型企业的污染防治，为推行乡村振兴和区域协调发展战略，在南关区域建设和乡村企业环境管理的法律制定方面，缺乏行之有效且具有针对性的实施法文与手段。在配套环境法规的制定方面也较为落后，存在滞后性，生态环境部门难以推进环境整治工作，相关法律之间未形成合力，不利于法律的有效实施。长三角致力于污染防治等领域的环境法治建设，忽视了法律的生态化理念。应以维护环境权益和促进可持续发展为目标，使得环境立法更加科学，按照科学理念改造环境资源立法体系，并掌握生态管理系统，制定适应性的法律策略；在法律上确认和保护环境权，关注公众对于环境在物质、精神产品的人身和财产方面的利益需求。另外，法律制度的健全程度，直接决定了法制的完善程度。目前，我国环境立法中还缺乏一些重要的环境法律制度。例如，如果环境风险社会化机制不完善，污染受害者得不到及时合理的赔偿，这对于实现环境、社会和经济的协调发展具有重要影响。

二、环境分权政策实施困境分析

从经济角度来看，环境可以被视为一种典型的公共产品。基于环境质量的这种社会性质，保护自然环境被认为是政府的主要职能之一。环境分权会导致"逐底竞争"和"逐顶竞争"，具体结果取决于生产率差异和跨界污染的程度（Ferrara et al.，2014），刘德海（2013）的研究也认为，面对政绩考核，地方政府主动降低环境保护等外部成本，吸引资本流入和保护当地企业的竞争优势最终会削弱将污染内部化的动力。中央与地方政府权限的划分通常基于公共产品和服务的覆盖面，地方政府管理本地区的公共事务，而国家或区域间公共事务必须由中央政府管理。环境治理缺乏公众参与决策，导致环境治理动力缺失（Muldavin，2000），而环境保护作为一种联合行动，由地方政府负责实施其管辖的环境事务规制控制，中央政府则负责全国性污染问题规制，同时为环境科学与污染控制技术研究、发展活动提供支持，为地方政府提供所需资料与指导。在这一治理模式下，地方政府通过制定政策来实施环境保护行为，从而形成了我国环境污染的一种特殊治理机制，即环境治理分权化体制。但环境问题具有复杂性，各区域差异化政治结构使环境治理权力划分争论不休，而政府环境治理博弈则在于环境治理在中央集权还是在地方分权。地方政府作为一个利益团体组织，有自己的利益诉求，特别是经济的发展目标。地方官员有极大的动力发展地方经济，地方迫于经济发展的压力而牺牲环境利益。除此之外，地方保护主义的兴起导致了环境和生态问题。需要加强中央政府的协调作用，在地方政府的博弈结构中发挥信息沟通与冲突裁判的作用。环境分权与河长（湖）制实施后，地方政府只专注自身环境建设，长三角地区未形成联防联治管理机制，特别是跨省、跨流域交界区域船舶、水运、固废和危险化学品、沿江化工等，存在环境风险隐患的排查整治。

三、生态补偿政策实施困境分析

长期以来，长三角环境保护体系不完善导致环境防治工作存在不足，区域发展不平衡。为厘清环保部门、企业、民众的生态保护义务，对各主体进行生态补偿道德约束以及增加政治压力，新安江流域实施生态补偿保护试点，建立生态补偿制度，将自然保护与经济激励挂钩，提高各主体的积极性（李长健等，2019）。该政策在推行过程中存在诸多困难。首先，对于新安江流域而言，补偿模式较僵化，该补偿方式是由中央政府提供补偿、浙江和安徽两省共同出资，在第二轮补偿中，补偿基金的规模和补偿标准有所提高，但补偿方式变化不大，中央接受了退坡补偿，在促进环境补偿的自发性和流域间协调发展方面发挥了主导作用。但从第三轮补偿来看，区域协调度较低，仍依赖于中央政府。新安江流域采用生态补偿机制，在初期取得良好效果，但随着生态补偿规模的扩大，僵化的体制将掣肘政策发展，无法形成生态补偿的长效机制。环境具有较强的外部性，若中央政府彻底退出，面对较高协商成本，不能促进上下游之间自行协商，生态补偿缺乏可持续性。其次，就生态补偿机制而言，在设计与实践上面临困难。由于补偿缺失，环境受害者未能淘汰高能耗、高污染的产业和相关工艺设备，经济结构转型面临困境，产业结构难以升级换代，且生态补偿缺乏利益驱动、利益联结、利益平衡与利益补偿，不能打破贫困地区"贫穷—生态破坏—更贫穷"（郑云辰，2019）的恶性循环。因此，建立有效的生态补偿机制成为破解我国扶贫攻坚面临困境的关键举措之一。在此之间，利益冲突未有明晰的法律条文来帮助界定。生态补偿是在政府的主导之下，双方或多方反复谈判才能达成共识和妥协。在政府—污染群体—被污染群体三方之间的复杂博弈过程中，若各级政府策略不当，未能就环境利益达成各方一致，就无法取得预期的效果。生态补偿机制需要经济激励，现有的制度中是由中央和地方政府出资，社会参与度不足，补偿额度较低，但生态环境考核和环境检测工作都需要大量的资金支持，缺少社会资本流入，这会导致作为单一资金补偿主体的政府压力过大，影响环境保护的积极性，进而影响流域生态补偿效果。最后，在舆论舆情方面，政府应当搭建生态补偿信息网络平台，使利益相关者能够及时获知信息或者资讯，充分保障相关者知情权和表达利益诉求的权利，各级政府应当以举行联席会议等方式保证相关者的参与权、决策权及监督权，定期协商明确补偿主体、补偿依据、补偿方式、补偿标准、补偿次数。

四、环保督察政策实施困境分析

环保督察在区域设立区域督察中心，区域督察中心是生态环境部的一个分支机构，其主要职责是监督地方环境政策的执行，并能够协调区域间环境问题。然而，环境检查员在环境治理和跨区环境治理中难以发挥应有的作用。首先，由于督察中心是生态环境部的派出机构，在环保部门职能上存在交叉与重叠，自身职能界定不清晰，缺失专门的权利约束与调节机制，督察中心在开展工作时，需要得到环保部门的批准、委托，即使在得到委托后，在重大环境问题中，并没有实质的执行权利（周珂，2016）。以"委托—代理"为原则，各地督察中心的重大行动必须经生态环境部授权才能完成，对于生态环境部交办督察重大环境问题并无实质查处权。在环境治理相关部门协调中存在诸多障碍，环保督察需要建立沟通协调的机制（王灿发和周鹏，2021）。其次，地方区域督察机构与环保部门职能垂直，原则上，环保部门应接受环境监察局的工作要求，但在实践中，环境监察局不仅要填写环境档案，还需接纳其他部门的环境问题。由于环保督察人员缺乏，面对诸多环境事务，工作缺乏积极性，进而影响环境治理。此外，中央生态环境保护督察组的性质是中央环保督察，在每轮督察结束后，督察结果上报到中央并反馈到地方，要求地方政府拿出整改方案并择期整改，但受到各种主客观因素的影响，实施过程中可能出现执行不到位情况，进而影响中央环保督察的实施效果。最后，在职责方面，由于中央环保督察组与地方环保部门的职责相同，往往造成事务管理与责任混淆不清的现象。

五、环保约谈政策实施困境分析

环保约谈兴起使得过去环保执法模式由"督企"变为"督政"，增强了地方政府环保责任意识，也给污染企业带来了威慑。近年来，各地陆续开展约谈制度建设工作，取得了一定成效。通过约谈，督促企业提高环境违法成本，增强守法自觉性，促进企业改善经营管理，实现绿色发展。然而，受配套机制不完善以及执法人员认识的薄弱等制约，约谈中出现了适用性、实效性异化的现象（张新文和张国磊，2019）。从现有案例来看，一些行政机关过分依赖面谈的作用，在制定面谈规则时，忽视了面谈制度本身的非强制性质。权限规定不明确、跟踪核实机制不完善、监督制度尚未到位等，可能影响面谈效果。环境管理体系的"双重管理"和"地域管理"导致执法机构的权力受限，或者他们认为环境问题的约谈只是一种谈判形式，并不包含重大的惩罚性后果。环保部门对企业进行约谈属于行政监督的手段，环保部门对地方政府进行约谈属于行政沟通的非对称方式，极有可能造成地方政府对不同级别的指导建议与整改意见难以采纳，一般地方政府在环保督政压力下被动地接受此类行政干预，环保约谈是否发挥作用取决于督察力度。虽然环保约谈是一种预警，但由于刚性约束不足，难以对地方政府采取强制性措施进行责罚（张锋，2018）。一方面，生态环境部与地方自治机构的约谈，其实是软性行政行为，不具有直接的法律效力，因此当地政府在约谈后很难重视整改意见。另一方面，约谈结束后所形成的约谈纪要需要被约谈方签署意见，根据双方达成的一致意见予以纠正与执行，如若不能在媒体上披露约谈的情况，或者缺少"区域限批"这一强制性惩罚配套措施时，地方政府也很难引起重视。

环保约谈在发挥对地方政府环保职责警示作用的同时，还可以有效降低行政监管主客体间的矛盾，最大限度提高行政监管效率。但因其具有一定的局限性，没有发挥出应有的效用。《环境保护法》明确规定，环保部门可通过向社会公布约谈信息、采取责令限期改正等方式对环境违法行为进行监督检查，从而强化约谈制度。但是在实践中，无论是约谈过程还是约谈结果均不具有法律效力，所以环保约谈不属于行政法律行为而属于行政事实行为的范畴。因其不具有强制约束力，被约谈方采取消极态度、拒不整改是完全可能的，这既有悖于敦促地方政府遵守环保义务之初衷，又使得访谈效果大打折扣。环境治理涉及多方利益主体的参与，各主体之间错综复杂的利益关系（包括政治利益、经济利益及寻租利益）极易引发各方面的矛盾与冲突，使环境治理处于两难境地，环境治理难度越来越大，实际上这种两难局面主要来自各环境相关主体存在的多样性因素，包括制定社会福利最大化政策的中央政府，实施地方利益最大化政策的地方政府及寻求相对利益最大化目标的企业与公众，从另一个角度来看，环境内各主体对环境治理所依据的制度、各自利益及其他因素遵循着不同的行为逻辑，同时各主体之间还存在着互动。这些不同层次上的各种利益冲突，如果不加以协调处理，势必会导致整个社会出现严重的"碎片化"现象，从而不利于国家可持续发展战略的实施。所以，探讨地方政府环境治理中存在的问题，需要把地方政府和各个主体相结合，对治理困境进行全面剖析，从而获得有效的解决途径（袁华萍，2016）。

第四节　本 章 小 结

环境公共产品仅依靠政府内生力量推动，并不能形成长效机制，因此，需要借助市场机制和社会资本等外部力量推动环境政策的实施。在此过程中，地方政府发挥着重要作用。然而，目前我国大部分地区还没有建立起一个有效的环境政策执行系统。以区域特色为立足点，以环境政策从无到有启动机制为核心的政府内生性影响因素具有中国特色，必须建构自下而上、从外部到内部共同推动环境政策实施的可持续发展长效机制。本章首先结合长三角实际环境治理的案例，对环境立法、环境分权、生态补偿、环保督察及环保约谈五项政策的内容与实践作出详尽的梳理，总结环境政策实施经验。其次，对于五项环境政策现存的困境进行了系统阐述，探讨了环境政策实施效应，从法律制定、职能划分、监督机制等多方面、深层次分析环境政策实施中的不足之处。

第四章

长三角环境治理政策的影响机理研究

长三角地区环境污染问题逐渐凸显，环保压力增大，污染治理刻不容缓。那么，长三角环境治理政策对环境污染的影响效应如何？内在的影响机制具体是怎样的？基于此，本章首先梳理环境治理方面的相关理论，在此基础上，从单一环境治理政策角度阐释环境分权、环保约谈、环保督察、环保立法、生态补偿这五种环境治理政策治理环境污染的内在作用机理。

第一节　环境治理理论分析

一、相关理论

环境污染和治理问题已成为人们普遍关注的焦点问题，厘清环境治理相关理论有利于提高环境治理效果，本部分系统梳理了产权理论、环境联邦主义理论、外部性理论、公共产品理论、博弈论、国家干预主义理论、市场自由主义理论和自主治理理论。

（一）产权理论

产权理论最初由科斯在 1960 年发表的《社会成本问题》一文中提出，

该理论认为依靠产权分析可以解决外部性问题，使资源配置达到最优。科斯认为，外部性问题靠界定产权解决，产权如果不明晰，则私人边际收益（成本）和社会边际收益（成本）就会不同。如果产权不明晰，就会导致环境资源配置低效，引发多种环境问题；环境资源隶属公共资源，具备可转让性和排他性，产权如果明晰，在成本足够低的状态下，通过产权交易，可以达到资源配置的帕累托最优状态。环境污染溢出效应较大，产权界定成本较高，界定也较困难，通过市场方式处理市场失灵问题耗费成本巨大，所以根据产权理论，应通过政府的环境治理手段处理环境污染问题。

（二）环境联邦主义理论

环境联邦主义理论在 20 世纪 70 年代发源于美国，主要关注环境决策权在联邦体制内各层级政府间划分问题，明确政府角色定位。该理论包含第一代环境联邦主义（集权）理论和第二代环境联邦主义（分权）理论。

第一代环境联邦主义（集权）理论（Esty，1996）认为，环境监管外部性较强，地方政府出于经济原因考虑，会降低其环境监管标准，进而加剧环境污染。斯图尔特（Stewart，1977）认为，环境治理应采用集权的管理方式，依据如下：首先，中央政府统筹协调管理环境事务有助于促进规模经济，避免"公地的悲剧"发生；其次，环境治理的外部性容易引发政府失灵，地方政府受到财政资源的限制，对环境治理的积极性减弱，公众对政府信赖度降低；最后，地方政府与企业间存在利益博弈，集权方式可以消除此问题，减轻对社会秩序造成的影响，减少非必要竞争。

鉴于环境集权实施过程中可能产生的问题，第二代环境联邦主义（分权）理论（Savan，2004）认为，环境治理可以采取分权模式。主要观点有：首先，环境集权下由于信息不对称的存在，中央政府为收集环境治理相关信息会损耗大量信息搜寻成本。其次，各个地区具有不同的区位特征和环境状态，对每个地区应采取差异化环境治理政策，因地制宜，才能提升环境治理效果，促进帕累托最优状态的实现。米利米特（Millimet，2003）实证研究并验证了环境分权对环境治理效果有提升作用。另外，奥茨（Oates，1999）提出，环境治理需要中央政府和地方政府联动，各个地方政府各自负责辖区内环境治理事务，中央政府统筹监管，双管齐下提升环境治理效果。

（三）外部性理论

新古典主义学派著名经济学家马歇尔在 1980 年出版的《经济学原理》一书中首次提出"外部经济"，该名词的含义在于资源的使用具有双重效应，一种效应是资源的使用可以满足人们生产生活需求，对经济具有外部性；另一种效应是资源消耗后产生的废弃物会对环境造成污染，给社会与环境带来损失，致使社会收益和私人收益、社会成本和私人成本不一致。经济外部性分为正向外部性和负向外部性，环境治理具有正外部性，环境污染具有负外部性，对某地区环境进行治理，正外部性的存在也会促进相邻地区环境治理水平上升。当前文献关于环境治理外部性的研究主要有"庇古税"和"科斯定理"两种，"庇古税"指借助政府干预的方式，向环境污染企业强制性征税，内部化其外部影响。"庇古税"表明政府干预可以解决因市场失灵导致的外部性问题，使资源配置达到最优。"科斯定理"认为采用经济手段（市场交易机制）可以解决因产权不明晰导致的外部性问题，使资源配置达到最优。

（四）公共产品理论

公共产品具有非排他性和非竞争性，每位社会成员都拥有享用公共产品的权利。1776 年，休谟于《人性论》中提出，社会中每位成员都可能出现"免费搭便车"现象，即不承担任何成本而消费或使用公共物品的行为，但这同时也会造成市场失灵，政府可以做到避免人们借理由不承担责任。亚当·斯密在同年出版的《国富论》中指出，大部分公共产品存在外部性，单独依靠市场提供公共产品会导致市场失灵，出现"免费搭便车"现象，公共产品的提供需要政府和市场共同参与。穆勒在 1848 年指出，公共产品由政府提供才可靠，若由市场提供则存在风险。庇古在 1920 年指出，公共产品包含内容较多，用公共净产品可以衡量公共产品的真实效率。布坎南在 1965 年指出，公共产品可细分为纯公共产品和准公共产品。环境治理作为一项公共事务，具备外部性特征，正向外部性条件下，私人边际收益小于社会边际收益，环境公共物品会继续得到扩充，居民福利水平相应提升，如果是负外部性，私人边际成本低于社会边际成本，会削弱居民福利水平。此外，由于环境具有非排他性，环境治理中"搭便车"现象盛行，这会降低环境治理者的积极性，进而加重环境污染水平。

（五）博弈论

博弈论的观点认为，各决策主体根据自身实际情况进行决策，行为会相互影响，存在相互合作与竞争。在环境治理过程中，各行为主体的博弈贯穿其中，包括地方政府之间、中央与地方政府之间、地方政府与企业之间等。中央集权条件下，中央与地方政府间进行政治博弈，地方政府间存在相互竞争，财政分权条件下，地方与中央政府责权明晰，地方政府利益得到充分保障，地方间竞争转变为利益博弈，互相争夺更多资源，"搭便车"行为也会产生，某些政府将环境治理寄希望于相邻政府。在地方政府和企业或社会公众群体进行环境治理博弈的过程中，企业的环境治理态度、公众是否参与环境治理都与环境优劣密切相关。

（六）国家干预主义理论

经济学家庇古在1932年首次提出国家干预主义理论，从福利经济学视角深入研究外部性问题，其观点在于政府干预有助于实现经济福利目标，自由市场经济容易引致市场失灵，政府干预也可以减轻环境外部性，借助征税与补贴等内部化其外部成本。在国家干预主义理论中，政府职能体系逐步扩张，公共部门政治职能逐步加强，各国采取积极干预的经济与社会职能模式。国家干预主义理论支持扩展政府职能，摒弃自由放任，约束私人经济，通过国家干预控制和直接从事社会经济活动，提升环境治理过程中地方政府具有的主体地位。

（七）市场自由主义理论

"科斯定理"描述的是环境污染的负向外部性可由市场机制处理，无须政府插手。如果产权明晰，交易成本为零，则依靠市场调节就可达到帕累托最优。"科斯定理"着重强调市场机制的环境治理作用。在自由市场里，政府无须干预调控，只需发挥保护财产权、维护法律制度等最低限度职能。买卖双方依据一个双方都认可的价格自由交换。在自由市场里，依据供求关系确定买卖行为价格，在无外力干涉且无强迫的情况下，买卖双方间的竞争叫作自由竞争。

（八）自主治理理论

随着环境治理理论的逐渐发展，著名经济学家奥斯特罗姆在 1990 年提出自主治理理论，作为除市场和政府外的另一种环境治理路径，自主治理理论认为环境治理关键在于多元主体协调合作，该理论是解决集体行动困境非常有效的方法。奥斯特罗姆的自主治理理论体系中，人除了追求个人利益外，同时具有利他性与社会精神属性，通过培养人们的归属感，运用激励的方式实现个人价值，可以让人们作出有利于集体的选择。奥斯特罗姆通过大量实证案例研究，开发了自主治理理论，基于企业理论和国家理论，发展出集体行动理论。通过影响理性个人策略选择的四个内部变量即预期收益、预期成本、内在规范和贴现率，从制度供给、可信承诺、相互监督和自主治理这四个方面阐述该理论核心内容。

第二节　环境治理政策的影响机理分析

一、环境分权政策对环境污染的影响机理分析

第一，环境分权厘清了环境治理过程中地方政府具备的主体责任，采用

明晰权责的方式将地方政府注意力从注重经济增长转向环境保护，改善环境污染。第二，环境分权能够缓解因环境污染外溢造成的地方间激烈竞争关系，同时借此契机，创建环境跨区域联防联治机制，从宏观层面梳理掌握区域间环境治理动态，提升环境治理效率，改善环境污染。第三，环境分权厘清了环境治理过程中地方政府所具备的主体责任，能够规避中央与地方间因目标不一致而引发的环境污染等问题。

环境集权方式可以集中优势环境治理主体力量，重点把握治理环境问题，但是环境集权对于地方间环境治理问题敏感度较弱，无法及时准确把握地方环境污染治理最佳时期，环境分权赋予地方政府环境治理权责，地方政府因地制宜，针对本地污染现状制定相关环境政策，改善环境污染情况。

综上所述，环境分权能够有效明晰环境污染与治理权责关系，提升地方政府环境注意力与环境治理积极性。

二、环保约谈政策对环境污染的影响机理分析

环保约谈作为治理环境污染的一种手段，在发现地方突出环境问题以及环保政策执行不到位等情况时，对职责履行不到位不完善的地方有关部门进行约谈协商，对地方政府推行地方环保治理政策进行行政监督和行政问责，加强环境治理，改善环境治理质量。环保约谈原先主要集中督察排污企业，监测其污染物排放，有效遏制企业排污，推进其技术转型升级，改善环境治理质量。环保约谈厘清了环境治理主体在环境治理过程中的权责，打破治理体系中的责任壁垒，借助民主协商促进地方政府与企业两者达成共识，提升经济增长质量，环境分权逐步厘清了中央与地方政府的环保责任，此后，环保约谈主体凭借其权威性对环境治理效果进行有效监督，增强环保政策执行力度和效率。环保约谈包括事前监督预警和事后执法处罚两项功能，从环境决策开始前的源头防控到执行过程中的过程管理和最后的风险约束方面都发挥很大作用。环保约谈能够在短期内迅速整合多个部门行政和舆论力量，发挥环保政策作用，使其执行效率达到最大。社会公众在环保约谈的约束下能

够将自身环保行为有效落实，并积极运用舆论对政府治理行为进行监督，受到国家和地方环保部门双重压力，地方政府资源配置与调动能力显著激活，其环保责任得到有效推动与落实，改善环境污染状况。

基于此，本研究认为：环保约谈凭借其权威行政约束力，整合多个治理主体力量，提升环境治理水平。

三、环保立法政策对环境污染的影响机理分析

环境治理和环境污染都具有外部性，地方政府受这一特征驱使，治理动力稍显不足，环保立法借助立法的形式，明晰环境治理主体权责，环境污染外部性得到解决。我国自改革开放以来陆续出台了环境保护法律，从国家层面和地方政府层面都出台了环保领域的法律法规。从地方政府层面而言，首先，其颁布的环境法规更加具体化，在生态文明建设背景下，通过地方政府环境立法的形式，有针对性地明确环保主体的责任范围，有利于地方政府和社会公众以及企业间形成良好互动关系，达成更多的社会共识。不同的责任主体通过不断博弈的过程，实现资源优化，形成良性互动，有利于抑制环境污染，共同提高环境质量。相比国家层面而言，地方政府环境立法促使责任主体之间形成良性互动，共同提高环境质量。其次，环保立法可以有效缓解环境治理主体动力不足问题，通过地方政府环境立法的约束，在制度方面规范环境污染治理，改善环境污染水平，向广大社会公众传递环保意识，鼓励其加入到环保建设中，明晰环境治理主体权责，增强了地方政府环境立法效果的长效性，对改善环境污染状况有促进效应。

基于此，本研究认为：地方政府环保立法有针对性地明确了环保主体的责任范围，形成广泛的社会效应，有助于改善环境污染状况，借助立法传递地方政府环境治理决心，增强了地方政府环境立法效果的长效性，改善环境污染状况。

四、环保督察政策对环境污染的影响机理分析

环保督察监督环境污染和治理不力等行为，明确地方政府环保治理主体责任，对实施环保政策起到监督作用，中央与地方政府之间存在信息不对称问题，通过环保督察逐步加强中央政府环境治理偏好，减轻信息不对称造成的损失，借助激励机制对地方政府偏好产生影响，改善环境污染状况。环保督察利用社会舆论对政府环境治理举措进行监督，保障了环境污染治理的可持续性，有效规避环保政策效力不足等问题。在环保督察政策下，某些受管制企业策略化行为得以矫正，企业的污染治理偏好逐步与中央趋同，政府监管作用得以有效发挥，改善环境污染水平。环保督察的随机抽查与常态化特征使得地方政府与污染排放企业改变其策略性行为，有效提高环境治理水平。

基于此，本研究认为：环保督察能够改善中央政府和地方政府之间存在的信息不对称状况，有利于消除两者间存在的信息不对称风险，借助多个环保治理主体力量，提升环境治理水平，改善环境污染状况。

五、生态补偿政策对环境污染的影响机理分析

生态补偿是政府为调节生态环境保护和经济利益关系，促进生态系统绿色均衡发展，向生态利益受损者提供经济、技术和其他政策补偿的制度安排，体现出政府为改善环境状况，治理环境污染所付出的努力。在此过程中，政府干预起到相当重要的作用。在生态补偿政策执行过程中，政府和政策制定者扮演着十分重要的角色，政府机构在执行相关政策时效率更高，通过政府干预，降低市场道德风险，进而改善企业间能源效率，有效提升污染治理效果，改善环境污染状况。政府通过制定一系列制度措施调和经济发展和生态环境的关系，如制定法律法规、进行经济的"弥补"、由政府及社会公众进行监督等措施，逐步限制与规范企业的生产活动行为，减少企业的污染物排放量，在一定程度上增加了企业的生产成本，反向刺激企业提高生产技术，

调整与优化管理制度，提高环境治理效果。与此同时，生态补偿作为环境公共物品，若要想在市场中完美运行，需要相关的制度环境基础做保障，比如基本完成产权的初始配置、建立健全相关的生态补偿法律法规等，都离不开政府干预，政府负责设定与维护这些基础的制度环境，同时在生态补偿实施和运行的过程中，对实际情况进行宏观调控与把握，规范相关法律法规，对生态补偿提供政策和资金支持等，通过一系列手段措施，充分发挥生态补偿政策的作用，改善环境污染状况。

基于此，本研究认为：生态补偿政策通过政府干预进而提升长三角城市间环境治理水平。

第三节　本 章 小 结

环境污染和治理问题已成为人们普遍关注的焦点问题，本章首先详细梳理了产权理论、环境联邦主义理论、外部性理论、公共产品理论、博弈论、国家干预主义理论、市场自由主义理论和自主治理理论。厘清相关环境名词概念，分别探讨了环境分权、环保约谈、环保督察、环保立法、生态补偿五种环境政策单独实施后对治理环境污染的影响机制，为环境政策的实施提供机理分析。

若单独实施环境治理政策，其治理环境污染的影响机制分别如下：环境分权能够有效明晰环境污染与治理权责关系，提升地方政府环境注意力与环境治理积极性。环保约谈凭借其权威行政约束力，整合多个治理主体力量，提升环境治理水平。地方政府环保立法有针对性地明确了环保主体的责任范围，形成广泛的社会效应，有助于改善环境污染状况，借助立法传递地方政府环境治理决心，增强地方政府环境立法效果的长效性，改善环境污染状况。环保督察能够改善中央政府和地方政府之间存在的信息不对称状况，有利于消除两者间存在的信息不对称风险，借助多个环保治理主体力量，提升环境治理水平，改善环境污染状况。生态补偿政策通过政府干预进而提升长三角城市间环境治理水平。

第五章

长三角环境治理单一政策绩效评估

近年来，环境治理政策在长三角地区各城市间得以推广，城市环境污染问题由此得以改善。那么，值得探讨的是，城市环境污染的改善是否是由环境治理单一政策的实施带来的呢？或者说环境治理单一政策的绩效水平如何？有鉴于此，本章首先基于双重差分估计方法（DID）实证评估环境治理单一政策的绩效水平；其次，通过分组双重差分回归的方法探讨环境治理单一政策影响环境治理绩效的区域异质性、时间异质性情况；再次，设计空间双重差分模型检验环境治理单一政策减排作用的空间溢出效应；最后，通过平行趋势检验、安慰剂检验、PSM-DID、更换被解释变量、固定省份效应等方法进行多维度的稳健性检验。

第一节 引   言

改革开放以来，如何解放生产力、发展生产力成为一个时代最重要、最核心的主题。为适应生产力发展需求，我国国家治理体系在不断修改、完善中演化嬗变，一系列科学有效的政策创新、组织创新、机制创新、理论创新把我国国家治理体系和治理能力现代化水平提高到前所未有的新高度，建立起一套涵盖经济、政治、文化、社会、生态文明和党的建设等各领域紧密相连、相互协调的体制机制和法律法规，为我国新时代实现经济社会创新、协调、绿色、开放、共享的高质量发展奠定了坚实基础。

我国政府较早重视环境污染问题，并出台一系列相关的政策、法规，在环境治理上，取得一定的成效。在我国目前环境治理已进入深水区和攻坚期，结合环境的外部性与环境治理主体权责不明显（李强，2018），未来中央政府面临的环境治理难题是如何进行环境治理体系的优化。在中国的政策体系下，环境政策由中央制定，地方政府是环境政策的执行者。环境政策的实际效果主要取决于地方政府的重视程度和地方政府环境治理的相关投入。因此，环境污染的外部性、中央与地方政府在环境治理上的目标不一致是影响环境治理绩效的重要因素（李永友和沈坤荣，2008）。如果地方政府未能把环境治理、环境审查当作重要工作，而招商引资、经济发展仍然是地方政务工作最为重要的一环，地方政府的环境治理投入将影响环境政策的执行效果。鉴于此，如何调动地方政府环境治理的主动性，提高中央政府环境监察效率，切实提高人民群众围绕环境治理的公共监督权行使成为重要的议题。为此，围绕长江经济带特别是长三角地区，中央、地方两级政府通过一系列环境治理政策创新试点，把我国环境治理体系和能力现代化水平提升到前所未有的新高度。

本章主要聚焦环境分权、环保立法、生态补偿、环保约谈、环保督察五大环境治理单一政策措施，在本书第四章阐释这五大环境治理单一政策影响环境治理绩效内在机理的基础上，以长三角地区41个城市作为研究对象，通过实证的方法检验它们对环境治理绩效的影响，以期为长三角地区环境治理政策的优化提供理论支撑和数据支持，助力长三角地区探索出一条环境治理与高质量发展的协同路径。

第二节　研究设计与数据说明

一、模型设计

双重差分是公共政策绩效评估的常用方法，最早由阿申费尔特等（Ashenfelter et al.）在对一项干预研究进行评价时提出。该方法通过判断在政策实施或事件冲击发生时及之后一段时间内政策施行组与政策对照组之间目标指数是否发生了显著性变化，来量化评估政策施行所带来的效果或事件冲击所引发的后果。实质上是把目标公共政策或重大事件当作一个"准自然实验"，通过控制变量的方法检验探讨社科领域的重大问题，同时为后续公共政策的优化与改进或重大事件的应对举措实施提供理论上的依据与建议。该方法最一般的形式，即传统的单期双重差分模型如下：

$$Y_{it} = \alpha + \beta_1 treat_i \times time_t + \beta_2 treat_i + \beta_3 time_t + \varepsilon_{it} \qquad (5-1)$$

其中，$treat$ 为组别虚拟变量，若 $treat = 1$，表示 i 城市受到了事件冲击的政策施行组，否则为未受到事件冲击的政策对照组；$time$ 为时间虚拟变量，若 $time = 1$，表示政策开始施行或已经施行，否则政策未施行；$treat_i \times time_t$ 是研究的核心解释变量，若 $treat_i \times time_t = 1$，表示第 i 个城市在第 t 年已经施行了政策，否则为未施行或未开始施行政策。β 为待求的政策实施绩效。

但是，一些政策并不是单批次生效的，为了尽可能地贴近现实情况，进行有效的量化估计与实证分析，贝克（Beck，2010）设计了多期双重差分进行政策绩效评估。值得一提的是，在长三角地区范围内，环境分权、环保立法、生态补偿、环保约谈、环保督察五大环境治理单一政策措施均不是同一年份实施，而是逐步试点、逐步实施的过程，因此，参考贝克（2010）的思路，本研究在传统的单期双重差分的基础上，构建了双向固定效应多期双重差分模型：

$$Poll_{it} = \alpha_0 + \lambda Egp_{it} + \eta Control_{it} + \theta_{it} + \varepsilon_{it} \qquad (5-2)$$

其中，$Poll_{it}$ 表示第 i 个城市第 t 年的环境污染水平；θ_{it} 表示固定效应或随机效应；Egp_{it}（environmental governance policy）是在单期双重差分的处理效应时间效应交乘项的 $treat \times time$ 基础上演变而来，用以表示政策虚拟变量，若 $Egp_{it} = 1$，表示第 i 个城市第 t 年已经实施了某项环境治理单一政策，否则该城市当年并没有实施某项环境治理单一政策；$Control_{it}$ 为控制变量，表示其他影响环境污染水平的解释变量；ε_{it} 表示随机扰动项；λ 为本部分待求的环境治理单一政策减排效应。

由于城市环境污染排放存在地理空间上的溢出现象，同时地方政府环境治理行为模式存在竞合关系和模仿特性，实际上一个城市的环境治理行为会受到相邻城市的影响，忽视空间溢出效应会造成环境治理单一政策减排效应的过高或者过低估计，对政策建议的合理提出造成不可忽略的干扰。因此，本研究在公式（5-2）的基础上引入空间权重矩阵（W）与政策虚拟变量、控制变量的交乘项，构建了空间双重差分模型：

$$Poll_{it} = \alpha + \lambda Egp_{it} + \eta Control_{it} + \rho W_{it} \times Poll_{it} + \lambda_1 W_{ij}$$
$$\times Egp_{it} + \eta_1 W_{ij} \times Control_{it} + \theta_{it} + \varepsilon_{it} \qquad (5-3)$$

其中，W_{it} 表示空间权重 01 邻接矩阵，为 41×41 矩阵，其设置规则为若两地有共同边界则为 1；若两地无共同边界则为 0，城市与自身之间即主对角线统一规定标记为 0。$W_{it} \times Poll_{it}$ 表示环境污染的空间自回归项，$W_{it} \times Egp_{it}$ 表示环境治理单一政策的空间滞后项，$W_{it} \times Control_{it}$ 表示控制变量的空间滞后项，λ_1 为本研究待求的环境治理单一政策减排作用的空间溢出效应。

二、变量选取

（一）被解释变量

环境污染指数（$Poll$）。结合现有文献，本研究采用环境污染综合指标作为核心被解释变量，基于数据可获得性和准确性，参考向莉（2018）的方法，选取单位 GDP 废水排放量、单位 GDP 二氧化硫排放量、单位 GDP 工业烟（粉）尘排放量三个基础指标通过熵值法合成环境污染指数来表征环境污染水平。

（二）核心解释变量

1. 环境分权 Ed（environmental decentralization）

综合现有文献，本研究采用长三角地区各地级市各年份是否实施河（湖）长制制度这一虚拟变量作为环境分权表征变量，某年某市实施河（湖）长制制度计为 1，否则为 0。河（湖）长制数据主要通过百度百科以及各地级市的官方信息网站检索各地区颁布官方文件的具体年限、实施河（湖）长制等相关信息手工收集整理。

2. 环保立法 El（environmental legislation）

本研究通过法律之星、政府网站以及中国知网检索各城市环保立法时间，将长三角地区各地级市已经实现立法的当年及以后赋值为 1，否则为 0。

3. 生态补偿 Ec（ecological compensation）

沿袭以上环境政策的衡量方法，若长三角地区各地级市实施了生态补偿，赋值为 1；反之，则赋值为 0。为保证数据的准确性，本研究主要通过地级市政府网站、法律之星以及中国知网检索各地区的生态补偿信息。

4. 环保约谈 Eq（environmental questioning）

本研究采用环保约谈制度是否实施来衡量，具体而言，长三角地区各地级市若被生态环境部进行了环保约谈，赋值为 1；反之，则赋值为 0。为保证数据的准确性，本研究主要通过搜索环保约谈相关新闻以及各地级市政府网站，检索长三角地区的环保约谈信息。

5. 环保督察 Es（environmental supervision）

本研究采用环保督察制度是否实施来衡量，具体而言，长三角地区各地级市若进驻过中央环保督察组，赋值为 1；反之，则赋值为 0。为保证数据的准确性，本研究通过百度搜索环保督察相关新闻，检索长三角地区的环保督察信息，并通过各地级市的政府官网进行核查验证，手工整理长三角地区各地级市环保督察实施信息。

（三）控制变量

1. 产业升级（*Up*）

产业升级是影响环境污染的重要变量，参考李强（2018）的做法，采用产业结构高级化和产业结构合理化，并通过熵值法合成产业升级指数。

2. 技术与研发（*Rd*）

生产技术的研发与应用会提高能源、资源的利用效率，降低环境污染的风险，本研究采用科研综合技术服务业从业人员数与从业人员总数之比表示。

3. 人力资本（*Hr*）

人力资本存量提升会提高生产效率，减少资源的浪费，本研究采用每万人高等学校在校学生占比进行表示。

4. 城镇化水平（*Urban*）

参考李强、左静娴（2017）的做法，用各市（区）非农业人口占市辖区人口的比重表征。

三、数据说明

本部分为我国长三角地区 2003~2019 年市级面板数据，所涉及变量数据如无特别说明均来自历年《中国城市统计年鉴》，数据处理及分析在 Stata 16 中完成，主要变量的描述性统计如表 5-1 所示。

表 5-1　　　　　　单一政策绩效评估主要变量的描述性统计

变量	含义	样本数	平均值	标准差	最小值	最大值
Poll	环境污染指数	697	0.1824	0.1655	0.0052	0.9224
Ed	环境分权	697	0.3730	0.4840	0	1
El	环保立法	697	0.2855	0.4520	0	1
Ec	生态补偿	697	0.3501	0.4773	0	1
Eq	环保约谈	697	0.0516	0.2215	0	1
Es	环保督察	697	0.1966	0.3977	0	1
Up	产业升级	697	0.2066	0.1993	0.0121	0.9961

变量	含义	样本数	平均值	标准差	最小值	最大值
Rd	技术研发	697	0.0143	0.0088	0.0019	0.0592
Hr	人力资本	697	0.0187	0.0205	0.0004	0.1270
$Urban$	城镇化	697	0.5587	0.1359	0.2674	0.8960

第三节 环境分权的减排效应评估

环境事权划分的集权与分权之争，主要是通过对环境分权环境效益的讨论而产生的。一些学者认为环境分权造成地方政府环境治理的"逐底竞争"，进而支持集权式的环境治理机制（王书明和蔡萌萌，2011；陆远权和张德钢，2016；张华等，2017；盛巧燕和周勤，2017）。另一些学者则认为环境分权并不一定会造成环境恶化的局面，而地方政府通过事权的划分，获得环境自主权利，提高环境注意力，构筑起地方政府加大环境治理投入的底层逻辑，地方政府凭借自身成本和信息优势，优化环境治理政策和实施管理方式，有利于地方环境污染问题的解决。另外，地方政府将引导企业进行绿色技术创新，促进城市产业转型升级，引导城市逐渐走上低碳绿色的经济发展模式（白俊红和聂亮，2017；邹璇等，2019；陆凤芝和杨浩昌，2019；李光龙和周云蕾，2019；李强，2018）。环境分权与环境污染存在非线性关系的观点也得到部分学者支持（祁毓和卢洪友，2016；李珊珊和罗良文，2019）。不难发现，环境分权是否能促进环境污染治理，实现节能减排的长效机制，其结论仍存在较大争议。因此，本节通过数据实证探究环境分权与环境污染的关系，设计了政策评估的静态基准回归分析、异质性分析、空间效应分析、多维度稳健性检验等实证策略，以期尽可能准确识别评估环境分权的减排效果。

一、双重差分分析

进行基准回归估计前，通过 Hausman 检验判断固定效应模型与随机效应模型的选择。模型 1 至模型 10 的 Hausman 值如表 5 – 2 所示，由 Hausman 检验对应 P 值均小于 0.05 可知，拒绝原假设，故采用个体时点双固定效应模型，增强结果的稳健性。结果分析如表 5 – 2 所示，其中，模型 1 至模型 5 分别为在未加入控制变量的情况下，环境污染（*Poll*）变量当期及滞后 1~4 期的模型结果，模型 6 至模型 10 分别为在加入控制变量的情况下，环境污染（*Poll*）变量当期及滞后 1~4 期的模型结果。

表 5 – 2 报告了环境分权与环境污染治理的回归结果。从模型 1 至模型 4、模型 7 至模型 9 可知，环境分权（*Ed*）的系数为负，说明无论是否加入控制变量，环境分权对环境污染当期及滞后 1~3 期值均表现较弱的抑制作用，同时值得注意的是，模型 5 和模型 10 结果显示，环境分权（*Ed*）系数为正，意味着无论是否加入控制变量，环境分权对环境污染滞后 4 期值表现较弱的促进作用。由于结论的显著性不一致，环境分权对环境污染的影响存在不确定性。原因可能在于，研究采用河（湖）长制试点政策作为环境分权的代理变量，有一定的局限性，可以总结为三个方面：第一，河（湖）长制政策对其他污染物治理的关联效应不强。河（湖）长制政策背景下的环境分权机制主要关注水污染治理特别是水体质量的提升，在对重大水污染公共事件的预警预防方面有一定成效，但是由于缺乏对其他污染物诸如工业二氧化硫排放、工业烟尘排放的强约束机制，其减排效应并未得到充分发挥。第二，河（湖）长制政策试点城市有很大一部分是地方政府参照无锡市环境治理经验自发设立，在这种经验推广的过程中，难免出现相关治理经验学习不到位的情况。第三，在经济晋升激励与环境约束松散并存的前提下，环境分权可能将促成地方政府自主降低投资项目环境审批难度，借助低水平环境规制的经济优势吸引外商投资，最终造成环境污染的加剧。

其他控制变量方面，产业升级系数显著为负，说明产业升级有助于长三角地区环境污染治理，降低城市环境污染水平；技术研发系数为正，但不显著，说明加大技术研发投入并不会改善环境污染，两者关系有待进一步研究与验证；人力资本系数显著为负，说明人力资本积累会促进环境污染治理；城镇化水平系数显著为负，说明城镇化水平的提高会降低环境污染。

表 5 - 2

基准回归结果

变量	模型 1 Poll	模型 2 L. Poll	模型 3 L2. Poll	模型 4 L3. Poll	模型 5 L4. Poll	模型 6 Poll	模型 7 L. Poll	模型 8 L2. Poll	模型 9 L3. Poll	模型 10 L4. Poll
	FE	FE	FE	FE	FE	FE	FE	FE	FE	FE
Ed	-0.0124 (-0.6632)	-0.0248 (-1.2056)	-0.0155 (-0.7735)	-0.0113 (-0.6752)	0.0044 (0.306)	0.0005 (0.026)	-0.0116 (-0.6406)	-0.0018 (-0.1060)	-0.0057 (-0.4146)	0.0065 (0.462)
Up						-0.2062** (-2.2389)	-0.1911** (-2.0500)	-0.1826* (-2.0000)	-0.0715 (-0.8559)	-0.0657 (-0.8272)
Rd						0.1552 (0.1034)	1.2336 (0.8504)	2.3843* (1.6961)	2.3140* (1.6873)	0.3412 (0.2861)
Hr						-2.3128** (-2.1459)	-1.4087 (-0.9973)	-1.3883 (-1.2705)	-1.7101* (-1.9591)	-1.5242 (-1.4082)
Urban						-0.2055*** (-3.0780)	-0.1078 (-1.5955)	-0.0216 (-0.3586)	0.0828 (1.185)	0.0549 (0.9273)
常数项	0.1373*** (15.8498)	0.1373*** (16.0084)	0.1373*** (16.0062)	0.1373*** (15.9483)	0.1371*** (15.8765)	0.2596*** (6.8499)	0.2040*** (4.7281)	0.1651*** (4.3467)	0.1170*** (3.1226)	0.1529*** (4.275)
个体效应	控制	控制	控制	控制	控制	控制	控制	控制	控制	控制
时间效应	控制	控制	控制	控制	控制	控制	控制	控制	控制	控制
样本数	697	656	615	574	533	697	656	615	574	533
Within R²	0.151	0.167	0.173	0.186	0.201	0.197	0.19	0.198	0.206	0.207
Hausman	0.0457	0.045	0.0295	0.0214	0.0127	0.0025	0.0009	0.0006	0.0003	0.0006

注：括号中为 t 值；* P<0.1，** P<0.05，*** P<0.01。

二、异质性分析

上一节提出，可能是环境治理约束不强，经济增长作为地方政府政绩考核的强约束指标，降低了地方政府环境注意力，地方政府对环境污染企业选择执法，最终造成以河（湖）长制为代表的环境分权机制减排效果不佳的局面。鉴于此，本研究以 2011 年为节点进行时间异质性分析，来验证这一假说。设计此实证策略的理由是党的十八大以来，中央政府以前所未有的高度与强度推动环境污染治理。同时环境治理绩效作为"一票否决"指标开始发挥作用，环境污染不断加剧的态势得到遏制。

在回归前，需要先进行 Hausman 检验。模型 1 至模型 5 的 Hausman 值对应 P 值分别为 0.7362、0.4459、0.3448、0.2669、0.2928，接受随机效应的原假设，采用时点固定效应模型；模型 6 至模型 10 的 Hausman 值对应 P 值分别为 0.0074、0.0015、0.0024、0.0011、0.001，拒绝原假设，故采用个体时点双固定效应模型。结果分析如表 5 – 3 所示，模型 1 至模型 5 分别为 2003 ~ 2011 年环境污染（Poll）变量当期及滞后 1 ~ 4 期的模型结果，模型 6 至模型 10 分别为 2012 ~ 2019 年环境污染（Poll）变量当期及滞后 1 ~ 4 期的模型结果。

表 5 – 3 报告了分时段的环境分权与环境污染治理回归结果。模型 1 环境分权（Ed）系数为负，模型 2 至模型 5 环境分权（Ed）系数为正，且环境污染滞后 3 ~ 4 期时，环境分权（Ed）系数显著为正，意味着地方政府缺乏环境治理强约束的背景下，环境分权未能实现环境污染的有效改善，地方政府高度重视经济增长的同时，降低了环境治理注意力，忽视了环境污染治理，加剧了城市环境污染水平。模型 6 至模型 9 环境分权（Ed）系数均为负，且环境污染滞后 1 期后，环境分权（Ed）系数显著为负，表明在中央政府加强对地方环境治理考核后，形成了环境治理的强约束机制，此时环境分权有助于缓解城市环境污染，加快环境污染治理。产生此结果的原因在于：一方面，地方政府具备信息优势特征，在分权模式下，地方政府能够因地施策、因地

表 5 - 3

时间异质性回归结果

变量		模型 1 Poll RE	模型 2 L.Poll RE	模型 3 L2.Poll RE	模型 4 L3.Poll RE	模型 5 L4.Poll RE	模型 6 Poll FE	模型 7 L.Poll FE	模型 8 L2.Poll FE	模型 9 L3.Poll FE	模型 10 L4.Poll FE
Ed		-0.0075 (-0.9858)	0.0014 (0.1194)	0.006 (0.5923)	0.0157* (1.6604)	0.0207** (2.0992)	-0.0167 (-0.9298)	-0.0450** (-2.4422)	-0.0116 (-0.7946)	-0.0138 (-0.1876)	0.0002 (0.0079)
Up		-0.3436** (-2.3395)	-0.2306*** (-2.6287)	-0.2335*** (-3.1017)	-0.2588*** (-2.9586)	-0.3442*** (-2.8606)	-0.0159 (-0.2718)	-0.0023 (-0.0291)	-0.0741 (-0.7583)	0.09 (0.9938)	0.1118 (1.0768)
Rd		0.489 (0.4149)	1.5544** (2.1818)	1.4796 (1.5086)	0.8251 (0.8201)	0.953 (0.9503)	-0.5568 (-0.3147)	0.1101 (0.0561)	2.9747 (1.2460)	2.7522 (1.1891)	-2.1216 (-1.0703)
Hr		-1.5314** (-2.0661)	-0.9472 (-1.5493)	-0.6524 (-1.0695)	-0.51 (-0.7686)	0.0426 (0.0695)	3.1907** (2.3378)	4.2845*** (3.1020)	2.4529* (1.8699)	0.8267 (0.5996)	-0.474 (-0.3220)
Urban		-0.0915** (-2.1902)	-0.0581 (-1.1927)	-0.0214 (-0.6136)	-0.0134 (-0.3451)	-0.0412 (-0.7581)	-0.2682*** (-3.4926)	-0.1412** (-2.2698)	-0.0168 (-0.2502)	0.1258 (1.4562)	0.052 (0.8111)
常数项		0.2340*** (5.4581)	0.1831*** (4.6623)	0.1764*** (5.6963)	0.1848*** (6.4358)	0.1977*** (5.149)	0.2515*** (4.6195)	0.2027*** (3.8186)	0.1271** (2.5576)	0.0465 (0.9101)	0.1464** (2.6614)
个体效应		不控制	不控制	不控制	不控制	不控制	控制	控制	控制	控制	控制
时间效应		控制	控制	控制	控制	控制	控制	控制	控制	控制	控制
样本数		369	328	287	246	205	328	328	328	328	328
Within R²		0.2714	0.2008	0.1289	0.1351	0.1351	0.2365	0.2694	0.1486	0.1657	0.2031
Hausman		0.7362	0.4459	0.3448	0.2669	0.2928	0.0074	0.0015	0.0024	0.0011	0.001

注：括号中为 t 值；* P<0.1，** P<0.05，*** P<0.01。

治理，有利于环境治理工作的推进，环境污染治理更有效，促进资源的最优配置，实现经济与环境的耦合发展。另一方面，地方政府拥有更高的环境治理效率，具备成本优势特征。但是，地方政府治理效率有效发挥离不开对地方政府环境治理行为强约束机制的建立。在环境绩效指标纳入综合考核体系的背景下，地方政府面临着政治激励和经济激励的双重考核，使得地方政府加大了对环境质量的重视程度，地方政府环境治理优势逐渐显现，对环境产生积极的正向影响作用。

三、空间效应分析

由于环境污染的负外部性和环境治理的正外部性特征，分权式环境治理模式势必引发地方政府环境治理竞争，这也是环境分权研究的热点话题。鉴于此，采用空间效应模型检验环境分权对环境污染的影响是否具有空间溢出效应。采用 Hausman 检验进行模型的选择，P 值小于 0.05，表明使用固定效应模型优于随机效应模型，因此，本部分采用基于固定效应进行空间杜宾模型估计。具体结果如表 5 – 4 所示，模型 1 为在未加入控制变量的情况下环境分权的空间杜宾模型，模型 2 为在加入控制变量的情况下环境分权的空间杜宾模型。

表 5 – 4　　　　　　　　　　　　空间双重差分回归结果

变量	模型 1 *Poll* FE	模型 2 *Poll* FE	变量	模型 1 *Poll* FE	模型 2 *Poll* FE
ρ	0.3082 *** (6.8332)	0.2839 *** (6.1693)	$Sigma^2$	0.0056 *** (18.5113)	0.0052 *** (18.5335)
Ed	0.0267 ** (2.0937)	0.0288 ** (2.3178)	$W \times Ed$	− 0.0191 (− 1.3402)	− 0.0154 (− 0.9889)

续表

变量	模型 1	模型 2	变量	模型 1	模型 2
	Poll	*Poll*		*Poll*	*Poll*
	FE	FE		FE	FE
Up		−0.0427 (−0.8309)	*W × Up*		0.0179 (0.3397)
Rd		0.0111 (0.0139)	*W × Rd*		6.1609 *** (3.6514)
Hr		−1.3189 ** (−2.0542)	*W × Hr*		3.3734 *** (4.0079)
Urban		−0.2480 *** (−5.1634)	*W × Urban*		0.1769 *** (3.2605)
样本数	697	697	样本数	697	697
Within R²	0.0076	0.1012	Within R²	0.0076	0.1012

注：括号中为 t 值；＊P＜0.1，＊＊P＜0.05，＊＊＊P＜0.01。

表 5－4 报告了空间杜宾模型的估计结果。研究发现，无论是否加入控制变量，空间自回归系数 ρ、空间误差滞后系数均为正数，且在 1% 的显著性水平上显著，同时环境分权（*Ed*）变量系数也显著为正，表明环境污染在空间分布上并不是相互独立的，而是具有空间依赖性。环境分权的系数不显著，表明环境分权的空间溢出效应较弱。其他控制变量方面，人力资本、城镇化水平系数均显著为负，说明人力资本积累、城镇化水平提高会促进本地环境污染治理，抑制城市环境污染；技术研发、人力资本及城镇化水平的空间滞后项系数均显著为正，说明加大技术研发、人力资本积累、城镇化水平提高均不利于邻市环境污染治理，可能的原因是本地加大技术研发、人力资本积累以及城镇化水平，对邻市人员和资金产生"虹吸效应"，不利于邻市绿色技术创新和产业转型升级，进而造成邻市环境污染的加剧。

根据空间杜宾模型的估计结果，估计各解释变量变化的直接效应、间接效应和总效应如表 5－5 所示。表 5－5 报告了固定效应空间杜宾模型估计的三种效应。研究表明，环境分权（Ed）的直接效应为 0.0288，间接效应为 −0.0093，总效应为 0.0195，空间效应占比为 24.4%。不难发现，环境污染受到邻近地区的环境分权政策的负向影响，这意味着邻近地区推行环境分权政策促进本地区环境污染治理，最终改善本地区生态环境质量。其他控制变量方面，人力资本的直接效应为 −1.1127，间接效应为 4.041，总效应为 2.9114，空间效应占比为 74.96%，表明邻近地区人力资本积累不利于本地区环境污染治理；城镇化水平的直接效应为 −0.2407，间接效应为 0.1407，总效应为 −0.1，空间效应占比为 36.89%，表明邻近地区城镇化进程加快不利于本地区环境污染治理。

表 5−5　　　　　　　　　　　空间效应分解

变量	直接效应		间接效应		总效应	
	系数	z 统计量	系数	z 统计量	系数	z 统计量
Ed	0.0288 **	(2.349)	−0.0093	(−0.5490)	0.0195	(1.3585)
Up	−0.0446	(−0.9367)	0.0095	(0.191)	−0.0351	(−1.4051)
Rd	0.5268	(0.6676)	8.1363 ***	(3.6789)	8.6631 ***	(3.4405)
Hr	−1.1127 *	(−1.8115)	4.0241 ***	(4.0448)	2.9114 ***	(2.6973)
$Urban$	−0.2407 ***	(−5.3604)	0.1407 **	(2.4903)	−0.1000 **	(−2.2229)

注：括号中为 t 值；* P<0.1，** P<0.05，*** P<0.01。

四、稳健性检验

（一）平行趋势检验

为了检验基准回归模型是否满足平行趋势假设，借鉴纪祥裕等（2021）的做法，构建了 9 个年份虚拟变量，即 $before\_m_{it}$（$m=1,2,\cdots,6$）、$after\_n_{it}$（$n=1,2,\cdots,3$）分别表示河（湖）长制政策实施的前六年到后三年，再依次与组别虚拟变量 $treat_i$ 形成交互项，在原有式子基础上，增改 9

个年份虚拟变量重新进行双重差分回归估计，具体如表 5 - 6 所示。研究发现，模型 1 至模型 3 的 $treat \times before\_6$ 至 $treat \times before\_1$ 系数均不显著，说明在实现河（湖）长制政策之前处理组和对照组的变化趋势并不存在显著差异，平行趋势假设成立；$treat \times after\_1$、$treat \times after\_2$ 系数为负，$treat \times after\_3$ 系数为正，环境分权的减排效果不明显。

表 5 - 6　　　　　　　　　　　　平行趋势检验

变量	模型 1	模型 2	模型 3
	Poll	Poll	Poll
$treat \times before\_6$	-0.012 (-0.65)	-0.012 (-0.65)	-0.012 (-0.62)
$treat \times before\_5$	-0.002 (-0.12)	-0.003 (-0.13)	-0.002 (-0.12)
$treat \times before\_4$	0.008 (0.4)	0.008 (0.35)	0.008 (0.36)
$treat \times before\_3$	-0.001 (-0.03)	-0.001 (-0.07)	-0.001 (-0.04)
$treat \times before\_2$	0.003 (0.2)	0.003 (0.17)	0.004 (0.19)
$treat \times before\_1$	-0.022 (-1.24)	-0.022 (-1.18)	-0.022 (-1.10)
$treat \times after\_1$	-0.012 (-0.80)	-0.013 (-0.74)	-0.013 (-0.65)
$treat \times after\_2$		-0.004 (-0.24)	-0.003 (-0.18)
$treat \times after\_3$			0.004 (0.22)
常数项	0.262 *** (6.85)	0.262 *** (6.83)	0.262 *** (6.82)

续表

变量	模型 1 *Poll*	模型 2 *Poll*	模型 3 *Poll*
控制变量	控制	控制	控制
个体效应	控制	控制	控制
时间效应	控制	控制	控制
样本数	697	697	697
Within R^2	0.203	0.203	0.203

注：括号中为 t 值；＊P＜0.1，＊＊P＜0.05，＊＊＊P＜0.01。

（二）安慰剂检验

为了排除不可观测因素对模型估计造成的干扰，借鉴张华（2020）的思路与方法，随机抽取 41 个数据依次作为 41 个城市的政策时间，并重复实验 500 次，图 5-1 报告了基于虚构样本的回归结果估计系数分布。研究发现，随机产生的系数值和 P 值均集中于零值附近，且河（湖）长制政策系数值位于两端，说明在本研究虚构的处理组样本中虚构事件没有发生实际作用，减

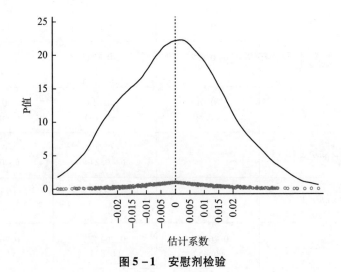

图 5-1　安慰剂检验

排效果不明显，同时虚构事件的政策变量系数均值为 − 0.0001454，接近于零，安慰剂检验通过，增强了本研究结论的稳健性。

（三）PSM-DID 回归估计

河（湖）长制政策的实施可能存在选择偏差，即环境污染更为严重的地区或者政府偏好于环境治理、政府环境注意力较高的地区更乐意推行河（湖）长制政策，而环境污染并不严重的地区或者偏好于经济发展的地区则不会自发模仿实施河（湖）长制政策。为了排除选择偏差的可能影响，使用最近邻匹配方法进行一对一匹配，再基于匹配后的数据进行双重差分估计。在进行双重差分回归前，需要先进行 Hausman 检验。模型 1 至模型 5 的 Hausman 值对应 P 值均大于 0.05，拒绝原假设，故采用时点固定效应模型。结果分析如表 5 − 7 所示，其中，模型 1 至模型 5 分别为环境污染（*Poll*）变量当期及滞后 1 ~ 4 期的模型结果。

表 5 − 7   **PSM-DID 回归估计结果**

变量	模型 1	模型 2	模型 3	模型 4	模型 5
	Poll	L. *Poll*	L2. *Poll*	L3. *Poll*	L4. *Poll*
	RE	RE	RE	RE	RE
Ed	− 0.0071 （ − 0.2626）	− 0.0126 （ − 0.4449）	− 0.027 （ − 0.7834）	− 0.0233 （ − 0.8559）	− 0.0159 （ − 0.6479）
Up	− 0.3348 ** （ − 2.4133）	− 0.3095 ** （ − 2.5493）	− 0.2845 ** （ − 2.3625）	− 0.2089 * （ − 1.9087）	− 0.2205 *** （ − 3.0800）
Rd	0.597 （0.3709）	2.069 （1.554）	2.6626 * （1.9398）	2.5606 （1.6344）	1.8229 （1.4752）
Hr	− 0.9095 （ − 1.2624）	− 0.6065 （ − 0.7581）	− 0.6131 （ − 0.8821）	− 0.651 （ − 0.8533）	0.0722 （0.0984）
Urban	− 0.1937 *** （ − 2.7601）	− 0.1506 ** （ − 2.3557）	− 0.0904 ** （ − 1.9956）	− 0.0353 （ − 0.5426）	− 0.0893 （ − 1.2583）

续表

变量	模型 1	模型 2	模型 3	模型 4	模型 5
	Poll	L. *Poll*	L2. *Poll*	L3. *Poll*	L4. *Poll*
	RE	RE	RE	RE	RE
常数项	0.2569 *** (5.6825)	0.2147 *** (4.9687)	0.1918 *** (4.8719)	0.1618 *** (3.7893)	0.1819 *** (4.8985)
个体效应	控制	控制	控制	控制	控制
时间效应	控制	控制	控制	控制	控制
样本数	697	656	615	574	533
Within R^2	0.2466	0.2668	0.2449	0.2554	0.2198
Hausman	0.5845	0.2819	0.3012	0.2363	0.4389

注：括号中为 t 值；＊P＜0.1，＊＊P＜0.05，＊＊＊P＜0.01。

表 5-7 报告了环境分权的 PSM-DID 回归估计结果。研究发现，模型 1 至模型 5 的环境分权（*Ed*）系数均为负，但不显著，表明在尽可能地排除选择偏差后，由于并未建立切实有效的环境治理约束机制，建立以河（湖）长制为代表的环境分权机制，未能产生显著的减排效应，进一步验证前面结论的稳健性。

（四）更换被解释变量检验

为了增强结论的稳健性，将被解释变量更换为经正向标准化处理的单位 GDP 工业废水排放量，重新进行 PSM-DID 回归。使用最近邻匹配方法进行一对一匹配，再基于匹配后的数据进行双重差分估计。结果分析如表 5-8 所示，其中，模型 1 至模型 5 分别为水环境污染（*W*）变量当期及滞后 1~4 期的模型结果。

表 5 – 8 更换被解释变量的 PSM-DID 回归估计结果

变量	模型 1	模型 2	模型 3	模型 4	模型 5
	W	$L. W$	$L2. W$	$L3. W$	$L4. W$
	FE	FE	FE	FE	FE
Ed	– 0. 0041 （– 0. 1326）	– 0. 0013 （– 0. 0385）	0. 0014 （0. 0367）	0. 0198 （0. 6258）	0. 019 （0. 6034）
Up	– 0. 0993 （– 0. 7006）	– 0. 139 （– 0. 9331）	– 0. 1564 （– 1. 0566）	– 0. 2012 （– 1. 2731）	– 0. 2971 （– 1. 6167）
Rd	0. 1853 （0. 1368）	0. 7586 （0. 5239）	1. 0566 （0. 5757）	0. 7103 （0. 3256）	0. 2899 （0. 1378）
Hr	– 3. 3589 ** （– 2. 6168）	– 3. 2280 * （– 1. 9872）	– 3. 2342 * （– 1. 9213）	– 2. 4455 （– 1. 4644）	– 1. 2058 （– 0. 4972）
$Urban$	– 0. 0319 （– 0. 4227）	– 0. 006 （– 0. 0637）	0. 0597 （0. 4945）	0. 1484 （1. 0243）	0. 1662 （0. 9395）
常数项	0. 3264 *** （6. 1027）	0. 3223 *** （6. 2141）	0. 3105 *** （6. 0896）	0. 2879 *** （6. 5803）	0. 2875 *** （5. 8027）
个体效应	控制	控制	控制	控制	控制
时间效应	控制	控制	控制	控制	控制
样本数	455	414	373	332	291
Within R^2	0. 4597	0. 4284	0. 4076	0. 3856	0. 3656
Hausman	0	0	0	0	0

注：括号中为 t 值； ＊P＜0. 1， ＊＊P＜0. 05， ＊＊＊P＜0. 01。

表 5 – 8 报告了更换被解释变量的 PSM-DID 回归估计结果。研究发现，模型 1 和模型 2 的环境分权（Ed）系数为负，模型 3 至模型 5 的环境分权（Ed）系数为正，并且均不显著，说明在缺乏约束机制的情况下，建立以河（湖）长制为代表的环境分权机制，对试点城市环境污染治理的影响不大，并未显著改善试点城市的环境污染水平，基于分权式环境管理的环境治理长效机制也并未得到有效构建。

（五）控制省份固定效应

考虑到长三角地区不同省份在区域政策环境、资源禀赋、经济发展水平等方面存在潜在差异，可能会对估计产生影响，因此在个体时点固定效应的基础上控制了省份效应，重新进行双重差分估计，结果如表 5-9 所示。环境分权系数均不显著，增强了政策评估结果的稳健性。

表 5-9　　　　　　　　控制省份固定效应的回归估计结果

变量	模型 1 Poll FE	模型 2 L. Poll FE	模型 3 L2. Poll FE	模型 4 L3. Poll FE	模型 5 L4. Poll FE
Ed	0.0005 (0.0259)	-0.0116 (-0.6390)	-0.0018 (-0.1057)	-0.0057 (-0.4135)	0.0065 (0.4606)
Up	-0.2062 ** (-2.2339)	-0.1911 ** (-2.0451)	-0.1826 * (-1.9950)	-0.0715 (-0.8536)	-0.0657 (-0.8248)
Rd	0.1552 (0.1031)	1.2336 (0.8484)	2.3843 * (1.6919)	2.314 (1.6827)	0.3412 (0.2852)
Hr	-2.3128 ** (-2.1412)	-1.4087 (-0.9949)	-1.3883 (-1.2673)	-1.7101 * (-1.9538)	-1.5242 (-1.4041)
Urban	-0.2055 *** (-3.0712)	-0.1078 (-1.5917)	-0.0216 (-0.3577)	0.0828 (1.1818)	0.0549 (0.9246)
常数项	0.3452 *** (6.9549)	0.2785 *** (5.2284)	0.2246 *** (5.1491)	0.1699 *** (4.4022)	0.1989 *** (5.4435)
省份效应	控制	控制	控制	控制	控制
时间效应	控制	控制	控制	控制	控制
个体效应	控制	控制	控制	控制	控制
样本数	697	656	615	574	533
Within R^2	0.819	0.819	0.825	0.832	0.834

注：括号中为 t 值；*P<0.1，**P<0.05，***P<0.01。

（六）控制联合固定效应

考虑到长三角地区不同省份在不同年份的区域政策环境、资源禀赋、经济发展水平等方面存在潜在差异，可能会对估计产生影响。因此，在个体时点省份固定效应的基础上控制了省份时间交互效应，重新进行双重差分估计，结果如表 5-10 所示。环境分权系数均不显著，证实了政策评估结果的真实性。

表 5-10　　　　　　　　控制联合固定效应的回归估计结果

变量	模型 1	模型 2	模型 3	模型 4	模型 5
	Poll	L. Poll	L2. Poll	L3. Poll	L4. Poll
	FE	FE	FE	FE	FE
Ed	0.0177 (1.2721)	0.0079 (0.5577)	0.0112 (0.8000)	−0.0013 (−0.1070)	−0.0055 (−0.3597)
Up	−0.0767 (−0.2935)	−0.1146 (−0.5160)	−0.0617 (−0.2989)	0.1258 (0.7785)	0.1489 (1.0259)
Rd	−0.507 (−0.2265)	0.7097 (0.3241)	2.7089 (1.3047)	3.3127 (1.6037)	1.8203 (0.9503)
Hr	−2.3958 ** (−2.0806)	−1.4337 (−1.0004)	−1.4099 (−1.2612)	−1.3995 (−1.4832)	−0.9624 (−0.8713)
Urban	−0.2365 *** (−2.8376)	−0.1375 (−1.6111)	0.0038 (0.0508)	0.086 (1.085)	0.0516 (0.7888)
常数项	0.3347 *** (4.9463)	0.2758 *** (4.222)	0.1838 *** (3.0164)	0.1112 * (1.935)	0.1334 ** (2.5552)
省份效应	控制	控制	控制	控制	控制
时间效应	控制	控制	控制	控制	控制
个体效应	控制	控制	控制	控制	控制
省份时间固定效应	控制	控制	控制	控制	控制
样本数	680	640	600	560	520
Within R²	0.827	0.825	0.832	0.842	0.846

注：括号中为 t 值；* P<0.1，** P<0.05，*** P<0.01。

第四节　环保立法的减排效应评估

法治化建设贯穿我国社会主义建设始终，在经济社会各项事业中发挥着重要作用。我国历来强调法律法规在国家治理体系中的重要地位，特别是党的十八大以来，党中央全面推行"依法治国"战略，在环境污染治理领域也出台了一系列环境保护法律法规。同时，值得思考的是，环保法律应该以全国性法律为主还是以地方性法规为主，抑或是两者的有机结合。一方面，环境治理问题涉及中央、地方、企业的多元博弈，央地目标不一致、环境治理权责不明晰，解决环境问题离不开中央政府的强力监管，从这一角度来看，全国性环境保护法律不可或缺；另一方面，不同类型的污染物在空间尺度上扩散的方式、速率与途径千差万别，幅员辽阔的地域难免存在空间异质性，从这一角度来看，地方急需出台有针对性的地方性环境保护法规。值得探讨的是，地方性环境保护法规的颁布是否真的得到了认真执行，是否存在"有可为而不为"的选择性执法？有学者认为，环保立法可以有效缓解环境治理主体动力不足问题，促进环境污染治理效率提升，最终改善地方生态环境（李子豪和袁丙兵，2021）。也有学者认为，单纯的环保立法并不能显著地抑制当地污染排放（包群，2013），晋升激励下，地方政府高度关注经济增长的同时，忽视了环境污染问题，对环境治理、公共服务等经济绩效欠佳的项目视而不见，影响环境法律法规的执行力度与广度。不难发现，环境保护立法是否能促进环境污染治理，实现节能减排的长效机制，其结论仍存在较大争议。因此，本节主要基于长三角地区 41 个城市 2003～2019 年市级面板数据采用面板回归模型探究环保立法与环境污染的关系，设计了政策评估的静态基准回归分析、异质性分析、空间效应分析、多维度稳健性检验等实证策略，以期尽可能准确识别评估环保立法的减排效果。

一、双重差分回归

在进行基准回归估计前，本部分通过 Hausman 检验判断是选择固定效应模型还是随机效应模型。模型 1 至模型 5 的 Hausman 检验结果显示，对应 P 值均大于 0.05，故接受原假设，故采用时点固定效应模型，增强结果的稳健性；模型 6 至模型 10 的 Hausman 值对应 P 值均小于 0.05，拒绝原假设，故采用个体时点双固定效应模型。结果分析如表 5 - 11 所示，其中，模型 1 至模型 5 分别为在未加入控制变量的情况下，环境污染（$Poll$）变量当期及滞后 1 ~ 4 期的模型结果，模型 6 至模型 10 分别为在加入控制变量的情况下，环境污染（$Poll$）变量当期及滞后 1 ~ 4 期的模型结果。

表 5 - 11 报告了环保立法与环境污染治理的回归结果。从模型 1 至模型 5、模型 6 至模型 10 中可以发现，无论是否加入控制变量，环保立法（El）对环境污染当期值的影响系数均为负，且环保立法（El）对环境污染滞后 1 ~ 2 期值的影响系数均显著为负，环保立法（El）对环境污染滞后 3 ~ 4 期值的影响系数为负，但不显著，意味着环保立法对环境污染的影响存在滞后效应，即表明地方颁布实施地方性环境保护法规后，短期内会促进本地区的环境污染治理，抑制工业污染排放，提高城市环境质量，但从长期来看，地方颁布实施环保法规的减排效果并不明显。就负向影响的滞后性来看，可能的原因是地方性环境保护法规从获批颁布到正式实施有一段缓冲时间，在此期间，如果地方监管不严，反而会一定程度上助长企业的报复性污染行为[①]。但是，一方面，地方人大推进环保立法的行为一定程度上说明了地方政府及公众对加快环境治理、推进环境治理提升的偏好性，会对地区内污染企业产生负面的舆论压力，迫使地方污染企业自发增添环境污染治理设备；另一方

---

① 由于环境法规的颁布，地区内污染企业会产生未来环境污染处罚力度逐渐增强的预期，在环境法规还未生效前，污染企业有动机加快生产进度，过度排放工业污染物，造成短时间内污染增加的局面。

表 5 - 11　基准回归结果

变量	模型 1 Poll RE	模型 2 L. Poll RE	模型 3 L2. Poll RE	模型 4 L3. Poll RE	模型 5 L4. Poll RE	模型 6 Poll RE	模型 7 L. Poll FE	模型 8 L2. Poll FE	模型 9 L3. Poll FE	模型 10 L4. Poll FE
El	-0.0297 (-1.4327)	-0.0446 * (-1.9069)	-0.0463 ** (-2.0472)	-0.0258 (-1.1081)	-0.0212 (-0.8777)	-0.0207 (-1.1606)	-0.0426 * (-1.8935)	-0.0436 * (-1.9266)	-0.0224 (-0.8933)	-0.023 (-0.8686)
Up						-0.2208 ** (-2.2387)	-0.2133 *** (-2.0464)	-0.1907 * (-1.9479)	-0.0827 (-0.9316)	-0.0589 (-0.7553)
Rd						0.177 (0.1338)	0.9295 (0.624)	1.9642 (1.3321)	2.1389 (1.3944)	0.043 (0.0329)
Hr						-1.4177 ** (-1.9942)	-1.295 (-0.9590)	-1.3015 (-1.2808)	-1.6970 * (-1.9116)	-1.5201 (-1.3008)
Urban						-0.1910 *** (-3.0939)	-0.105 (-1.5399)	-0.0101 (-0.1723)	0.087 (1.2924)	0.0666 (1.1356)
常数项	0.1416 *** (6.248)	0.1459 *** (5.9935)	0.1474 *** (5.9464)	0.1435 *** (5.6976)	0.1424 *** (5.591)	0.2508 *** (5.256)	0.2178 *** (4.806)	0.1769 *** (4.6199)	0.1253 *** (3.2793)	0.1575 *** (4.4358)
个体效应	不控制	不控制	不控制	不控制	不控制	控制	控制	控制	控制	控制
时间效应	控制	控制	控制	控制	控制	控制	控制	控制	控制	控制
样本数	697	656	615	574	533	697	656	615	574	533
Within R²	0.1543	0.1718	0.1824	0.1883	0.2029	0.1986	0.1983	0.208	0.2084	0.2097
Hausman	0.9658	0.9955	1	0.8271	0.6827	0.0674	0.0167	0.01	0.0054	0.0105

注：括号中为 t 值；* P＜0.1，** P＜0.05，*** P＜0.01。

面，环保法规生效后，地方环保部门通过"以儆效尤"的方式，处罚典型企业，对地区内污染企业产生震慑作用，迫使地方污染企业转变绿色生产方式或者关停搬迁至未颁布环境保护法规的地区。就负向影响的短期性来看，频繁地对污染企业进行行政处罚，会对地区经济声誉带来一定的负面影响，进而影响地区经济发展。在官员的晋升激励下，形成了以地区生产总值为核心的晋升机制，地方政府高度重视经济增长的同时，缺乏对环境治理的持续关注，而环保部门在财政上高度依赖于地方政府，且长期处于"门可罗雀"的局面，最终导致环境执法力度及广度的下降，环保立法的减排效应有所减弱。

其他控制变量方面，产业升级系数显著为负，说明产业升级有助于长三角地区环境污染治理，降低城市环境污染水平；技术研发系数为正，但不显著，说明加大技术研发投入并不会改善环境污染，两者关系有待进一步研究与验证；人力资本系数显著为负，说明人力资本积累会促进环境污染治理；城镇化水平系数显著为负，说明城镇化水平的提高会降低环境污染。

二、异质性分析

前面提出，可能是环境治理约束不强，且环保部门在财政上高度依赖于地方政府，而经济增长又作为地方政府政绩考核的强约束指标，降低了地方政府环境注意力，致使地方环保部门基于行政处罚的执法手段无法形成长效机制，出现"有可为而不为"的选择性执法行为，最终造成以地方性环境保护法规为代表的环保法治化建设减排作用无法长期有效的局面。鉴于此，本研究以2011年为节点进行时间异质性分析，来验证这一假说。设计此实证策略的理由是党的十八大以来，中央政府以前所未有的高度与强度推动环境污染治理，习近平总书记提出"绿水青山就是金山银山"的发展理念。同时环境治理绩效作为"一票否决"指标开始发挥作用，环境污染不断加剧的态势得到遏制。

回归前，需要先进行 Hausman 检验。模型 1 至模型 6、模型 10 的 Hausman 值对应 P 值分别为 0.6509、0.2917、0.2363、0.1357、0.1497、0.0626、

0.0566，均大于0.05，接受原假设，采用时点固定效应模型；模型7至模型9的Hausman值对应P值分别为0.0126、0.0325、0.0302，拒绝原假设，故采用双固定效应模型。结果如表5-12所示，模型1至模型5分别为2003~2011年环保立法（*EI*）对环境污染（*Poll*）变量当期及滞后1~4期影响的模型结果，模型6至模型10分别为2012~2019年环保立法（*EI*）对环境污染（*Poll*）变量当期及滞后1~4期影响的模型结果。

　　表5-12报告了分时段的环保立法与环境污染治理回归结果。模型1至模型5环保立法（*El*）系数为正，说明在地方政府缺乏环境治理强约束的背景下，地方性环境保护法规的颁布实施并未实现加快环境治理的政策预期，地方政府高度重视经济增长的同时，环保部门也在财政上长期依赖于地方政府，地方逐渐忽视环境污染治理，进而出现城市环境污染水平加剧的情况。模型6至模型10环保立法（*El*）系数均为负，且环境污染滞后2期后，环保立法（*El*）系数显著为负，表明在中央政府强力推动环境治理考核的时代背景下，形成了对地方政府环境治理行为的强约束机制，此时环境环保立法有助于缓解城市环境污染。环保立法能够提高环境治理能力的关键在于潜能的有效发挥，即执行的力度和广度问题。一方面，地方性环境保护法规体现了"一地一策"的治理新政优势，更具针对性。相较于中央政府，地方政府更加了解当地环境污染状况与环境公共产品的需求情况，即具备信息优势特征。地方人大在起草地方性环境保护法规时，往往会参考社会各界意见，听取最广大人民群众的诉求，在此指导下颁布的法律法规更具地方特色，针对性强，治理效能高。另一方面，地方性环境保护法规的颁布实施，地方政府环境治理行为"有法可依"，执法手段规范化、程序化、制度化，境治理效率得以提升。党的十八大以来，党中央和国务院以前所未有的力度和广度推动生态环境治理，逐渐构筑起强化地方政府环境治理动机的有效约束机制，促进地方政府环境保护执法，加大环保审核力度和污染处罚强度，有效改善了城市生态环境。

表5－12

时间异质性回归结果

变量	模型1 Poll	模型2 L. Poll	模型3 L2. Poll	模型4 L3. Poll	模型5 L4. Poll	模型6 Poll	模型7 L. Poll	模型8 L2. Poll	模型9 L3. Poll	模型10 L4. Poll
	RE	RE	RE	RE	RE	RE	FE	FE	FE	RE
EI	0.0032 (0.1929)	0.004 (0.2234)	0.0051 (0.1648)	0.0194 (0.3038)	0.0187 (0.2916)	-0.0203 (-0.8859)	-0.0448 (-1.5274)	-0.0500* (-1.9731)	-0.0306 (-1.3483)	-0.0338 (-1.3274)
Up	-0.3542** (-2.4511)	-0.2301*** (-2.6312)	-0.2255*** (-2.9683)	-0.2381*** (-2.7589)	-0.3247*** (-2.7400)	-0.0852 (-1.2964)	-0.0706 (-0.8143)	-0.0815 (-0.8596)	0.0735 (0.7446)	0.0602 (0.648)
Rd	0.5537 (0.4823)	1.5384** (2.2373)	1.4291 (1.473)	0.7359 (0.7341)	0.8792 (0.8706)	-0.7903 (-0.5206)	0.8595 (0.4537)	2.8584 (1.2183)	2.8467 (1.1649)	-2.2559 (-1.2144)
Hr	-1.5249** (-2.1137)	-0.9519 (-1.6405)	-0.6734 (-1.0712)	-0.601 (-0.8231)	-0.0888 (-0.1311)	1.8935 (1.4907)	4.1715** (2.5891)	2.3479* (1.6852)	0.7589 (0.5101)	-0.3488 (-0.3914)
Urban	-0.0935** (-2.3224)	-0.0581 (-1.2119)	-0.0207 (-0.5776)	-0.0137 (-0.3735)	-0.0379 (-0.6806)	-0.2715*** (-3.6547)	-0.1333** (-2.1030)	0.003 (0.0449)	0.136 (1.5353)	0.0262 (0.4022)
常数项	0.2350*** (5.5762)	0.1825*** (4.7719)	0.1745*** (5.8300)	0.1793*** (6.1252)	0.1924*** (5.0737)	0.3371*** (5.3876)	0.2028*** (3.7636)	0.1355*** (3.0123)	0.0502 (0.9580)	0.2371*** (4.1430)
个体效应	不控制	不控制	不控制	不控制	不控制	不控制	控制	控制	控制	不控制
时间效应	控制	控制	控制	控制	控制	控制	控制	控制	控制	控制
样本数	369	328	287	246	205	328	328	328	328	328
Within R^2	0.2707	0.2005	0.1281	0.1268	0.1288	0.23	0.259	0.1717	0.1715	0.2109
Hausman	0.6509	0.2917	0.2363	0.1357	0.1497	0.0626	0.0126	0.0325	0.0302	0.0566

注：括号中为 t 值；* $P<0.1$，** $P<0.05$，*** $P<0.01$。

三、空间双重差分

由于环境的外部性特征，地方推动环保立法势必引发地方政府环境治理竞争，这也是环境治理研究的热点话题。鉴于此，本研究采用空间效应模型检验环境分权对环境污染的影响是否具有空间溢出效应。进行回归前，本研究采用 Hausman 检验进行模型的选择。结果中 P 值小于 0.05，表明使用固定效应模型更优，因此，采用基于固定效应的邻接空间权重矩阵进行空间杜宾模型估计。具体结果如表 5 − 13 所示，模型 1 为在未加入控制变量的情况下环境分权的空间杜宾模型，模型 2 为在加入控制变量的情况下环境分权的空间杜宾模型。

表 5 − 13　　　　　　　　　　空间双重差分回归结果

变量	模型 1	模型 2	变量	模型 1	模型 2
	Poll	*Poll*		*Poll*	*Poll*
	FE	FE		FE	FE
ρ	0.3097 *** (6.8888)	0.2889 *** (6.3291)	$Sigma^2$	0.0056 *** (18.5104)	0.0052 *** (18.5301)
El	−0.0195 (−1.2811)	−0.0122 (−0.7983)	$W \times El$	0.0118 (0.6062)	−0.0083 (−0.3753)
Up		−0.0256 (−0.4992)	$W \times Up$		0.0092 (0.1760)
Rd		−0.2815 (−0.3466)	$W \times Rd$		6.1863 *** (3.6778)
Hr		−1.1252 * (−1.7360)	$W \times Hr$		3.7590 *** (4.5097)
$Urban$		−0.2318 *** (−4.8224)	$W \times Urban$		0.2055 *** (3.8893)

续表

变量	模型 1	模型 2	变量	模型 1	模型 2
	Poll	*Poll*		*Poll*	*Poll*
	FE	FE		FE	FE
样本数	697	697	样本数	697	697
Within R²	0.0025	0.0938	Within R²	0.0025	0.0938

注：括号中为 t 值；＊P＜0.1，＊＊P＜0.05，＊＊＊P＜0.01。

表 5-13 报告了空间杜宾模型的估计结果。研究表明，无论是否加入控制变量，空间自回归系数 ρ、空间误差滞后系数均为正数，且在 1% 的显著性水平上显著，表明环境污染在空间分布上并不是相互独立的，而是具有空间依赖性。环保立法（El）系数为负，说明地方人大推进地方性环境保护法规的颁布实施有助于促进本地的环境污染治理，抑制城市环境污染，但其作用效果有限。环保立法（El）的空间滞后项系数为正，表明地方性环保立法会加剧邻市的环境污染，可能的原因是环境保护立法行为会给区域内污染企业带来舆论压力和震慑作用，一方面，环保立法行为意味着地方政府和公众环境注意力的提升，会对本地污染企业形成与日俱增的负面舆论压力；另一方面，环保立法伴随着日益严格的项目环评和监管，通过环保行政处罚对相关污染企业产生震慑作用。为规避污染处罚，缓释环保规制增强带来的污染治理成本压力，相关污染企业会选择退出本地劳资市场，转移到未立法的邻近城市，造成环境污染的转移现象，呈现"以邻为壑"的治理特征。其他控制变量方面，人力资本、城镇化水平系数均显著为负，说明人力资本积累、城镇化水平提高会促进本地环境污染治理，抑制城市环境污染；技术研发、人力资本及城镇化水平的空间滞后项系数均显著为正，说明加大技术研发、人力资本积累、城镇化水平提高均不利于邻市环境污染治理，可能的原因是本地加大技术研发、人力资本积累以及城镇化水平，对邻市人员和资金产生"虹吸效应"，不利于邻市绿色技术创新和产业转型升级，进而造成邻市环境污染的加剧。

四、稳健性检验

（一）平行趋势检验

为了检验基准回归模型是否满足平行趋势假设，借鉴纪祥裕等（2021）的做法，构建了 9 个年份虚拟变量，即 $before\_m_{it}$（$m = 1$，2，…，6）、$after\_n_{it}$（$n = 1$，2，3）分别表示首部地方性环境保护法规颁布的前六年到后三年，再依次与组别政策虚拟变量 $Treat_i$ 形成交互项，在原式中增改后加入上述 9 个年份虚拟变量，重新进行双重差分回归估计，结果如表 5 – 14 所示。研究表明，模型 1 和模型 2 的 $treat \times before\_6$ 至 $treat \times before\_1$ 系数均不显著，说明在首部地方性环境保护法规颁布之前处理组和对照组的变化趋势并不存在显著差异，平行趋势假设成立；$treat \times after\_1$ 系数为负，$treat \times after\_2$、$treat \times after\_3$ 系数为正，表明环保立法短时间内能够抑制环境污染。

表 5 – 14 　　　　　　　　　　　平行趋势检验

变量	模型 1	模型 2
	Poll	*Poll*
$treat \times before\_6$	0. 02 (0. 71)	0. 02 (0. 71)
$treat \times before\_5$	0. 014 (0. 43)	0. 014 (0. 43)
$treat \times before\_4$	− 0. 003 (− 0. 14)	− 0. 003 (− 0. 14)
$treat \times before\_3$	0. 01 (0. 4)	0. 01 (0. 41)
$treat \times before\_2$	− 0. 024 (− 1. 29)	− 0. 024 (− 1. 28)

续表

变量	模型 1	模型 2
	Poll	*Poll*
treat × before_1	− 0.029 （− 1.62）	− 0.029 （− 1.61）
treat × after_1	− 0.021 （− 1.43）	− 0.021 （− 1.40）
treat × after_2	0.002 （0.12）	0.003 （0.14）
treat × after_3		0.005 （0.32）
常数项	0.259 *** − 6.65	0.259 *** − 6.56
控制变量	控制	控制
个体效应	控制	控制
时间效应	控制	控制
样本数	697	697
Within R^2	0.206	0.206

注：括号中为 t 值；＊P < 0.1，＊＊P < 0.05，＊＊＊P < 0.01。

（二）安慰剂检验

为了排除不可观测因素对模型估计造成的干扰，借鉴张华（2020）的思路与方法，随机抽取 41 个数据依次作为 41 个城市的政策时间，并重复实验 500 次，图 5 - 2 报告了基于虚构样本的回归结果估计系数分布。研究表明，500 次随机试验的政策变量系数值和 P 值均以正态分布形式集中于零值附近，且地方人大颁布实施地方性环保立法事件的系数值位于两端，说明在本研究虚构的处理组样本中虚构事件没有发生实际作用，减排效果不明显，同时虚构事件的政策变量系数均值为 0.0002314，接近于零，安慰剂检验通过，增强了本部分研究结论的稳健性。

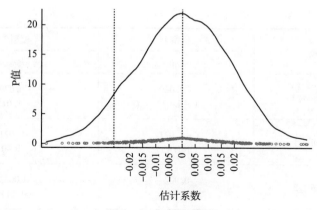

图 5 - 2　安慰剂检验

（三）PSM-DID 回归估计

环保立法政策的实施可能存在选择偏差，即环境污染更为严重的地区或者政府偏好于环境治理、政府环境注意力较高的地区，有更强的内在动力推动地方性环境保护法规的颁布实施，而那些环境污染并不严重的地区或者偏好于经济发展的地区则不会自发推动地方性立法事业。因此，为排除选择偏差的影响，使用最近邻匹配方法进行匹配，再进行双重差分估计。在进行双重差分回归前，需要先进行 Hausman 检验。模型 1 至模型 3 的 Hausman 值对应 P 值分别为 0.0157、0.0043、0.0035，拒绝原假设，故采用个体时点双固定效应模型，模型 4 和模型 5 的 Hausman 值对应 P 值分别为 0.0674、0.0792，接受原假设，采用时点固定效应模型。结果如表 5 - 15 所示，模型 1 至模型 5 分别为环境污染（Poll）变量当期及滞后 1 ~ 4 期的模型结果。

表 5 - 15　　　　　　　　　　　PSM-DID 回归估计结果

变量	模型 1	模型 2	模型 3	模型 4	模型 5
	Poll	L. Poll	L2. Poll	L3. Poll	L4. Poll
	FE	FE	FE	RE	RE
El	- 0.0925 *** (- 3.0968)	- 0.1058 *** (- 3.8041)	- 0.1186 *** (- 3.6566)	- 0.0656 ** (- 2.0167)	- 0.0036 (- 0.0858)

续表

变量	模型 1 *Poll* FE	模型 2 L. *Poll* FE	模型 3 L2. *Poll* FE	模型 4 L3. *Poll* RE	模型 5 L4. *Poll* RE
Up	−0.1459 (−0.7709)	−0.1397 (−0.7541)	−0.1421 (−0.7712)	−0.0656 (−0.3793)	−0.0547 (−0.3691)
Rd	−0.3007 (−0.1060)	1.8013 (0.7094)	3.5058 (1.4206)	4.1383* (1.8918)	2.8126 (1.4635)
Hr	−3.1648 (−1.4482)	−2.5435 (−1.0883)	−2.6383* (−1.8736)	−2.0557** (−2.0513)	−1.4448 (−1.4567)
Urban	−0.1975 (−1.4620)	−0.1028 (−0.8134)	−0.0099 (−0.1016)	0.0136 −0.1425	−0.0251 (−0.3062)
常数项	0.2370*** (4.3677)	0.1849*** (3.3168)	0.1485*** (2.9145)	0.1147** (2.2385)	0.1323*** (3.0557)
个体效应	控制	控制	控制	不控制	不控制
时间效应	控制	控制	控制	控制	控制
样本数	508	473	440	406	375
Within R^2	0.2332	0.2321	0.2569	0.271	0.2804
Hausman	0.0157	0.0043	0.0035	0.0674	0.0792

注：括号中为 t 值；* $P<0.1$，** $P<0.05$，*** $P<0.01$。

表 5 – 15 报告了环保立法的 PSM-DID 回归估计结果。研究发现，模型 1 至模型 4 的环保立法（*EI*）系数均显著为负，模型 5 的环保立法（*EI*）系数为负，但不显著，且环境立法（*EI*）系数绝对值逐渐增加，当环境污染滞后 3 期后，环境立法（*EI*）系数绝对值逐渐下降，说明在尽可能地排除选择偏差后，环保立法短时间内能有效促进城市环境污染治理，但环保立法的环境治理长效机制并没有得到有效构建，进一步验证了本研究结论的稳健性。

（四）更换被解释变量

为了增强结论的稳健性，将被解释变量更换为经正向标准化处理的单位

GDP 工业烟尘排放量，重新进行 PSM-DID 回归。在进行双重差分回归前，需要先进行 Hausman 检验。模型 1 至模型 5 均拒绝原假设，因此，采用个体时点双固定效应模型。结果分析如表 5 − 16 所示，其中，模型 1 至模型 5 分别为固体环境污染（D）变量当期及滞后 1 − 4 期的模型结果。

表 5 − 16　　　　　　　　更换被解释变量的 PSM-DID 回归估计结果

变量	模型 1	模型 2	模型 3	模型 4	模型 5
	D	L. D	L2. D	L3. D	L4. D
	FE	FE	FE	FE	FE
El	− 0.0151 (− 0.5847)	− 0.0296 (− 1.0737)	− 0.0713 *** (− 4.7942)	− 0.0773 *** (− 4.4373)	− 0.0495 ** (− 2.1384)
Up	0.0588 (0.5661)	0.0602 (0.5113)	0.0898 (0.6830)	0.1114 (0.8445)	0.1114 (0.8219)
Rd	− 3.9567 (− 1.1728)	− 3.2811 (− 1.1328)	− 2.9908 (− 0.9467)	− 2.9964 (− 0.9061)	− 2.9959 (− 0.8908)
Hr	− 2.7562 (− 1.4654)	− 3.4714 (− 1.4817)	− 3.7965 * (− 1.7136)	− 4.0041 ** (− 2.1727)	− 3.6093 ** (− 2.1507)
$Urban$	− 0.0836 (− 1.5623)	− 0.0644 (− 1.2480)	− 0.0042 (− 0.0868)	0.0140 (0.2683)	0.0425 (0.9274)
常数项	0.1901 ** (2.6922)	0.1898 *** (2.7764)	0.1722 ** (2.7046)	0.1700 ** (2.5472)	0.1615 ** (2.7154)
个体效应	控制	控制	控制	控制	控制
时间效应	控制	控制	控制	控制	控制
样本数	508	473	440	406	375
Within R^2	0.2251	0.2004	0.1851	0.1854	0.1824
Hausman	0	0	0	0.0001	0.0035

注：括号中为 t 值；* P < 0.1，** P < 0.05，*** P < 0.01。

表 5 − 16 报告了更换被解释变量的 PSM-DID 回归估计结果。研究发现，

模型1至模型5的环保立法（El）系数均为负，且环境污染滞后2期后，环保立法（El）系数开始显著，同时环保立法系数绝对值先增加后减少，说明环保立法能促进城市环境污染治理，但从长期来看环保立法的减排作用逐渐减弱，进一步验证了本研究结论的稳健性。

（五）控制省份效应

考虑到长三角地区不同省份在区域政策环境、资源禀赋、经济发展水平等方面存在潜在差异，可能会对估计产生影响，因此，在个体时点固定效应的基础上控制了省份效应，重新进行双重差分估计，具体如表5－17所示。环境立法（El）系数均为负，且环境污染滞后1期后，环境立法（El）系数开始显著，同时当环境污染滞后2期后，环境立法（El）系数绝对值逐渐下降，验证了政策评估结果的稳健性。

表5－17　　　　　　　　　　控制省份固定效应的回归估计结果

变量	模型1	模型2	模型3	模型4	模型5
	$Poll$	L. $Poll$	L2. $Poll$	L3. $Poll$	L4. $Poll$
	FE	FE	FE	FE	FE
El	−0.0261 （−1.4754）	−0.0426* （−1.8890）	−0.0436* （−1.9218）	−0.0224 （−0.8909）	−0.023 （−0.8661）
Up	−0.2098** （−2.1560）	−0.2133** （−2.0415）	−0.1907* （−1.9430）	−0.0827 （−0.9291）	−0.0589 （−0.7531）
Rd	−0.1099 （−0.0723）	0.9295 （0.6225）	1.9642 （1.3287）	2.1389 （1.3907）	0.043 （0.0328）
Hr	−2.2211** （−2.1749）	−1.295 （−0.9567）	−1.3015 （−1.2776）	−1.6970* （−1.9064）	−1.5201 （−1.2970）
$Urban$	−0.2022*** （−2.9572）	−0.105 （−1.5363）	−0.0101 （−0.1719）	0.087 （1.2889）	0.0666 （1.1323）

续表

变量	模型 1	模型 2	模型 3	模型 4	模型 5
	Poll	L. *Poll*	L2. *Poll*	L3. *Poll*	L4. *Poll*
	FE	FE	FE	FE	FE
常数项	0.3544 *** (6.8474)	0.2921 *** (5.3548)	0.2385 *** (5.4777)	0.1772 *** (4.3975)	0.2072 *** (5.4673)
省份效应	控制	控制	控制	控制	控制
时间效应	控制	控制	控制	控制	控制
个体效应	控制	控制	控制	控制	控制
样本数	697	656	615	574	533
Within R^2	0.82	0.821	0.827	0.832	0.835

注：括号中为 t 值；* P < 0.1，** P < 0.05，*** P < 0.01。

第五节 生态补偿的减排效应评估

环境治理的关键是借助外部性内部化解决由环境污染负外部性引发的市场失灵问题。具体而言，早期环境治理思想主要源于庇古税，该思想认为通过税收将环境的外部性内部化，并强调了政府在环境治理过程中的主体地位。基于科斯定理，环境治理的市场自由主义认为，在产权明晰且交易成本为零的前提下，各主体在市场台阶下将实现帕累托最优。现有研究更多的是基于奥斯特罗姆（Ostrom，1990）的自主治理理论，强调环境治理的多元主体协调合作。生态补偿是一种让生态系统服务的提供者愿意提供具有外部性或者公共物品属性的生态系统服务的激励机制（柳荻等，2018），其基本思想来源于国家干预主义，主要通过上级及地方政府间的生态环境治理专项转移支付，协调解决环境污染跨流域、跨地域的转移问题。我国的最早实践就是新安江流域生态补偿机制的构建，从实践经验来看，新安江生态补偿政策效果显著。但生态补偿机制的推广实施效果如何，仍需理论分析与实证检验。因此，本节主要基于长三角地区市级面板数据探究生态补偿与环境污染的关系，设计政策评估的静态基准回归分析、异质性分析、空间效应分析、多维度稳健性检验等实证策略，以期尽可能准确识别评估生态补偿的减排效果。

一、双重差分回归

在进行基准回归估计之前，需要进行 Hausman 检验，判断是使用固定效应模型还是随机效应模型。模型 1 至模型 6 的 Hausman 检验结果显示 P 值分别为 0.3888、0.377、0.3553、0.2673、0.1516、0.0981，均大于 0.05，接受随机效应的原假设，故采用时点固定效应模型，增强结果的稳健性；模型 7 至模型 10 的 Hausman 检验结果显示，P 值分别为 0.0303、0.0144、0.0087、0.0148，均小于 0.05，故拒绝原假设，故采用双固定效应模型。结果如表 5-18 所示，模型 1 至模型 5 分别为在未加入控制变量的情况下，环境污染（Poll）变量当期及滞后 1~4 期的模型结果，模型 6 至模型 10 分别为在加入控制变量的情况下，环境污染（Poll）变量当期及滞后 1~4 期的模型结果。

表 5-18 报告了生态补偿与环境污染治理的回归结果。模型 1 至模型 5、模型 6 至模型 10 估计结果表明，无论是否加入控制变量，生态补偿（Ec）对环境污染当期值的影响系数均为负，且在未加入控制变量的情况下，生态补偿（Ec）对环境污染当期值及滞后 1~4 期值的影响系数均显著为负，在加入控制变量后，生态补偿（Ec）对环境污染当期值及滞后 2~3 期值的影响系数显著为负，意味着生态补偿与环境污染呈现负相关关系，即表明生态补偿机制构建后，会直接抑制工业污染排放，打破环境治理逐底竞争的囚徒困境，提高城市环境质量。一方面，通过跨流域、跨省份的生态补偿机制的构建，形成有效的经济激励机制，促使上游地方政府加强环境污染治理的巡查力度，严肃环保职责，严格环保评估，并通过环境质量的正向溢出作用改善下游生态环境水平。另一方面，跨流域、跨省份生态补偿机制的构建，有助于厘清地方政府环境治理权责，促使地方政府加大环境治理和环境监管力

表5-18　　　　基准回归结果

变量	模型1 Poll RE	模型2 L.Poll RE	模型3 L2.Poll RE	模型4 L3.Poll RE	模型5 L4.Poll RE	模型6 Poll RE	模型7 L.Poll FE	模型8 L2.Poll FE	模型9 L3.Poll FE	模型10 L4.Poll FE
Ec	-0.0244* (-1.9277)	-0.0263** (-1.9700)	-0.0396** (-2.3923)	-0.0433** (-2.2202)	-0.0329* (-1.7509)	-0.0217* (-1.6778)	-0.0204 (-1.4095)	-0.0325* (-1.9061)	-0.0387* (-1.8887)	-0.0302 (-1.5086)
Up						-0.1979** (-2.0660)	-0.1897* (-1.8377)	-0.1599 (-1.6779)	-0.0533 (-0.6029)	-0.04 (-0.4891)
Rd						0.2401 (0.1824)	1.2669 (0.8833)	2.2519 (1.5706)	2.1888 (1.5334)	0.135 (0.1112)
Hr						-1.5559** (-2.0503)	-1.4485 (-1.0176)	-1.4545 (-1.3786)	-1.7794** (-2.2676)	-1.5683 (-1.4787)
Urban						-0.2031*** (-3.1334)	-0.1205* (-1.7254)	-0.0296 (-0.5025)	0.0752 (1.1338)	0.056 (0.9859)
常数项	0.1373*** (6.1253)	0.1373*** (6.1253)	0.1382*** (6.1496)	0.1436*** (6.1866)	0.1421*** (6.1608)	0.2483*** (5.3429)	0.2081*** (4.8376)	0.1672*** (4.4723)	0.1250*** (3.5705)	0.1562*** (4.7079)
个体效应	不控制	不控制	不控制	不控制	不控制	不控制	控制	控制	控制	控制
时间效应	控制	控制	控制	控制	控制	控制	控制	控制	控制	控制
样本数	697	656	615	574	533	697	656	615	574	533
Within R²	0.1553	0.1676	0.1872	0.2053	0.2119	0.2007	0.1935	0.2102	0.223	0.2176
Hausman	0.3888	0.377	0.3553	0.2673	0.1516	0.0981	0.0303	0.0144	0.0087	0.0148

注：括号中为t值；* P<0.1，** P<0.05，*** P<0.01。

度，并加快绿色技术创新与环境治理技术进步，从环境污染的根源上解决环境污染问题。

其他控制变量方面，产业升级系数显著为负，说明产业升级有助于长三角地区环境污染治理，降低城市环境污染水平；技术研发系数为正，但不显著，说明加大技术研发投入并不会改善环境污染，两者关系有待进一步研究与验证；人力资本系数显著为负，说明人力资本积累会促进环境污染治理；城镇化水平系数显著为负，说明城镇化水平的提高会降低环境污染。

二、异质性分析

若环境治理约束不强，且经济增长作为地方政府政绩考核的强约束指标，环保部门在财政上高度依赖于地方政府，则会降低地方政府环境注意力，出现"有可为而不为"的选择性执法行为，致使生态补偿机制的减排效果大打折扣。鉴于此，本研究以 2011 年为节点进行时间异质性分析。设计此实证策略的理由是党的十八大以来，中央政府以前所未有的高度与强度推动环境污染治理。同时环境治理绩效作为"一票否决"指标开始发挥作用，环境污染不断加剧的态势得到遏制。

在回归前，需要先进行 Hausman 检验。模型 1 至模型 5 的 Hausman 值对应 P 值分别为 0.7744、0.4807、0.3896、0.3045、0.3149，均大于 0.05，接受随机效应的原假设，采用时点固定效应模型；模型 6 至模型 9 的 Hausman 值对应 P 值分别为 0.0437、0.0071、0.0276、0.0283，拒绝随机效应的原假设，故采用个体时点双固定效应模型；模型 10 的 Hausman 值对应 P 值为 0.0508，接受原假设，故采用时点固定效应模型。结果如表 5-19 所示，模型 1 至模型 5 分别为 2003~2011 年生态补偿（Ec）对环境污染（$Poll$）变量当期及滞后 1~4 期影响的模型结果，模型 6 至模型 10 分别为 2012~2019 年生态补偿（Ec）对环境污染（$Poll$）变量当期及滞后 1~4 期影响的模型结果。

表 5 - 19

时间异质性回归结果

变量	模型 1 Poll	模型 2 L.Poll	模型 3 L2.Poll	模型 4 L3.Poll	模型 5 L4.Poll	模型 6 Poll	模型 7 L.Poll	模型 8 L2.Poll	模型 9 L3.Poll	模型 10 L4.Poll
	RE	RE	RE	RE	RE	FE	FE	FE	FE	RE
Ec	-0.0044 (-0.3755)	0.0009 (-0.0627)	-0.0012 (-0.1259)	0.0038 (-0.3592)	-0.0017 (-0.1304)	0.0007 (0.0560)	0.0005 (0.0485)	-0.0217* (-1.7580)	-0.0302 (-1.6832)	-0.0298 (-1.5794)
Up	-0.3456** (-2.3294)	-0.2295** (-2.4946)	-0.2218** (-2.8771)	-0.2415*** (-2.7040)	-0.3183** (-2.5571)	-0.0458 (-0.7295)	-0.0826 (-0.8655)	-0.0887 (-0.9276)	0.0738 (0.7625)	0.0602 (0.6744)
Rd	0.518 -0.4395	1.5497** -2.239	1.4371 -1.4919	0.763 -0.7691	0.8869 -0.8845	-0.1334 (-0.0769)	1.228 (0.6087)	2.887 (1.1621)	2.5719 (1.0301)	-2.536 (-1.3336)
Hr	-1.5353*** (-2.0712)	-0.953 (-1.5500)	-0.6672 (-1.0772)	-0.5398 (-0.8040)	-0.0121 (-0.0194)	3.1830** (2.2102)	4.2609** (2.5472)	2.4010* (1.7797)	0.7558 (0.5609)	-0.4621 (-0.5645)
Urban	-0.0970** (-2.3672)	-0.0567 (-1.1032)	-0.02 (-0.5679)	-0.006 (-0.1541)	-0.0323 (-0.5724)	-0.2730*** (-3.3930)	-0.1542** (-2.1296)	-0.0184 (-0.2645)	0.1243 (1.4192)	0.014 (0.2288)
常数项	0.2357*** -5.4304	0.1826*** -4.5829	0.1745*** -5.6866	0.1800*** -6.2962	0.1927*** -5.0408	0.2477*** (4.5107)	0.1929*** (3.3632)	0.1345*** (2.7114)	0.0573 (1.1017)	0.3015*** (4.6737)
个体效应	不控制	控制	控制	控制	控制	控制	控制	控制	控制	不控制
时间效应	控制	控制	控制	控制	控制	控制	控制	控制	控制	控制
样本数	369	328	287	246	205	328	328	328	328	328
Within R²	0.2713	0.2009	0.1284	0.1272	0.129	0.2319	0.2363	0.1553	0.1779	0.2101
Hausman	0.7744	0.4807	0.3896	0.3045	0.3149	0.0437	0.0071	0.0276	0.0283	0.0508

注: 括号中为 t 值; * P <0.1, ** P <0.05, *** P <0.01。

表 5 – 19 报告了分时段的生态补偿与环境污染治理回归结果。模型 1 至模型 5 生态补偿（Ec）系数有正有负，说明地方政府缺乏环境治理强约束的背景下，生态补偿机制并未实现环境污染的改善，地方政府高度重视经济增长的同时，环保部门也在财政上长期依赖于地方政府，地方逐渐忽视了环境污染治理，从而出现城市环境污染水平加剧的情况。模型 6 至模型 10 生态补偿（Ec）系数先正后负，且环境污染滞后 2 期后，生态补偿（Ec）系数显著为负，说明在中央政府强力推动环境治理考核的时代背景下，形成了对地方政府环境治理行为的强约束机制，此时生态补偿有助于缓解城市环境污染，加快环境污染治理。本研究认为，一方面，跨流域、跨省份的生态补偿机制的有效构建，意味着上游地区环境治理的成本转嫁给下游地区，通过形成有效的经济激励机制，促使上游地方政府加强环境污染治理的巡查力度，并通过环境质量的正向溢出作用提高下游生态环境质量。另一方面，跨流域、跨省份生态补偿机制的有效构建，有助于厘清地方政府环境治理权责，增强地方政府的环境治理意识，逐渐解决选择执法与不执法问题，并引导地方经济产业转型升级，加快绿色技术创新与环境治理技术进步，从环境污染的根源上解决环境污染问题。

三、空间效应分析

由于环境污染的负外部性和环境治理的正外部性特征，生态补偿机制的构建，能否给未参与生态补偿体系的地区环境污染带来显著的负向外溢作用呢？本部分采用空间杜宾模型，检验生态补偿的空间溢出效应。基于邻接矩阵，并通过 Hausman 检验进行模型的选择，由于 P 值小于 0.05，故选择固定效应模型。具体回归结果如表 5 – 20 所示，模型 1 为在未加入控制变量的情况下环境分权的空间杜宾模型，模型 2 为在加入控制变量的情况下环境分权的空间杜宾模型。

表 5 - 20　　　　　　　　　　　　　空间双重差分回归结果

变量	模型1 Poll FE	模型2 Poll FE	变量	模型1 Poll FE	模型2 Poll FE
ρ	0.3100 *** (6.8908)	0.2894 *** (6.3379)	$Sigma^2$	0.0057 *** (18.5098)	0.0052 *** (18.5296)
Ec	0.0015 (0.1320)	-0.0039 (-0.3463)	$W \times Ec$	0 (0.0017)	0.0026 (0.1740)
Up		-0.0219 (-0.4254)	$W \times Up$		0.0061 (0.1155)
Rd		-0.2146 (-0.2684)	$W \times Rd$		6.0786 *** (3.6128)
Hr		-1.1885 * (-1.8471)	$W \times Hr$		3.6897 *** (4.3932)
$Urban$		-0.2377 *** (-4.8974)	$W \times Urban$		0.1990 *** (3.6606)
样本数	697	697	样本数	697	697
Within R^2	0.0001	0.0917	Within R^2	0.0001	0.0917

注: 括号中为 t 值; * $P<0.1$, ** $P<0.05$, *** $P<0.01$。

表 5 - 20 报告了空间杜宾模型的估计结果。研究发现, 无论是否加入控制变量, 空间自回归系数 ρ、空间误差滞后系数均为正数, 且在 1% 的显著性水平上显著, 表明环境污染在空间分布上并不是相互独立的, 而是具有空间依赖性。加入控制变量造成生态补偿 (Ec) 及其空间滞后项系数符号发生变化, 并未得到一致性结论, 说明在考虑生态补偿减排作用空间溢出效应后, 生态补偿机制构建并未对本地环境污染产生显著的抑制作用, 对邻市的环境污染也并未产生抑制作用。可能的原因是生态补偿机制减排效果优劣的关键在于能否建立有效的经济激励机制, 由于邻市未有效构建生态补偿机制, 未产生环境污染治理动力, 生态补偿减排作用的溢出效果不明显。其他控制变

量方面，人力资本、城镇化水平系数均显著为负，说明人力资本积累、城镇化水平提高会促进本地环境污染治理，抑制城市环境污染；技术研发、人力资本及城镇化水平的空间滞后项系数均显著为正，说明加大技术研发、人力资本积累、城镇化水平提高均不利于邻市环境污染治理，可能的原因是本地加大技术研发、人力资本积累以及城镇化水平，对邻市人员和资金产生"虹吸效应"，不利于邻市绿色技术创新和产业转型升级，进而造成邻市环境污染的加剧。

四、稳健性检验

（一）平行趋势检验

为了检验基准回归模型是否满足平行趋势假设，借鉴纪祥裕等（2021）的做法，构建了 13 个年份虚拟变量，即 $before\_m_{it}(m=1, 2, \cdots, 6)$、$after\_n_{it}(n=1, 2, \cdots, 7)$ 分别表示生态补偿机制构建的前六年到后七年，再依次与组别虚拟变量 $treat_i$ 形成交互项，在原式基础上增改为上述 13 个年份虚拟变量，重新进行双重差分回归估计，具体如表 5-21 所示。研究发现，模型 1 和模型 2 的 $treat \times before\_6$ 至 $treat \times before\_1$ 系数均不显著，说明在生态补偿机制构建之前处理组和对照组的变化趋势并不存在显著差异，平行趋势假设成立；$treat \times after\_1$ 系数为正，$treat \times after\_2$ 至 $treat \times after\_7$ 系数为负，说明生态补偿有助于抑制城市环境污染。

表 5-21　　　　　　　　　　　平行趋势检验

变量	模型 1	模型 2	模型 3
	Poll	Poll	Poll
$treat \times before\_6$	0.028 (1.58)	0.028 (1.56)	0.026 (1.42)

续表

变量	模型 1	模型 2	模型 3
	Poll	*Poll*	*Poll*
treat × *before_5*	0.031 (1.55)	0.031 (1.52)	0.03 (1.41)
treat × *before_4*	0.017 (0.82)	0.017 (0.8)	0.015 (0.69)
treat × *before_3*	0.000 (−0.00)	0.000 (−0.01)	−0.002 (−0.09)
treat × *before_2*	−0.012 (−0.51)	−0.012 (−0.51)	−0.014 (−0.56)
treat × *before_1*	0.004 (0.17)	0.004 (0.16)	0.002 (0.1)
treat × *after_1*	0.003 (0.14)	0.003 (0.12)	0.002 (0.06)
treat × *after_2*	−0.008 (−0.34)	−0.008 (−0.34)	−0.01 (−0.39)
treat × *after_3*	−0.024 (−1.01)	−0.024 (−0.99)	−0.026 (−1.02)
treat × *after_4*	−0.024 (−0.98)	−0.024 (−0.96)	−0.026 (−0.99)
treat × *after_5*	−0.018 (−0.71)	−0.018 (−0.69)	−0.02 (−0.74)
treat × *after_6*		−0.003 (−0.17)	−0.005 (−0.30)
treat × *after_7*			−0.023 (−1.37)
常数项	0.254 *** (6.75)	0.254 *** (6.74)	0.253 *** (6.71)

续表

变量	模型 1	模型 2	模型 3
	Poll	*Poll*	*Poll*
控制变量	控制	控制	控制
个体效应	控制	控制	控制
时间效应	控制	控制	控制
样本数	697	697	697
Within R^2	0.218	0.218	0.219

注：括号中为 t 值；＊P＜0.1，＊＊P＜0.05，＊＊＊P＜0.01。

（二）安慰剂检验

为了排除不可观测因素对模型估计造成的干扰，借鉴张华（2020）的思路与方法，随机抽取 41 个数据依次作为这 41 个城市的政策时间，并重复实验 500 次，图 5－3 报告了基于虚构样本的回归结果估计系数分布。研究表明，500 随机试验的政策变量系数值和 P 值均以正态分布形式集中于零值附近，且地方生态补偿机制构建的系数值位于两端，说明在本研究虚构的处理组样本中虚构事件没有发生实际作用，减排效果不明显，同时虚构事件的政

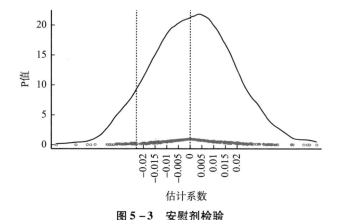

图 5－3　安慰剂检验

策变量系数均值为 0.0009955，接近于零，安慰剂检验通过，增强了本部分研究结论的稳健性。

（三）PSM-DID 回归估计

生态补偿机制的构建可能存在选择偏差，即环境污染更为严重的地区或者政府偏好于环境治理、政府环境注意力较高的地区，存在更强的内在动力推动生态补偿机制的构建，而环境污染并不严重的地区或者偏好于经济发展的地区则不会自发构建生态补偿机制。为了排除选择偏差的可能影响，使用最近邻匹配方法进行一对一匹配，再基于匹配后的数据进行双重差分估计。在进行双重差分回归前，需要先进行 Hausman 检验。模型 1 的 Hausman 值对应 P 值分别为 0.0986，接受随机效应的原假设，故采用时点固定效应模型，模型 2 至模型 5 的 Hausman 值对应 P 值分别为 0.0293、0.0074、0.0034、0.0008，拒绝原假设，故采用双固定效应模型。结果如表 5 - 22 所示，模型 1 至模型 5 分别为环境污染（Poll）变量当期及滞后 1 ~ 4 期的模型结果。

表 5 - 22　　　　　　　　　　　　PSM-DID 回归估计结果

变量	模型 1	模型 2	模型 3	模型 4	模型 5
	Poll	L. Poll	L2. Poll	L3. Poll	L4. Poll
	RE	FE	FE	FE	FE
Ec	- 0.0298 (- 1.3590)	- 0.0487 * (- 1.9764)	- 0.0497 ** (- 2.1504)	- 0.0821 *** (- 3.6150)	- 0.01 (- 0.3391)
Up	- 0.3309 * (- 1.9016)	- 0.2646 (- 1.5835)	- 0.209 (- 1.3248)	- 0.0408 (- 0.2897)	- 0.0653 (- 0.5801)
Rd	0.7399 - 0.3823	2.531 - 1.0719	4.0464 * - 1.7505	4.7707 * - 2.0141	4.4382 ** - 2.1506
Hr	- 0.9218 (- 1.2995)	- 1.6281 (- 0.9529)	- 1.6926 (- 1.4591)	- 1.9721 ** (- 2.2509)	- 1.0918 (- 0.9299)

续表

变量	模型 1	模型 2	模型 3	模型 4	模型 5
	Poll	L. *Poll*	L2. *Poll*	L3. *Poll*	L4. *Poll*
	RE	FE	FE	FE	FE
Urban	−0.2241** (−2.3511)	−0.2251* (−1.8907)	−0.0981 (−1.1851)	−0.0761 (−1.1890)	−0.0822 (−1.1946)
常数项	0.2639*** −5.3853	0.2394*** −4.7518	0.1815*** −3.8699	0.1448*** −3.0608	0.1440*** −3.0285
个体效应	不控制	控制	控制	控制	控制
时间效应	控制	控制	控制	控制	控制
样本数	697	656	615	574	533
Within R^2	0.2505	0.2749	0.2972	0.3187	0.337
Hausman	0.0986	0.0293	0.0074	0.0034	0.0008

注：括号中为 t 值；*P<0.1，**P<0.05，***P<0.01。

表 5－22 报告了生态补偿的 PSM-DID 回归估计结果。研究表明，模型 1 至模型 5 的生态补偿（*Ec*）系数均为负，且环境污染滞后 1 期后，生态补偿（*Ec*）系数开始显著，系数绝对值也逐渐增加，说明在尽可能地排除选择偏差后，生态补偿能够有效促进城市环境污染治理，从源头上解决环境污染问题，进一步验证了本研究结论的稳健性。

（四）控制省份效应

考虑到长三角地区不同省份在区域政策环境、资源禀赋、经济发展水平等方面存在潜在差异，可能会对估计产生影响，因此，在个体时点固定效应的基础上控制了省份效应，重新进行双重差分估计，具体如表 5－23 所示。生态补偿系数均为负，且生态补偿对环境污染当期值及滞后 2～3 期值的系数均显著，增强了政策评估结果的稳健性。

表 5 – 23　　　　　　　控制省份固定效应的回归估计结果

变量	模型 1	模型 2	模型 3	模型 4	模型 5
	$Poll$	$L. Poll$	$L2. Poll$	$L3. Poll$	$L4. Poll$
	FE	FE	FE	FE	FE
Ec	-0.0227^* (-1.6862)	-0.0204 (-1.4062)	-0.0325^* (-1.9013)	-0.0387^* (-1.8836)	-0.0302 (-1.5042)
Up	-0.1847^* (-1.9478)	-0.1897^* (-1.8333)	-0.1599 (-1.6737)	-0.0533 (-0.6012)	-0.04 (-0.4877)
Rd	0.0237 (0.0159)	1.2669 (0.8812)	2.2519 (1.5666)	2.1888 (1.5293)	0.135 (0.1109)
Hr	-2.3485^{**} (-2.2250)	-1.4485 (-1.0152)	-1.4545 (-1.3751)	-1.7794^{**} (-2.2615)	-1.5683 (-1.4744)
$Urban$	-0.2149^{***} (-2.9927)	-0.1205^* (-1.7213)	-0.0296 (-0.5012)	0.0752 (1.1307)	0.056 (0.9831)
常数项	0.3551^{***} (7.1200)	0.2864^{***} (5.4736)	0.2383^{***} (5.5979)	0.1860^{***} (5.0169)	0.2133^{***} (5.8456)
省份效应	控制	控制	控制	控制	控制
时间效应	控制	控制	控制	控制	控制
个体效应	控制	控制	控制	控制	控制
样本数	697	656	615	574	533
Within R^2	0.821	0.82	0.828	0.835	0.837

注：括号中为 t 值； $*P < 0.1$ ， $**P < 0.05$ ， $***P < 0.01$ 。

（五）控制联合固定效应

　　考虑到长三角地区不同省份在不同年份的区域政策环境、资源禀赋、经济发展水平等方面存在潜在差异，可能会对估计产生影响。因此，在个体时点省份固定效应的基础上控制了省份时间交互效应，重新进行双重差分估计，具体如表 5 – 24 所示。生态补偿系数均为负，且环境污染滞后证实了政策评估结果的真实性。

表 5 - 24　　　　　　　　　控制联合固定效应的回归估计结果

变量	模型 1 Poll FE	模型 2 L. Poll FE	模型 3 L2. Poll FE	模型 4 L3. Poll FE	模型 5 L4. Poll FE
Ec	- 0. 0163 (- 1. 0015)	- 0. 0021 (- 0. 1308)	- 0. 0127 (- 0. 8477)	- 0. 0311 * (- 1. 8513)	- 0. 025 (- 1. 4466)
Up	- 0. 0655 (- 0. 2516)	- 0. 1119 (- 0. 4981)	- 0. 0515 (- 0. 2502)	0. 1461 (0. 9170)	0. 1625 (1. 1356)
Rd	- 0. 6445 (- 0. 2886)	0. 6443 (0. 2952)	2. 6222 (1. 2564)	3. 3307 (1. 5797)	1. 8759 (0. 9543)
Hr	- 2. 4053 ** (- 2. 1216)	- 1. 4364 (- 1. 0081)	- 1. 4156 (- 1. 2841)	- 1. 3746 (- 1. 5121)	- 0. 9239 (- 0. 8717)
$Urban$	- 0. 2360 *** (- 2. 8211)	- 0. 1365 (- 1. 5954)	0. 0056 (0. 0762)	0. 0854 (1. 0815)	0. 0494 (0. 7741)
常数项	0. 3466 *** (5. 1698)	0. 2798 *** (4. 3995)	0. 1920 *** (3. 2499)	0. 1188 ** (2. 1270)	0. 1379 ** (2. 6927)
省份效应	控制	控制	控制	控制	控制
时间效应	控制	控制	控制	控制	控制
个体效应	控制	控制	控制	控制	控制
省份时间固定效应	控制	控制	控制	控制	控制
样本数	680	640	600	560	520
Within R^2	0. 827	0. 825	0. 832	0. 843	0. 847

注：括号中为 t 值；* P < 0. 1，** P < 0. 05，*** P < 0. 01。

第六节　环保约谈的减排效应评估

约谈制度，又称行政约谈，是指中央政府对地方政府和其他主体就特定问题进行约谈，是一种起预警作用的监督机制。中国环境管制模式是国家治理逻辑"嵌入"环境治理领域的典型结果（臧晓霞和吕建华，2017），环保约谈正成为环境治理监督的重要机制。环保约谈是约谈制度在环境方面的应用，对环境治理主体就环保职责未履行或履行不到位的行为进行约谈的行为（吴建祖和王蓉娟，2019）。环保约谈制度可以激发地方政府的环境治理积极性，推动"央地互动、条块协同和党政同责"的环境防控及治理机制的形成（张锋，2018），同时环保约谈能够提高地方政府的环境治理效率，但同时在长效性方面存在局限（吴建祖和王蓉娟，2019）。环保约谈无法显著加强环境监管，难以有效改善环境质量（王惠娜，2019）。不难发现，环保约谈是否能促进环境污染治理，实现节能减排的长效机制，其结论仍存在较大争议。因此，本节主要基于长三角地区市级面板数据探究环保约谈与环境污染的关系，设计了政策评估的静态基准回归分析、异质性分析、空间效应分析、多维度稳健性检验等实证策略，以期尽可能准确识别评估环境分权的减排效果。

一、双重差分回归

在进行基准回归估计之前，需要进行 Hausman 检验进行模型的选择。表 5 – 25 模型 1 至模型 6 的 Hausman 检验结果显示，对应 P 值分别为 0.9444、0.9139、0.8497、0.7741、0.6692、0.1295，均大于 0.05，接受随机效应的原假设，故采用时点固定效应模型，增强结果的稳健性；模型 7 至模型 10 的 Hausman 检验结果显示，对应 P 值分别为 0.0402、0.0192、0.0091、0.0125，均小于 0.05，拒绝原假设，故采用双固定效应模型。结果如表 5 – 25 所示，模型 1 至模型 5 分别为在未加入控制变量的情况下，环境污染（*Poll*）变量当期及滞后 1 ~ 4 期的模型结果，模型 6 至模型 10 分别为在加入控制变量的情况下，环境污染（*Poll*）变量当期及滞后 1 ~ 4 期的模型结果。

表 5－25　　基准回归结果

变量	模型 1 Poll RE	模型 2 L. Poll RE	模型 3 L2. Poll RE	模型 4 L3. Poll RE	模型 5 L4. Poll RE	模型 6 Poll RE	模型 7 L. Poll FE	模型 8 L2. Poll FE	模型 9 L3. Poll FE	模型 10 L4. Poll FE
Eq	0.0645 (1.3990)	0.0687 (1.5647)	0.0669 (1.4778)	0.0522 (1.3135)	0.0284 (0.7698)	0.0645 (1.4047)	0.07 (1.5857)	0.0689 (1.5005)	0.0552 (1.4007)	0.0325 (0.8964)
Up						−0.2230** (−2.3819)	−0.2121** (−2.1533)	−0.1905** (−2.0607)	−0.0851 (−1.0007)	−0.0606 (−0.7838)
Rd						0.1701 (0.1336)	1.1417 (0.7939)	2.1847 (1.4633)	2.1834 (1.4961)	0.159 (0.1272)
Hr						−1.6362** (−2.1161)	−1.6128 (−1.1493)	−1.6347 (−1.4993)	−1.9440** (−2.1259)	−1.6811 (−1.4804)
$Urban$						−0.1853*** (−3.2911)	−0.0995 (−1.5875)	−0.0082 (−0.1533)	0.091 (1.3936)	0.0662 (1.1364)
常数项	0.1373*** (6.1253)	0.1373*** (6.1253)	0.1373*** (6.1253)	0.1373*** (6.1253)	0.1373*** (6.1253)	0.2488*** (5.4050)	0.2085*** (4.8954)	0.1685*** (4.5133)	0.1222*** (3.2684)	0.1537*** (4.2214)
个体效应	不控制	不控制	不控制	不控制	不控制	不控制	控制	控制	控制	控制
时间效应	控制	控制	控制	控制	控制	控制	控制	控制	控制	控制
样本数	697	656	615	574	533	697	656	615	574	533
Within R²	0.2505	0.2749	0.2972	0.3187	0.337	0.2007	0.1935	0.2102	0.223	0.2176
Hausman	0.9444	0.9139	0.8497	0.7741	0.6692	0.1295	0.0402	0.0192	0.0091	0.0125

注：括号中为 t 值；* P<0.1，** P<0.05，*** P<0.01。

表5-25报告了环保约谈与环境污染的回归结果。从模型1至模型5、模型6至模型10中可以发现，无论是否加入控制变量，环保约谈（Eq）对环境污染当期值及滞后1~4期值的影响系数均为正，但均不显著，说明环保约谈的减排效果不明显，生态环境部就具体事项约谈地方官员，并未带来地区环境污染物排放量的普遍减少。可能的原因是在生态环境部对地方自上而下的环境约谈与监察中，就被约谈城市环境污染中最为严重的事项约谈地方官员，但是，这种集中关注某一项污染物的约谈、监察机制在执行中，容易导致地方政府过多关注甚至仅仅关注特定污染物的减排，致使环境治理呈现"治标不治本"的特征。

其他控制变量方面，产业升级系数显著为负，说明产业升级有助于长三角地区环境污染治理，降低城市环境污染水平；技术研发系数为正，但不显著，说明加大技术研发投入并不会改善环境污染，两者关系有待进一步研究与验证；人力资本系数显著为负，说明人力资本积累会促进环境污染治理；城镇化水平系数显著为负，说明城镇化水平的提高会降低环境污染。

二、异质性分析

本部分将长三角城市群分为江苏省、浙江省和安徽省地区探讨环保约谈影响环境污染的区域异质性。在回归前，需要先进行 Hausman 检验。模型1至模型6、模型15的 Hausman 检验结果显示，对应 P 值分别为 0.6696、0.7679、0.5026、0.7045、0.4696、0.0923、0.1153，均大于 0.05，接受随机效应的原假设，采用时点固定效应模型；模型7至模型14的 Hausman 检验结果显示，对应 P 值分别为 0.0489、0.0204、0.0256、0.0402、0.0385、0.0269、0.036、0.0468，拒绝随机效应的原假设，故采用个体时点双固定效应模型；模型10的 Hausman 检验结果显示，对应 P 值为 0.0508，接受随机效应的原假设，故采用时点固定效应模型。结果分析如表5-26所示，其中，模型1至模型5分别为江苏省环保约谈（Eq）对环境污染（$Poll$）变量当期

表5-26

区域异质性回归结果

变量	模型1	模型2	模型3	模型4	模型5	模型6	模型7	模型8	模型9	模型10	模型11	模型12	模型13	模型14	模型15
	Poll	L. Poll	L2. Poll	L3. Poll	L4. Poll	Poll	L. Poll	L2. Poll	L3. Poll	L4. Poll	Poll	L. Poll	L2. Poll	L3. Poll	L4. Poll
	RE	RE	RE	RE	RE	RE	FE	FE	FE	FE	FE	FE	FE	FE	RE
Eq	0.0089 (-0.4248)	0.0065 (-0.4343)	0.021 -1.1389	0.0105 (-0.4627)	0.011 -0.407	0.0209 -1.1416	0.0098 (-0.4579)	0.0032 -0.1362	-0.0194 (-0.5906)	-0.037 (-0.8271)	0.1375* -1.9295	0.1485** -2.1319	0.1413* -1.8523	0.1166* -1.9985	0.0897 -1.6074
Up	-0.3271 (-1.1794)	-0.3617 (-1.6375)	-0.2568 (-1.0647)	-0.2385 (-1.0447)	-0.238 (-1.2720)	-0.1635 (-0.4592)	-0.0159 (-0.0440)	0.0803 -0.2163	0.187 -0.4795	0.4353 -0.9598	-0.1005 (-0.4355)	-0.1892 (-1.1585)	-0.1317 (-0.7215)	0.1018 -0.757	0.0335 (-0.2263)
Rd	1.1818 -0.7994	1.9596 -1.2925	1.5196 -1.0279	1.2928 -0.9223	0.3835 -0.2901	2.054 -0.6412	0.7945 -0.2767	1.237 -0.3634	1.1076 -0.2551	-1.5979 (-0.4632)	-0.7933 (-0.2535)	1.3847 -0.477	4.0183 -1.4636	5.2738* -1.9692	3.2487 -1.3954
Hr	-0.1629 (-0.6037)	-0.2164 (-0.8753)	-0.3596 (-1.2662)	-0.3528 (-1.3113)	-0.0755 (-0.2874)	-2.2241 (-0.7301)	-0.123 (-0.0512)	1.2958 (0.9813)	1.8424 -1.0207	1.8928 -0.7148	-1.0794 (-0.4349)	0.5957 -0.2418	-1.386 (-0.8342)	-1.405 (-0.8872)	-1.2674 (-0.7645)
Urban	-0.0655* (-1.7120)	-0.032 (-0.8132)	0.0326 (-0.6419)	0.0507 (-0.9654)	0.0723 -1.3337	-0.0019 (-0.0313)	0.16 -1.1982	0.1582 -1.2359	0.2223 -1.2218	0.0442 -0.3404	-0.6748*** (-3.1062)	-0.6314*** (-3.5247)	-0.2245 (-1.4521)	-0.1015 (-0.6478)	-0.0431 (-0.3769)
常数项	0.1645*** -4.7539	0.1456*** -6.2247	0.1138*** -4.5774	0.1083*** -4.4391	0.1111*** -5.3245	0.1123 -1.5951	0.0272 -0.274	-0.008 (-0.0675)	-0.0576 (-0.3857)	0.0093 (-0.0732)	0.3614*** -4.5207	0.3292*** -4.4996	0.2323*** -3.0978	0.1416** -2.2727	0.1734** -2.468
个体效应	不控制	不控制	不控制	不控制	不控制	不控制	控制	控制	控制	控制	控制	控制	控制	控制	不控制
时间效应	控制	控制	控制	控制	控制	控制	控制	控制	控制	控制	控制	控制	控制	控制	控制
样本数	221	208	195	182	169	187	176	165	154	143	272	256	240	224	208
Within R²	0.2676	0.2701	0.2709	0.2863	0.3267	0.2388	0.2475	0.2548	0.2793	0.2816	0.3477	0.3553	0.3294	0.3398	0.3286
Hausman	0.6696	0.7679	0.5026	0.7045	0.4696	0.0923	0.0489	0.0204	0.0256	0.0402	0.0385	0.0269	0.036	0.0468	0.1153

注：括号中为 t 值；* P < 0.1，** P < 0.05，*** P < 0.01。

及滞后 1~4 期影响的模型结果，模型 6 至模型 10 分别为浙江省环保立法
（*Eq*）对环境污染（*Poll*）变量当期及滞后 1~4 期影响的模型结果，模型 11
至模型 15 分别为安徽省环保约谈（*Eq*）对环境污染（*Poll*）变量当期及滞后
1~4 期影响的模型结果。

　　表 5-26 报告了分区域的环保约谈与环境污染治理回归结果。模型 1 至
模型 5 环保约谈（*Eq*）系数均为正，但不显著，说明江苏省区域内环保约谈
对被约谈城市的环境污染没有显著的抑制效果；模型 6 至模型 10 环保约谈
（*Eq*）系数先正后负，但不显著，说明浙江省区域内环保约谈对被约谈城市
的环境污染有滞后的抑制作用，但效果不佳；模型 11 至模型 15 环保约谈
（*Eq*）系数均为正，且环保约谈（*Eq*）对环境污染当期值及滞后 1~3 期值的
系数显著为正，说明安徽省范围内环保约谈对被约谈城市的环境污染没有抑
制作用，甚至显著加剧了被约谈城市的环境污染状况，环保约谈并未达到加
快环境治理降低环境污染的政策预期。

三、空间效应分析

　　由于环境污染的负外部性和环境治理的正外部性特征，环保部就具体
环境污染事项约谈地方官员，能否给未被约谈城市的环境污染带来显著的
负向外溢作用呢？鉴于此，采用空间杜宾模型检验环保约谈对环境污染的
影响是否具有空间溢出效应。本部分基于邻接矩阵，采用 Hausman 检验进
行模型的选择，结果中 P 值小于 0.05，表明使用固定效应模型优于随机效
应模型。具体结果如表 5-27 所示，模型 1 为在未加入控制变量的情况下
环境分权的空间杜宾模型，模型 2 为在加入控制变量的情况下环境分权的
空间杜宾模型。

表 5 – 27   空间双重差分回归结果

变量	模型 1 Poll FE	模型 2 Poll FE	变量	模型 1 Poll FE	模型 2 Poll FE
ρ	0.3231 *** (7.2535)	0.3030 *** (6.687)	$Sigma^2$	0.0055 *** (18.4969)	0.0051 *** (18.5161)
Eq	0.0627 *** (4.1511)	0.0534 *** (3.5361)	$W \times Eq$	−0.0610 *** (−2.6341)	−0.0673 ** (−2.5137)
Up		−0.029 (−0.5726)	$W \times Up$		0.0139 (0.2684)
Rd		−0.3724 (−0.4685)	$W \times Rd$		6.3864 *** (3.7457)
Hr		−1.2954 ** (−2.0439)	$W \times Hr$		3.7162 *** (4.6488)
$Urban$		−0.2149 *** (−4.4966)	$W \times Urban$		0.1809 *** (3.4105)
样本数	697	697	样本数	697	697
Within R²	0.0188	0.1059	Within R²	0.0188	0.1059

注：括号中为 t 值；* P<0.1，** P<0.05，*** P<0.01。

表 5 – 27 报告了空间杜宾模型的估计结果。研究发现，无论是否加入控制变量，空间自回归系数 ρ、空间误差滞后系数均为正数，且在 1% 的显著性水平上显著，表明环境污染在空间分布上并不是相互独立的，而是具有空间依赖性。环保约谈（Eq）系数显著为正，说明环保约谈并未有效抑制本地的环境污染，反而造成环境污染的加剧，环保约谈减排效果不佳，可能的原因是地方官员仅仅关注被考核污染物指标或关注度较高的污染物指标，忽视了其他类型环境污染的治理，并未带来环境污染排放量的普遍减少；环保约谈（Eq）空间滞后项系数显著为负，说明环保约谈有效抑制了邻市环境污染，可能的原因是生态环境部就环境污染事项约谈当地官员，对周边未被约谈的

城市产生了预警效应，周边城市为避免被生态环境部约谈，会加大环境污染治理投资力度，加快环境治理，最终提升了邻市的生态环境质量。其他控制变量方面，人力资本、城镇化水平系数均显著为负，说明人力资本积累、城镇化水平提高会促进本地环境污染治理，抑制城市环境污染；技术研发、人力资本及城镇化水平的空间滞后项系数均显著为正，说明加大技术研发、人力资本积累、城镇化水平提高均不利于邻市环境污染治理，可能的原因是本地加大技术研发、人力资本积累以及城镇化水平，对邻市人员和资金产生"虹吸效应"，不利于邻市绿色技术创新和产业转型升级，进而造成邻市环境污染的加剧。

根据空间杜宾模型的估计结果，估计各解释变量变化的直接效应、间接效应和总效应。如表 5 - 28 所示，环保约谈（Eq）的直接效应为 0.0501，间接效应为 - 0.0682，总效应为 - 0.0181，空间效应占比 57.65%，表明环保约谈对邻市环境污染产生负向影响，也就是说生态环境部约谈本地区地方政府会促进邻市环境污染治理。控制变量方面，人力资本的直接效应为 - 1.0471，间接效应为 4.5786，总效应为 3.5314，空间效应占比为 81.39%，说明邻近地区人力资本积累不利于本地区环境污染治理；城镇化水平的直接效应为 - 0.2060，间接效应为 0.1569，总效应为 - 0.0491，空间效应占比为 43.24%，说明邻近地区城镇化进程加快不利于本地区环境污染治理。

表 5 - 28　　　　　　　　　　　空间效应分解

变量	直接效应		间接效应		总效应	
	系数	z 统计量	系数	z 统计量	系数	z 统计量
Eq	0.0501 ***	(3.2233)	- 0.0682 *	(- 1.9509)	- 0.0181	(- 0.4554)
Up	- 0.0306	(- 0.6582)	0.0089	(0.1838)	- 0.0217	(- 0.9151)
Rd	0.1787	(0.2256)	8.4512 ***	(3.6731)	8.6299 ***	(3.2755)
Hr	- 1.0471 *	(- 1.7355)	4.5786 ***	(4.8701)	3.5314 ***	(3.5505)
$Urban$	- 0.2060 ***	(- 4.5891)	0.1569 ***	(2.7797)	- 0.0491	(- 1.1569)

注：括号中为 t 值；* P < 0.1，** P < 0.05，*** P < 0.01。

四、稳健性检验

（一）平行趋势检验

为了检验基准回归模型是否满足平行趋势假设，借鉴纪祥裕等（2021）的做法，构建 9 个年份虚拟变量，即 $before\_m_{it}$（$m = 1$，2，$\cdots$，6）、$after\_n_{it}$（$n = 1$，2，3）分别表示生态环境部约谈某地区官员的前六年到后三年，再依次与组别虚拟变量形成交互项，在原式基础上，增改为上述 9 个年份虚拟变量，重新进行双重差分回归估计。如表 5－29 所示，模型 1 至模型 3 的 $treat \times before\_6$ 至 $treat \times before\_1$ 系数均不显著，说明在生态环境部约谈某地区官员之前处理组和对照组的变化趋势并不存在显著差异，平行趋势假设成立；$treat \times after\_1$ 至 $treat \times after\_3$ 系数为正，环保约谈并未实现减排的政策预期。

表 5－29 平行趋势检验

变量	模型 1	模型 2	模型 3
	Poll	*Poll*	*Poll*
$treat \times before\_6$	－0.022 （－0.71）	－0.02 （－0.66）	－0.017 （－0.58）
$treat \times before\_5$	－0.008 （－0.25）	－0.006 （－0.19）	－0.003 （－0.10）
$treat \times before\_4$	－0.013 （－0.46）	－0.011 （－0.39）	－0.008 （－0.28）
$treat \times before\_3$	－0.011 （－0.36）	－0.007 （－0.25）	－0.003 （－0.12）
$treat \times before\_2$	0.009 （0.37）	0.012 （0.49）	0.021 （0.83）

续表

变量	模型 1	模型 2	模型 3
	Poll	*Poll*	*Poll*
treat × before_1	0.008 (0.35)	0.011 (0.44)	0.019 (0.79)
treat × after_1	0.009 (0.47)	0.014 (0.64)	0.019 (0.84)
treat × after_2		0.032 (1.11)	0.039 (1.2)
treat × after_3			0.122 (1.68)
常数项	0.258 *** (6.64)	0.259 *** (6.58)	0.255 *** (6.64)
控制变量	控制	控制	控制
个体效应	控制	控制	控制
时间效应	控制	控制	控制
样本数	697	697	697
Within R^2	0.201	0.202	0.211

注：括号中为 t 值；$* P<0.1$，$** P<0.05$，$*** P<0.01$。

（二）安慰剂检验

为了排除不可观测因素对模型估计造成的干扰，借鉴张华（2020）的思路与方法，随机抽取 41 个数据依次作为 41 个城市的政策时间，并重复实验 500 次，图 5-4 报告了基于虚构样本的回归结果估计系数分布。研究发现，500 次随机试验的政策变量系数值和 P 值均以正态分布形式集中于零值附近，且环保约谈的系数值位于两端，说明在本研究虚构的处理组样本中虚构事件没有发生实际作用，减排效果不明显，同时虚构事件的政策变量系数均值为 0.0010018，接近于零，安慰剂检验通过，增强了本部分研究结论的稳健性。

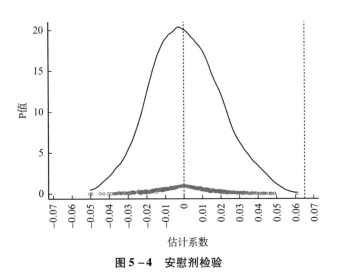

图 5-4 安慰剂检验

（三）PSM-DID 回归估计

生态环境部约谈地方官员可能存在选择偏差，即环境污染更为严重的地区，地方官员更可能被生态环境部约谈。为了排除选择偏差的可能影响，使用最近邻匹配方法进行一对一匹配，在此基础上，基于匹配后的数据进行双重差分估计。进行双重差分回归前，需要先进行 Hausman 检验。模型 1 的 Hausman 值对应 P 值分别为 0.1046，接受随机效应的原假设，故采用时点固定效应模型，模型 2 至模型 5 的 Hausman 值对应 P 值分别为 0.0319、0.0151、0.0102、0.0185，拒绝随机效应的原假设，故采用个体时点双固定效应模型。结果分析如表 5-30 所示，其中，模型 1 至模型 5 分别为环境污染（Poll）变量当期及滞后 1~4 期的模型结果。

表 5 – 30   PSM-DID 回归估计结果

变量	模型 1	模型 2	模型 3	模型 4	模型 5
	Poll	L. *Poll*	L2. *Poll*	L3. *Poll*	L4. *Poll*
	RE	FE	FE	FE	FE
Eq	0.0978 (1.4325)	0.0968 (1.4085)	0.0928 (1.2023)	0.0551 (0.9495)	0.0521 (1.3873)
Up	-0.2712 ** (-2.4901)	-0.2654 ** (-2.3276)	-0.2429 ** (-2.2447)	-0.129 (-1.3265)	-0.0952 (-1.1597)
Rd	0.4161 (0.3042)	1.3556 (0.9121)	2.2807 (1.6022)	2.4135 (1.6125)	0.7672 (0.5952)
Hr	-1.6536 ** (-2.1079)	-1.5801 (-1.1651)	-1.6383 (-1.5747)	-1.9649 ** (-2.1599)	-1.5011 (-1.2902)
Urban	-0.1807 *** (-3.1898)	-0.0804 (-1.2554)	0.0027 (0.0487)	0.0934 (1.3089)	0.0452 (0.7963)
常数项	0.2522 *** (5.3205)	0.2088 *** (4.858)	0.1753 *** (4.6853)	0.1290 *** (3.2578)	0.1579 *** (4.0067)
个体效应	不控制	控制	控制	控制	控制
时间效应	控制	控制	控制	控制	控制
样本数	668	627	586	545	504
Within R^2	0.2352	0.2331	0.2397	0.225	0.2089
Hausman	0.1046	0.0319	0.0151	0.0102	0.0185

注：括号中为 t 值；＊P＜0.1，＊＊P＜0.05，＊＊＊P＜0.01。

表 5 – 30 报告了环保约谈的 PSM-DID 回归估计结果。研究发现，模型 1 至模型 5 的环保约谈（*Eq*）系数均为正，但不显著，说明在尽可能地排除选择偏差后，环保约谈并不能有效促进城市环境污染治理，并未带来地区环境污染物排放量的普遍减少，进一步验证了本研究结论的稳健性。

（四）更换被解释变量

为了增强结论的稳健性，将被解释变量更换为经正向标准化处理的单位 GDP 工业废水排放量，重新进行 PSM-DID 回归。使用最近邻匹配方法进行一对一匹配，再基于匹配后的数据进行双重差分估计。在进行回归前，通过 Hausman 检验进行模型的选择。结果如表 5-31 所示，其中，模型 1 至模型 5 分别为水环境污染（W）变量当期及滞后 1~4 期的模型结果。

表 5-31 报告了更换被解释变量的 PSM-DID 回归估计结果。研究发现，模型 1 至模型 5 的环保约谈（Eq）系数均为负，但不显著，说明环保约谈并未带来地区环境污染物排放量的普遍减少，进一步验证了本研究结论的稳健性。

表 5-31　　　　　　　更换被解释变量的 PSM-DID 回归估计结果

变量	模型 1	模型 2	模型 3	模型 4	模型 5
	W	L. W	L2. W	L3. W	L4. W
	FE	FE	FE	FE	FE
Eq	−0.0283 (−0.8947)	−0.0352 (−1.0520)	−0.0435 (−1.1300)	−0.0506 (−1.1489)	−0.0498 (−0.9884)
Up	−0.1364 (−1.1460)	−0.172 (−1.3561)	−0.1804 (−1.4174)	−0.1898 (−1.4403)	−0.2179 (−1.5744)
Rd	−0.604 (−0.4766)	−0.2378 (−0.1899)	0.027 (0.019)	0.0012 (0.0007)	−0.4693 (−0.2836)
Hr	−2.2563 ** (−2.0881)	−1.6055 (−1.3808)	−1.2825 (−1.3525)	−0.5764 (−0.8014)	0.1833 (0.1410)
$Urban$	−0.0359 (−0.6582)	−0.0193 (−0.3214)	0.0172 (0.2520)	0.0655 (0.8056)	0.0883 (0.9358)
常数项	0.3346 *** (7.6779)	0.3255 *** (8.1172)	0.3138 *** (7.7555)	0.2882 *** (7.0811)	0.2794 *** (5.7399)

续表

变量	模型 1	模型 2	模型 3	模型 4	模型 5
	W	L. W	L2. W	L3. W	L4. W
	FE	FE	FE	FE	FE
个体效应	控制	控制	控制	控制	控制
时间效应	控制	控制	控制	控制	控制
样本数	668	627	586	545	504
Within R^2	0.546	0.525	0.505	0.481	0.458
Hausman	0	0	0.0001	0.0007	0.0207

注：括号中为 t 值；＊$P < 0.1$，＊＊$P < 0.05$，＊＊＊$P < 0.01$。

（五）控制省份固定效应

考虑到长三角地区不同省份在区域政策环境、资源禀赋、经济发展水平等方面存在潜在差异，可能会对估计产生影响，因此，在个体时点固定效应的基础上控制了省份效应，重新进行双重差分估计，具体如表 5 - 32 所示。环保约谈系数均不显著，增强了政策评估结果的稳健性。

表 5 - 32　　　　　　　　控制省份固定效应的回归估计结果

变量	模型 1	模型 2	模型 3	模型 4	模型 5
	Poll	L. *Poll*	L2. *Poll*	L3. *Poll*	L4. *Poll*
	FE	FE	FE	FE	FE
Eq	0.0655 (1.4566)	0.07 (1.5819)	0.0689 (1.4967)	0.0552 (1.3969)	0.0325 (0.8938)
Up	-0.2102＊＊ (-2.2712)	-0.2121＊＊ (-2.1482)	-0.1905＊＊ (-2.0555)	-0.0851 (-0.9980)	-0.0606 (-0.7815)
Rd	-0.0548 (-0.0378)	1.1417 (0.7920)	2.1847 (1.4596)	2.1834 (1.4920)	0.159 (0.1268)

续表

变量	模型 1	模型 2	模型 3	模型 4	模型 5
	Poll	L. Poll	L2. Poll	L3. Poll	L4. Poll
	FE	FE	FE	FE	FE
Hr	− 2. 4336 **	− 1. 6128	− 1. 6347	− 1. 9440 **	− 1. 6811
	(− 2. 2864)	(− 1. 1465)	(− 1. 4956)	(− 2. 1201)	(− 1. 4760)
Urban	− 0. 1928 ***	− 0. 0995	− 0. 0082	0. 091	0. 0662
	(− 3. 0975)	(− 1. 5837)	(− 0. 1529)	(1. 3898)	(1. 1331)
常数项	0. 3432 ***	0. 2764 ***	0. 2240 ***	0. 1701 ***	0. 2000 ***
	(7. 4076)	(5. 5373)	(5. 4693)	(4. 4172)	(5. 1619)
省份效应	控制	控制	控制	控制	控制
时间效应	控制	控制	控制	控制	控制
个体效应	控制	控制	控制	控制	控制
样本数	697	656	615	574	533
Within R^2	0. 824	0. 824	0. 831	0. 835	0. 836

注: 括号中为 t 值; $*P<0.1$, $**P<0.05$, $***P<0.01$。

（六）控制联合固定效应

考虑到长三角地区不同省份在不同年份的区域政策环境、资源禀赋、经济发展水平等方面存在潜在差异，可能会对估计产生影响。因此，在个体时点省份固定效应的基础上控制了省份时间交互效应，重新进行双重差分估计，具体如表 5 – 33 所示。环保约谈系数均不显著，证实了政策评估结果的真实性。

表 5 – 33　　　　　　控制联合固定效应的回归估计结果

变量	模型 1	模型 2	模型 3	模型 4	模型 5
	Poll	L. Poll	L2. Poll	L3. Poll	L4. Poll
	FE	FE	FE	FE	FE
Eq	0. 0301	− 0. 0475 **	− 0. 0345 *	− 0. 0735 ***	− 0. 0281
	− 1. 337	(− 2. 0648)	(− 1. 8233)	(− 3. 2902)	(− 1. 3395)

变量	模型 1	模型 2	模型 3	模型 4	模型 5
	Poll	L. Poll	L2. Poll	L3. Poll	L4. Poll
	FE	FE	FE	FE	FE
Up	−0.2065 ** (−2.0736)	−0.2059 * (−2.0006)	−0.1846 * (−1.8847)	−0.0804 (−0.9192)	−0.0578 (−0.7196)
Rd	0.1581 −0.1068	1.3431 −0.9287	2.3833 −1.6425	2.3158 −1.6197	0.2536 −0.208
Hr	−2.3571 ** (−2.1854)	−1.3227 (−0.9070)	−1.3099 (−1.1709)	−1.5245 * (−1.7340)	−1.4487 (−1.3116)
Urban	−0.2027 *** (−2.8611)	−0.1178 * (−1.6870)	−0.0263 (−0.4350)	0.0703 (1.0581)	0.0555 (0.9694)
常数项	0.3392 *** (6.8596)	0.2875 *** (5.5599)	0.2323 *** (5.4499)	0.1880 *** (5.0215)	0.2070 *** (5.5384)
省份效应	控制	控制	控制	控制	控制
时间效应	控制	控制	控制	控制	控制
个体效应	控制	控制	控制	控制	控制
时间省份 固定效应	控制	控制	控制	控制	控制
样本数	697	656	615	574	533
Within R^2	0.82	0.82	0.826	0.834	0.835

注：括号中为 t 值；* $P<0.1$，** $P<0.05$，*** $P<0.01$。

第七节　环保督察的减排效应评估

中央政府对空气污染进行管制主要经历了两个阶段，即以"督企"为特征的环保督察阶段和以"督政"为特征的中央环保督察阶段。环保督察作为中国环境监管机制的制度创新，已在全国范围深入实践。学者们对环保督察的治理效果秉持着积极乐观的态度，但实证分析却并未得到一致结果。有学者实证研究发现，中央环保督察的开展对被督察城市 $PM_{2.5}$ 影响不显著，总体而言减排效果不佳（刘张立和吴建南，2019）。也有学者发现首轮中央环保督察和"回头看"对 AQI、$PM_{2.5}$ 和 PM_{10} 都具有显著的降低效应，环保督察实现了减排的政策预期（王岭，2019）。李智超等（2021）的研究发现，环保督察在短期内对环境污染有显著的抑制作用，但长期效果不理想。因此，本节主要基于长三角地区面板数据探究环保约谈与环境污染的关系，设计了政策评估的静态基准回归分析、异质性分析、空间效应分析、多维度稳健性检验等实证策略，以期尽可能准确识别评估环境分权的减排效果。

一、双重差分回归

在进行基准回归估计之前，需要进行 Hausman 检验，判断是使用固定效应模型还是随机效应模型。模型 1 至模型 6 的 Hausman 值对应 P 值分别为 0.1163、0.1241、0.1265、0.127、0.1109、0.0582，均大于 0.05，接受随机效应的原假设，故采用时点固定效应模型，增强结果的稳健性；模型 7 至模型 10 的 Hausman 值对应 P 值分别为 0.018、0.0108、0.0071、0.0193，均小于 0.05，拒绝原假设，故采用双固定效应模型。结果如表 5 - 34 所示，模型 1 至模型 5 分别为在未加入控制变量的情况下，环境污染（Poll）变量当期及滞后 1~4 期的模型结果，模型 6 至模型 10 分别为在加入控制变量的情况下，环境污染（Poll）变量当期及滞后 1~4 期的模型结果。

表 5 - 34 报告了环保督察与环境污染的回归结果。模型 1 至模型 5、模型 6 至模型 10 中，无论是否加入控制变量，环保督察（Es）对环境污染当期值的系数均为正，但不显著，说明环保督察并未带来立竿见影的减排效果，环保督察（Es）对环境污染滞后 1~3 期值的系数均显著为负，意味着环保督察存在滞后效应，环境督察将抑制环境污染物排放，显著提高地区环境质量。本研究认为，中央环保督察组进驻被督察城市，具有极强的震慑作用。一方面，地方官员会加大对环境污染的关注程度，加大环境治理投资，加强环境

表5-34　　　　基准回归结果

变量	模型1 Poll	模型2 L.Poll	模型3 L2.Poll	模型4 L3.Poll	模型5 L4.Poll	模型6 Poll	模型7 L.Poll	模型8 L2.Poll	模型9 L3.Poll	模型10 L4.Poll
	FE	FE	FE	FE	FE	RE	FE	FE	FE	FE
Es	0.0259 (1.2565)	-0.0515** (-2.3655)	-0.0403** (-2.2165)	-0.0803*** (-3.4117)	-0.0332 (-1.5379)	0.028 (1.2427)	-0.0475** (-2.0696)	-0.0345* (-1.8280)	-0.0735*** (-3.2992)	-0.0281 (-1.3435)
Up						-0.2207** (-2.1983)	-0.2059** (-2.0054)	-0.1846* (-1.8894)	-0.0804 (-0.9217)	-0.0578 (-0.7217)
Rd						0.3689 (0.2841)	1.3431 (0.9309)	2.3833 (1.6466)	2.3158 (1.6241)	0.2536 (0.2086)
Hr						-1.5496** (-2.0133)	-1.3227 (-0.9092)	-1.3099 (-1.1739)	-1.5245* (-1.7387)	-1.4487 (-1.3155)
Urban						-0.1944*** (-3.0372)	-0.1178* (-1.6910)	-0.0263 (-0.4361)	0.0703 (1.0610)	0.0555 (0.9722)
常数项	0.1373*** (6.1253)	0.1373*** (6.1253)	0.1373*** (6.1253)	0.1373*** (6.1253)	0.1373*** (6.1253)	0.2475*** (5.2642)	0.2070*** (4.7987)	0.1659*** (4.4094)	0.1199*** (3.3252)	0.1513*** (4.4269)
个体效应	控制	控制	控制	控制	控制	不控制	控制	控制	控制	控制
时间效应	控制	控制	控制	控制	控制	控制	控制	控制	控制	控制
样本数	697	656	615	574	533	697	656	615	574	533
Within R^2	0.1508	0.1657	0.1736	0.2003	0.203	0.1969	0.1938	0.201	0.2193	0.2089
Hausman	0.1163	0.1241	0.1265	0.127	0.1109	0.0582	0.018	0.0108	0.0071	0.0193

注：括号中为 t 值；*P<0.1，**P<0.05，***P<0.01。

监管、监测，严格新上项目的环保评估流程，加大环境污染行政处罚力度引导地方经济产业转型升级，加快绿色技术创新与环境治理技术进步，从环境污染的根源上解决环境污染问题。另一方面，被督察城市的污染企业产生未来环境污染处罚逐渐加大的预期，自发推进生产流程的绿色化转型，加装环境治理设备，通过绿色生产与环境治理技术的创新与应用，减少企业环境污染排放量。

二、异质性分析

本部分将长三角城市群分为江苏省、浙江省和安徽省地区探讨环保督察影响环境污染的区域异质性。在回归前，需要先进行 Hausman 检验。模型 1 至模型 10 的 Hausman 检验结果显示，P 值分别为 0.8876、0.723、0.6651、0.9001、0.4323、0.2661、0.1941、0.0983、0.1266、0.1881，均大于 0.05，接受随机效应的原假设，采用时点固定效应模型；模型 11 至模型 15 的 Hausman 值对应 P 值分别为 0.0107、0.0045、0.014、0.0149、0.046，拒绝随机效应的原假设，故采用个体时点双固定效应模型；模型 10 的 Hausman 检验结果显示，P 值为 0.0508，接受随机效应的原假设，故采用时点固定效应模型。结果分析如表 5 - 35 所示，其中，模型 1 至模型 5 分别为江苏省环保督察（Es）对环境污染（$Poll$）变量当期及滞后 1 ~ 4 期影响的模型结果，模型 6 至模型 10 分别为浙江省环保督察（Es）对环境污染（$Poll$）变量当期及滞后 1 ~ 4 期影响的模型结果，模型 11 至模型 15 分别为安徽省环保督察（Es）对环境污染（$Poll$）变量当期及滞后 1 ~ 4 期影响的模型结果。

表 5 - 35 报告了分区域的环保督察与环境污染治理回归结果。模型 1 至模型 5 中，环保督察（Es）对环境污染当期值的系数为正，说明江苏省区域内环保督察对被督察城市的环境污染并未带来立竿见影的减排效果，环保督察（Es）对环境污染滞后 1 期值的系数为负，说明江苏省区域内环保督察对被督察城市的环境污染有滞后的抑制作用，但效果不佳。模型 6 至模型 10 中，环保督察（Es）对环境污染当期值的系数显著为正，说明浙江省区域内

表5-35

区域异质性回归结果

变量	模型1	模型2	模型3	模型4	模型5	模型6	模型7	模型8	模型9	模型10	模型11	模型12	模型13	模型14	模型15
	Poll	L.Poll	L2.Poll	L3.Poll	L4.Poll	Poll	L.Poll	L2.Poll	L3.Poll	L4.Poll	Poll	L.Poll	L2.Poll	L3.Poll	L4.Poll
	RE	RE	RE	RE	RE	RE	RE	RE	RE	RE	FE	FE	FE	FE	FE
Es	0.0302 (1.3665)	-0.0365 (-1.0602)	0.2371 (1.1857)	0.002 (0.1104)	-0.0125 (-0.4427)	0.0737* (1.8766)	0.0312 (0.6556)	0.0495 (0.8784)	0.0282 (0.7907)	0.1474* (1.8129)	0.3549** (2.3205)	0.2720* (1.9916)	0.1285 (1.0639)	0.1206 (1.3735)	0.1915*** (3.6859)
Up	-0.3342 (-1.2307)	-0.3683* (-1.6905)	-0.2698 (-1.1245)	-0.245 (-1.0829)	-0.2448 (-1.3462)	-0.1569 (-0.4333)	-0.0418 (-0.1278)	0.0417 (0.1246)	0.137 (0.3814)	0.3549 (0.8450)	-0.0846 (-0.2886)	-0.1734 (-0.7173)	-0.1214 (-0.4873)	0.1079 (0.5717)	0.0895 (0.5367)
Rd	1.2437 (0.8199)	2.0104 (1.3010)	1.7014 (1.0391)	1.3921 (0.9027)	0.4964 (0.3432)	1.9009 (0.5980)	1.2105 (0.4220)	1.693 (0.5046)	1.6824 (0.3910)	-0.7411 (-0.2149)	-0.9836 (-0.2767)	1.1401 (0.3441)	3.6999 (1.2583)	4.9336 (1.7435)	3.5526 (1.3536)
Hr	-0.1675 (-0.6306)	-0.219 (-0.8967)	-0.374 (-1.2638)	-0.3619 (-1.2446)	-0.0868 (-0.2984)	-2.1438 (-0.7089)	-1.3317 (-0.5002)	-0.834 (-0.3882)	-0.9505 (-0.3943)	-0.4047 (-0.1754)	-0.5242 (-0.1826)	1.3569 (0.4737)	-0.5853 (-0.2828)	-0.7464 (-0.3950)	-0.8481 (-0.4418)
Urban	-0.0688 (-1.6372)	-0.0339 (-0.7976)	0.0283 (0.5457)	0.0488 (0.9573)	0.0709 (1.3418)	0.0021 (0.0334)	0.1247 (1.1416)	0.1136 (1.1640)	0.1713 (1.1747)	0.006 (0.0607)	-0.7478** (-2.4576)	-0.7108** (-2.7729)	-0.2956 (-1.3540)	-0.1529 (-0.8070)	-0.1383 (-0.0810)
常数项	0.1660*** (4.9508)	0.1466*** (6.3872)	0.1151*** (4.7724)	0.1089*** (4.5325)	0.1114*** (5.3316)	0.1116 (1.5473)	0.0521 (0.7423)	0.0362 (0.4205)	0.0017 (0.0168)	0.0593 (0.8308)	0.3693*** (4.3029)	0.3370*** (4.1521)	0.2392*** (2.8669)	0.1471** (2.1610)	0.1783*** (3.4895)
个体效应	不控制	不控制	不控制	不控制	不控制	不控制	不控制	不控制	不控制	不控制	控制	控制	控制	控制	控制
时间效应	控制	控制	控制	控制	控制	控制	控制	控制	控制	控制	控制	控制	控制	控制	控制
样本数	221	208	195	182	169	187	176	165	154	143	272	256	240	224	208
Within R²	0.2671	0.2695	0.2585	0.282	0.3209	0.2378	0.2445	0.2485	0.2687	0.2709	0.2953	0.2897	0.2656	0.2926	0.2993
Hausman	0.8876	0.723	0.6651	0.9001	0.4323	0.2661	0.1941	0.0983	0.1266	0.1881	0.0107	0.0045	0.014	0.0149	0.046

注：括号中为t值；*P<0.1, **P<0.05, ***P<0.01。

环保督察对被督察城市的环境污染并未带来立竿见影的减排效果，甚至地区环境污染加剧了。模型 11 至模型 15 中，环保督察（*Es*）对环境污染当期值及滞后 1 期值的系数显著为正，说明安徽省区域内环保督察对被督察城市的环境污染并未带来立竿见影的减排效果，甚至显著加剧了被督察城市的环境污染状况，环保督察并未督促地方政府把环境污染治理落到实处。

三、空间效应分析

环境污染的负向空间溢出效应以及环境治理的正向空间溢出效应，揭示出环境污染的负外部性和环境治理的正外部性特征。值得注意的是，中央环保督察组进驻被督察城市，能否给未被督察城市的环境污染带来显著的负向外溢作用呢？因此，本研究基于空间杜宾模型检验环保督察的空间溢出效应，并通过 Hausman 检验进行模型的选择。Hausman 检验结果中，P 值小于 0.05 表明使用固定效应模型优于随机效应模型。具体回归结果如表 5 - 36 所示，模型 1 为在未加入控制变量的情况下环境分权的空间杜宾模型，模型 2 为在加入控制变量的情况下环境分权的空间杜宾模型。

表 5 - 36　　　　　　　　　　空间双重差分回归结果

变量	模型 1	模型 2	变量	模型 1	模型 2
	Poll	*Poll*		*Poll*	*Poll*
	FE	FE		FE	FE
ρ	0.3082 *** (6.8327)	0.2890 *** (6.3301)	$Sigma^2$	0.0057 *** (18.5113)	0.0052 *** (18.5300)
Es	0.0358 (0.7124)	0.0417 (0.8537)	$W \times Eq$	- 0.0393 (- 0.7687)	- 0.0424 (- 0.8078)
Up		- 0.0191 (- 0.3710)	$W \times Up$		0.0026 (0.0486)

变量	模型 1	模型 2	变量	模型 1	模型 2
	Poll	*Poll*		*Poll*	*Poll*
	FE	FE		FE	FE
Rd		−0.251 (−0.3141)	*W × Rd*		6.2065 *** (3.6977)
Hr		−1.2302 * (−1.9179)	*W × Hr*		3.6987 *** (4.5823)
Urban		−0.2334 *** (−4.7555)	*W × Urban*		0.1941 *** (3.0852)
样本数	697	697	样本数	697	697
Within R²	0.0188	0.1059	Within R²	0.0188	0.1059

注：括号中为 t 值；*P < 0.1，**P < 0.05，***P < 0.01。

表 5−36 报告了空间杜宾模型的估计结果。研究发现，无论是否加入控制变量，空间自回归系数 ρ、空间误差滞后系数均为正数，且在 1% 的显著性水平上显著，表明环境污染在空间分布上并不是相互独立的，而是具有空间依赖性。同时，环保督察（*Es*）系数为正，但不显著，说明环保督察对被督察城市的环境污染并未带来立竿见影的减排效果。环保督察（*Es*）空间滞后项为负，但不显著，说明环保督察对未被督察城市的环境污染有抑制作用，但效果不佳。可能的原因是环保督察后，地方政府推动环境治理需要一定时间，在当年难以呈现显著的减排效果，环保督察减排作用的溢出效果不明显。其他控制变量方面，人力资本、城镇化水平系数均显著为负，表明人力资本积累、城镇化水平提高会促进本地环境污染治理，抑制城市环境污染；技术研发、人力资本及城镇化水平的空间滞后项系数均显著为正，说明加大技术研发、人力资本积累、城镇化水平提高均不利于邻市环境污染治理，可能的原因是本地加大技术研发、人力资本积累以及城镇化水平，对邻市人员和资金产生"虹吸效应"，不利于邻市绿色技术创新和产业转型升级，进而造成

邻市环境污染的加剧。

四、稳健性检验

（一）平行趋势检验

为了检验基准回归模型是否满足平行趋势假设，借鉴纪祥裕等（2021）的做法，构建了 9 个年份虚拟变量，即 $before\_m_{it}(m=1，2，\cdots，6)$、$after\_n_{it}(n=1，2，\cdots，3)$ 分别表示前七年到后三年，再依次与组别虚拟变量形成交互项，在原式基础上增改为上述 9 个年份虚拟变量，重新进行双重差分回归估计。如表 5 – 37 所示，模型 1 至模型 3 的 $treat \times before\_6$ 至 $treat \times before\_1$ 系数均不显著，说明在中央环保督察组进驻被督察城市之前处理组和对照组的变化趋势并不存在显著差异，平行趋势假设成立；$treat \times after\_1$ 至 $treat \times after\_3$ 系数为负，说明环保督察实现了减排的政策预期。

表 5 – 37 平行趋势检验

变量	模型 1	模型 2
	Poll	Poll
$treat \times before\_6$	0.025 (0.96)	0.024 (0.92)
$treat \times before\_5$	0.016 (0.48)	0.015 (0.42)
$treat \times before\_4$	0.011 (0.26)	0.009 (0.2)
$treat \times before\_3$	−0.033 (−0.70)	−0.036 (−0.67)
$treat \times before\_2$	−0.046 (−1.04)	−0.049 (−0.95)

续表

变量	模型 1	模型 2
	Poll	*Poll*
$treat \times before\_1$	-0.067 (-1.54)	-0.071 (-1.32)
$treat \times after\_1$	-0.023 (-0.66)	-0.027 (-0.57)
$treat \times after\_2$	-0.005 (-0.25)	-0.01 (-0.28)
$treat \times after\_3$		-0.006 (-0.27)
常数项	0.256^{***} (6.54)	0.257^{***} (6.54)
控制变量	控制	控制
个体效应	控制	控制
时间效应	控制	控制
样本数	697	697
Within R^2	0.209	0.209

注: 括号中为 t 值; $*P<0.1$, $**P<0.05$, $***P<0.01$。

(二) 安慰剂检验

为了排除不可观测因素对模型估计造成的干扰, 借鉴张华 (2020) 的思路与方法, 随机抽取 41 个数据依次作为这 41 个城市的政策时间, 并重复实验 500 次, 图 5 - 5 报告了基于虚构样本的回归结果估计系数分布。研究发现, 随机虚拟政策的系数值和 P 值均集中于零值附近, 且环保督察的系数值位于两端, 说明在本研究虚构的处理组样本中虚构事件没有发生实际作用, 减排效果不明显, 同时虚构事件的政策变量系数均值为 0.0009076, 接近零, 安慰剂检验通过, 增强了本部分研究结论的稳健性。

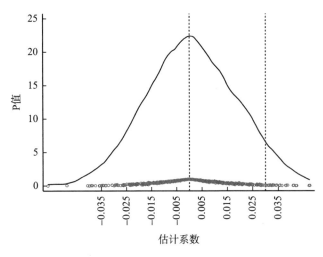

图 5 - 5　安慰剂检验

（三）PSM-DID 回归估计

中央环保督察组进驻被督察城市可能存在选择偏差，即环境污染更为严重的地区，更可能进驻中央环保督察组。为了排除选择偏差可能的影响，使用最近邻匹配方法进行一对一匹配，再基于匹配后的数据进行双重差分估计。在进行双重差分回归前，需要先进行 Hausman 检验。模型 1 至模型 5 的 Hausman 检验结果显示，对应 P 值均大于 0.05，接受原假设，故采用时点固定效应模型。结果如表 5 - 38 所示，模型 1 至模型 5 分别为环境污染（*Poll*）变量当期及滞后 1 ~ 4 期的模型结果。

表 5 - 38 报告了环保督察的 PSM-DID 回归估计结果。研究发现，模型 1 至模型 5 中，环保督察（*ES*）对环境污染当期值及滞后 1 ~ 4 期值的系数均为负，且环境污染滞后 1 期后，环保督察（*ES*）系数开始显著，且系数绝对值逐渐增加，说明在尽可能地排除选择偏差后，环保督察虽并未带来立竿见影的减排效果，但与环境污染存在滞后的负相关关系，环保督察能有效促进城市环境污染治理，抑制城市环境污染排放，通过城市环境质量，进一步验证了本研究结论的稳健性。

表 5 - 38   PSM-DID 回归估计结果

变量	模型 1	模型 2	模型 3	模型 4	模型 5
	$Poll$	$L.\ Poll$	$L2.\ Poll$	$L3.\ Poll$	$L4.\ Poll$
	RE	RE	RE	RE	RE
Es	-0.0202 (-0.6576)	-0.0782** (-2.4732)	-0.0821*** (-3.1093)	-0.1170*** (-3.9238)	-0.1150*** (-4.0739)
Up	-0.3204** (-2.4859)	-0.3196** (-2.4856)	-0.2867** (-2.4015)	-0.1839* (-1.6529)	-0.1495 (-1.6180)
Rd	0.7997 (0.5518)	2.0866* (1.6662)	2.8386** (2.0788)	2.5521 (1.6097)	1.9339 (1.5166)
Hr	-1.5180* (-1.9297)	-1.1708 (-1.3435)	-1.3183** (-2.0061)	-1.3636* (-1.8073)	-0.6086 (-0.9117)
$Urban$	-0.1580** (-2.1024)	-0.0876 (-1.1282)	-0.0336 (-0.5655)	0.0384 -0.5488	-0.0334 (-0.6787)
常数项	0.2466*** (5.3482)	0.2023*** (4.5072)	0.1810*** (4.6589)	0.1435*** (3.6086)	0.1594*** (4.9219)
个体效应	不控制	不控制	不控制	不控制	不控制
时间效应	控制	控制	控制	控制	控制
样本数	567	526	485	444	403
Within R^2	0.2397	0.2485	0.2508	0.2736	0.2338
Hausman	0.2168	0.1086	0.0838	0.0912	0.1711

注：括号中为 t 值；* P < 0.1，** P < 0.05，*** P < 0.01。

（四）更换被解释变量

为了增强结论的稳健性，将被解释变量更换为经正向标准化处理的单位 GDP 工业废水排放量，重新进行 PSM-DID 回归。使用最近邻匹配方法进行一对一匹配，再基于匹配后的数据进行双重差分估计。结果分析如表 5 - 39 所示，其中，模型 1 至模型 5 分别为水环境污染（W）变量当期及滞后 1 ~ 4 期的模型结果。

表 5 – 39　　　　　　　**更换被解释变量的 PSM-DID 回归估计结果**

变量	模型 1 W FE	模型 2 L.W FE	模型 3 L2.W FE	模型 4 L3.W FE	模型 5 L4.W FE
Es	0.0076 (0.3572)	– 0.0319 (– 1.4624)	– 0.0496 ** (– 2.2637)	– 0.0741 *** (– 3.2932)	– 0.0850 *** (– 4.1505)
Up	– 0.1301 (– 1.0916)	– 0.1681 (– 1.3841)	– 0.1771 (– 1.4549)	– 0.2092 (– 1.6573)	– 0.2610 * (– 1.8375)
Rd	– 0.4116 (– 0.3308)	– 0.0339 (– 0.0276)	0.2154 (0.1486)	– 0.1278 (– 0.0770)	– 0.4795 (– 0.2888)
Hr	– 3.3162 ** (– 2.6779)	– 3.2356 ** (– 2.2312)	– 3.2687 ** (– 2.3249)	– 2.1698 * (– 1.7652)	– 1.2494 (– 0.6990)
$Urban$	– 0.0539 (– 0.7298)	– 0.0357 (– 0.4060)	0.0137 (0.1291)	0.0829 (0.6659)	0.1274 (0.8686)
常数项	0.3480 *** (7.1703)	0.3490 *** (7.7502)	0.3415 *** (7.5493)	0.3144 *** (7.0646)	0.3008 *** (5.1107)
个体效应	控制	控制	控制	控制	控制
时间效应	控制	控制	控制	控制	控制
样本数	567	526	485	444	403
Within R²	0.2397	0.2485	0.2508	0.2736	0.2338
Hausman	0	0	0	0.0001	0.033

注：括号中为 t 值；＊P＜0.1，＊＊P＜0.05，＊＊＊P＜0.01。

表 5 – 39 报告了更换被解释变量的 PSM-DID 回归估计结果。研究发现，模型 1 的环保督察（Es）系数为正，但不显著，模型 2 至模型 5 的环保督察（Es）系数为负，环境污染滞后 2 期后，环保督察（Es）系数开始显著，并且系数绝对值逐渐增加，说明环保督察能有效促进城市环境污染治理，抑制城市环境污染排放，通过城市环境质量，环保督察的环境治理长效机制得到有效构建，进一步验证了本研究结论的稳健性。

（五）控制省份固定效应

考虑到长三角地区不同省份在区域政策环境、资源禀赋、经济发展水平等方面存在潜在差异，可能会对估计产生影响，因此，在个体时点固定效应的基础上控制了省份效应，重新进行双重差分估计，具体如表 5-40 所示。研究发现，环境污染滞后 1 期后，环保督察系数显著为负，增强了政策评估结果的稳健性。

表 5-40　　　　　　　　　控制省份固定效应的回归估计结果

变量	模型 1	模型 2	模型 3	模型 4	模型 5
	$Poll$	L. $Poll$	L2. $Poll$	L3. $Poll$	L4. $Poll$
	FE	FE	FE	FE	FE
Es	0.0301 (1.337)	-0.0475 ** (-2.0648)	-0.0345 * (-1.8233)	-0.0735 *** (-3.2902)	-0.0281 (-1.3395)
Up	-0.2065 ** (-2.0736)	-0.2059 * (-2.0006)	-0.1846 * (-1.8847)	-0.0804 (-0.9192)	-0.0578 (-0.7196)
Rd	0.1581 (0.1068)	1.3431 (0.9287)	2.3833 (1.6425)	2.3158 (1.6197)	0.2536 (0.208)
Hr	-2.3571 ** (-2.1854)	-1.3227 (-0.9070)	-1.3099 (-1.1709)	-1.5245 * (-1.7340)	-1.4487 (-1.3116)
$Urban$	-0.2027 *** (-2.8611)	-0.1178 * (-1.6870)	-0.0263 (-0.4350)	0.0703 (1.0581)	0.0555 (0.9694)
常数项	0.3392 *** (6.8596)	0.2875 *** (5.5599)	0.2323 *** (5.4499)	0.1880 *** (5.0215)	0.2070 *** (5.5384)
省份效应	控制	控制	控制	控制	控制
时间效应	控制	控制	控制	控制	控制
个体效应	控制	控制	控制	控制	控制
样本数	697	656	615	574	533
Within R^2	0.82	0.82	0.826	0.834	0.835

注：括号中为 t 值；* P<0.1，** P<0.05，*** P<0.01。

第八节 本 章 小 结

本章首先设计了基于双重差分估计方法（DID）的实证策略来验证评估环境分权、环保立法、生态补偿、环保约谈、环保督察五大环境治理单一政策的绩效水平；其次，通过分组双重差分回归的方法探讨环境治理单一政策影响环境治理绩效的区域异质性、时间异质性情况；再次，设计了空间双重差分模型检验环境治理单一政策减排作用的空间溢出效应；最后，通过平行趋势检验、安慰剂检验、PSM-DID、更换被解释变量、固定省份效应等方法进行多维度的稳健性检验。主要研究结论如下：

第一，环境分权的减排效应评估结果表明，环境分权的环境效应存在不确定性，即分权机制并未对环境污染产生显著的抑制作用，同时环境分权的空间溢出效应也较为有限；但是在中央政府强力推动环境治理考核的时代背景下，已经形成了对地方政府环境治理行为的强约束机制，一方面环境事务的分权机制在有效追责的基础上通过明晰权责的方式提升地方政府环境治理动力，环境治理投资逐渐加大，另一方面分权式治理模式通过提高地方政府环保施策的自主性，使得地方政府环境治理的信息优势、成本优势得以有效发挥，环境治理效率得到提升，最终城市环境污染得以缓解。

第二，环保立法的减排效应评估结果表明，环保立法短时间内会抑制本地区环境污染，长期效果不明显，同时环保立法对邻市环境污染的影响不大；但是在中央政府强力推动环境治理考核的时代背景下，形成了对地方政府环境执法行为的强约束机制，此时环保法律得到有效执行，环保立法通过环保处罚对污染企业产生震慑作用，一方面，污染企业降低产能，退出本地市场，工业污染排放减少，另一方面，污染企业加大创新投入，通过绿色技术创新降低污染排放，最终实现地区经济增长与环境保护的协调发展。

第三，生态补偿的减排效应评估结果表明，生态补偿对环境污染产生立竿见影的抑制作用，长期来看减排效果依然显著，但是生态补偿对邻市环境污染的影响不大；在中央政府强力推动环境治理考核的时代背景下，跨省级行政辖区的大区范围已经建立起地方政府环境协同治理机制，污染源头地区的地方政府环境治理成本得到补偿，增强了地方政府环境治理动力，即环境规制增强，工业污染排放溢出的囚徒困境难题得以解决。

第四，环保约谈的减排效应评估结果表明，生态环境部就具体事项约谈地方官员，并未带来地区环境污染物排放量的普遍减少，环保约谈的减排效应不明显，但是环保约谈对邻市环境污染具有明显的抑制作用；分区域来看生态补偿的减排效应具有区域异质性。

第五，环保督察的减排效应评估结果表明，环保督察对被督察城市的环境污染并未带来立竿见影的减排效果，长期来看减排效果显著，但是环保督察对未被督察城市环境污染的抑制作用效果不佳；分区域回归结果表明环保督察的减排效应具有区域异质性。

第六章

长三角环境治理政策组合绩效评估

近年来，长三角地区环境整治问题受到社会各界广泛关注，为此中央和地方政府陆续出台了多部环境治理全国性法律与地方性法规，环境规制强度与环境治理力度显著增强，已实施的多项环境治理政策措施也取得了明显成效。在本书第五章中，已经对单一环境治理政策的减排效应进行了评估，但在环境治理取得突破性进展的背景下，长三角地区环境治理工作已进入深水区，环境治理政策组合成为确保当前环境整治工作有序开展的必然选择。那么，环境治理政策组合的减排效应如何？或者说长三角地区适合推行何种环境治理政策组合？鉴于此，本章首先采用多期三重差分法评估环境治理政策组合的实施效果，其次采用平行趋势检验、安慰剂检验、PSM-DID等方法进行稳健性检验，最后构建中介效应模型验证环境治理政策组合促进污染减排的传导机制，进而为长三角环境治理政策优化提供经验证据与理论支撑。

第一节　引　　言

党的十九届六中全会指出，在生态文明建设上，党中央以前所未有的力度抓生态文明建设，美丽中国建设迈出重大步伐，我国生态环境保护发生历史性、转折性、全局性变化。自长江三角洲区域一体化发展上升为国家战略以来，长三角地区作为我国经济发展水平较高和发展速度较快的区域，环境治理工作有序开展，环境治理成效逐渐显现，目前建立了大气污染与水污染防治协作机制，多项环境治理政策创新稳步推行，如"新安江模式"的推广、"河长制"的模仿扩散，但环境治理是一个系统工程，在全国环境治理取得突破性进展但生态环境改善的基础还不稳固的背景下，长三角地区环境治理工作业已进入深水区，修复生态环境仍然是实现长三角地区高质量发展的重要组成部分。在我国环境治理实践中，中央政府制定环保标准与环境政策，地方政府具体开展环境治理执法监测工作，由于环境污染存在负外部性，而环境治理存在正外部性，使得地方政府在环境政策执行过程中容易呈现相互"模仿"的同群效应现象，央地目标不一致情境下央地政府间的博弈、地方政府间在环境治理上的策略互动行为是影响环境治理绩效的重要因素，归根结底，环境污染与环境治理的外部性、环境治理主体责权不明晰是问题的根源。那么，环境治理政策组合的减排效应如何？或者说长三角地区适合推行何种环境治理政策组合？在相关理论分析的基础上，本章基于长三角地区2003~2019年市级面板数据，采用多期三重差分法（DDD）实证检验环境政策组合对长三角地区环境污染的影响，并通过中介效应模型验证环境治理政策组合促进污染减排的传导机制，进而为长三角环境治理政策优化提供经验证据与理论支撑。

第二节　研究设计与数据说明

一、模型构建

为了考察环境治理组合政策对长三角地区环境污染的影响，本研究将政策实施视为随时间变动的分组变量，构建三重差分模型实证检验政策组合对长三角环境污染的影响。在使用同时控制时间与个体的双向固定效应模型进行回归估计时，加入差分变量将引起多重共线性问题，因此，本研究借鉴陈林（2018）、樊勇等（2020）等学者的做法，对计量模型进行改进，改进后的多期三重差分模型如下：

$$population_{it} = \alpha_t + \beta_1 treat_{1it} \times time_{1it} + \beta_2 treat_{2it} \times time_{2it} + \beta_3 treat_{3it} \times time_{3it}$$
$$+ \gamma X_{it} + \eta_t + \delta_i + \varepsilon_{it} \tag{6-1}$$

其中，$treat_{1it} \times time_{1it} = 1$ 表示 i 城市在 t 年已实施政策 1，否则为 0；$treat_{2it} \times time_{2it} = 1$ 表示 i 城市在第 t 年已实施政策 2，否则为 0；$treat_{3it} \times time_{3it} = 1$ 表示 i 城市在第 t 年同时实施政策 1 和政策 2，否则为 0，政策 1 和政策 2 包括环境分权、环保立法、生态补偿、环保约谈和环境督察；X_{it} 为控制变量；η_t 和 δ_i 分别表示时间和个体的固定效应，α、β 和 γ 为各变量的系数。

为探究环境治理组合政策的内在机理，参考现有文献的做法，采用中介效应模型进行验证，构建如下中介效用模型进行分析。

第一步，验证组合政策对环境污染的影响：

$$population_{it} = \alpha_{1t} + \beta_1 treat_{1it} \times time_{1it} + \beta_2 treat_{2it} \times time_{2it} + \beta_3 treat_{3it} \times time_{3it}$$
$$+ \gamma_1 X_{it} + \eta_t + \delta_i + \varepsilon_{it} \tag{6-2}$$

第二步，验证组合政策对中介变量的影响：

$$media_{it} = \alpha_{2t} + \varphi_1 treat_{1it} \times time_{1it} + \varphi_2 treat_{2it} \times time_{2it} + \varphi_3 treat_{3it} \times time_{3it}$$
$$+ \gamma_2 X_{it} + \eta_t + \delta_i + \varepsilon_{it} \tag{6-3}$$

第三步，验证环境治理组合政策的中介效应：

$$population_{it} = \alpha_{3t} + \lambda_1 treat_{1it} \times time_{1it} + \lambda_2 treat_{2it} \times time_{2it} + \lambda_3 treat_{3it} \times time_{3it}$$
$$+ \lambda_4 media_{it} + \gamma_3 X_{it} + \eta_t + \delta_i + \varepsilon_{it} \tag{6-4}$$

其中，$media_{it}$ 表示中介变量。β、φ 和 λ 为模型关注的待估参数，若 β、φ 和 λ 均显著，表示研究涉及的中介变量存在中介效应。

二、变量设定和数据说明

环境污染指数（*Poll*）。关于环境治理的衡量，国内外学者主要有两种思路：一是将环境治理投资额（郑思齐等，2013；于文超等，2014）、环境治理法规数（于文超等，2014）视为环境治理的表征指标，认为环境治理成效随环境治理投入加大而越发显著；二是从环境治理成果出发，以污染物去除率或利用率（张彩云等，2018）、污染排放强度（郑思齐等，2013；赵霄伟，2014）为环境治理的代理变量，该思路规避了环境治理效率对环境治理成效的影响。囿于地级市环境治理投资额数据获取的局限性，同时环境污染综合指数更能体现出环境治理的长期性、综合性与动态性特征，规避环境治理低效的不利影响，因此，本研究参考向莉（2018）的思路，首先为消除因存在排污量较高地区对应的社会总产出可能最高的影响，测算出地级市的单位 GDP 工业废水排放量、单位 GDP 工业二氧化硫排放量、单位 GDP 工业烟（粉）尘排放量三个基础指标，其次基于熵值法合成环境污染综合指数来表征环境污染水平。

环境分权（Ed）。参考李强和王琰（2020）的做法，将河（湖）长制实施视为环境分权的代理政策，以考察时期内长三角地区各地级市河（湖）长制实施情况作为环境分权的虚拟变量，综合反映实施时间与实施城市两个维度的情况。考虑到各个城市河（湖）长制施行时间并不统一，因此，若长三角各市实施了河（湖）长制，赋值为1；反之，则赋值为0。

环保立法（El）。为尽可能地提高环保立法实施数据的准确性，本研究首先通过法律之星检索考察时期内长三角地区各城市是否已经开展环保立法，并获取相应城市第一部地方性环保法规的立法时间；其次，基于百度搜索引擎检索相关立法信息；最后，结合中国知网搜索信息予以相互印证，进而获取环保立法数据。因此，若长三角各市已存在环保立法，赋值为1；反之，则赋值为0。

生态补偿（Ec）。沿袭以上环境规制政策的衡量方法，若长三角各市实施了生态补偿，赋值为1；反之，则赋值为0。为保证数据的准确性，本研究首先通过长三角各市政府及环保局（生态环境局）官网检索其生态补偿的相关政策信息；其次，通过中国知网检索文献中出现的关于各市生态补偿的信息；最后，采用法律之星检索各市出台地方生态补偿政策的时间，手工整理各地级市的相关生态补偿数据。

环保约谈（*Eq*）。现有文献大多直接采用反映环保约谈是否实施以及实施时间的政策虚拟变量来衡量。具体而言，长三角城市相关官员若因环境保护、环境治理问题被生态环境部约谈，赋值为1；反之，则赋值为0。为保证数据的准确性，本研究首先基于百度搜索引擎检索长三角地区各市的环保约谈信息，了解哪一年哪个城市因何原因被生态环境部约谈；其次，根据搜索到的约谈信息在各市的政府官网进行核查验证；最后，通过中国知网检索文献中出现的关于长三角城市环保约谈情况的信息，予以相互印证，手工整理长三角各市环保约谈实施信息。

环境督察（*Es*）。本研究对环境督察的表征采用以下形式：长三角城市若进驻过中央生态环境保护督察组，赋值为1；反之，则赋值为0。为保证数据的准确性，对百度、政府官网和中国知网等途径的检索信息相互印证，手动整理长三角地区环保督察的相关信息。

参考现有文献的做法，本研究在模型中引入产业升级、人力资本、城镇化和技术研发4个控制变量，并采用地方政府竞争作为中介变量。（1）产业升级（*Up*）：产业结构是影响环境污染的重要变量，本研究采用第二产业占比加以表征。（2）技术与研发（*Rd*）：生产技术的研发与应用将提高能源利用效率，降低环境污染的风险，本研究采用科研综合技术服务业从业人员数与从业人员总数之比表示。（3）人力资本（*Hr*）：参考现有文献的做法，采用每万人高等学校在校学生占比进行表示。（4）城镇化（*Urban*）：本研究采用常住人口城镇化率表征。（5）地方政府竞争（*Fdi*），采用外商直接投资额占GDP的比重表征。此外，政策组合交叉项采用 *Inter* 表示。

本研究所涉及变量数据如无特别说明均来自历年《中国城市统计年鉴》，数据处理及分析在 Stata 6 中完成。表6-1展示了主要变量的描述性统计结果。

表 6 – 1 主要变量的描述性统计

变量	含义	n	mean	sd	min	max
Poll	环境污染指数	697	0.1824	0.1655	0.0052	0.9224
Ed	环境分权	697	0.3730	0.4840	0	1
El	环保立法	697	0.2855	0.4520	0	1
Ec	生态补偿	697	0.3501	0.4773	0	1
Eq	环保约谈	697	0.0516	0.2215	0	1
Es	环保督察	697	0.1966	0.3977	0	1
Up	产业升级	697	0.2066	0.1993	0.0121	0.9961
Rd	技术研发	697	0.0143	0.0088	0.0019	0.0592
Hr	人力资本	697	0.0187	0.0205	0.0004	0.1270
Urban	城镇化	697	0.5587	0.1359	0.2674	0.8960

第三节 环境分权与环保立法政策组合的减排效应评估

一、基准回归

环境分权与环保立法组合政策对环境污染的影响结果如表 6 – 2 所示。列（1）中，在加入控制变量前，环境分权与环保立法交互项的系数值为 – 0.046，且在 1% 的显著性水平下显著；列（2）中，加入产业升级、技术与研发、城镇化和人力资本等控制变量后，交互项系数值为 – 0.042，且在 1% 显著性水平下显著，表明环境分权与环保立法的政策组合对环境污染具有显著抑制作用。观察对比表 5 – 2 中的模型 1 和模型 6、表 5 – 11 中的模型 1 和模型 6、表 6 – 2 中的列（1）和列（2），可以发现环境分权与环保立法的政策组合均显著为负，而单项政策均为负但不显著，表明相较于单项环境政策，环境分权与环保立法政策组合的减排效果更好。可能的原因在于，环境分权在厘清环保责任的基础上，环保立法以立法的形式进一步促使地方政府更加重视环境问题，避免了地方政府的策略性治理与执行行为，短时间内极大地提高了环境政策的执行效率和力度，并在源头防控、过程管理与风险约束等环境治理环节有所行动。具体而言，环境分权厘清了各主体间环境保护事权划分，但无法确保环境政策的有效执行，而环保立法通过立法的形式增强了地方政府环境治理意愿，因此，环境分权与环保立法组合政策的减排效果较好。

表 6 - 2　　　　　　　　环境分权和环保立法政策组合的基准回归

变量	(1)	(2)
	Poll	*Poll*
	FE	FE
Inter	-0.046*** (-3.00)	-0.042*** (-2.71)
Ed	0.002 (0.13)	0.013 (1.04)
El	0.002 (0.09)	0.002 (0.13)
Up		-0.192*** (-3.43)
Rd		0.167 (0.20)
Hr		-1.886*** (-2.67)
Urban		-0.225*** (-4.41)
常数项	0.137*** (11.42)	0.258*** (9.47)

变量	(1)	(2)
	Poll	*Poll*
	FE	FE
个体效应	控制	控制
时间效应	控制	控制
样本数	697	697
R^2	0.167	0.210

注：括号中为 t(z) 值；* 表示 P<0.1，** 表示 P<0.05，*** 表示 P<0.01。

由表6-2的列（2）可知，控制变量方面，产业升级对环境污染的影响为负，且在1%水平下显著，表明产业升级显著抑制了长三角地区环境污染水平，意味着产业升级将使污染较重的第二产业的生产要素向第三产业转移，同时，将提升第二产业生产技术，推动清洁生产和绿色制造，从而降低环境污染水平。技术与研发对环境污染的影响为正，且不显著，可能的原因在于，技术研发对环境污染的影响更多表现为间接效应，进而使得技术研发对环境污染的影响不明显。人力资本对环境污染的影响为负，且在1%的水平下显著，表明人力资本积累有助于抑制污染排放，此结论的实际意义在于，各类人才的数量和质量提升后，人力资本将提高生产效率，减少资源浪费，同时社会公众的环保意识也将大大增强，最终实现环境改善目标。城镇化对环境污染的影响系数在1%的显著性水平下为负，意味着城镇化发展有助于降低环境污染水平。可能的原因在于，伴随着城镇化进程的快速推进，城市产业结构不断优化，城市土地资源利用效率不断提高，最终导致环境污染水平不断降低。

二、异质性分析

长三角地区覆盖"三省一市"，共计41个城市。各城市的社会经济发展水平存在较大差异,环境分权和环保立法政策组合的减排效应也可能存在区域异质性。鉴于此,本部分将长三角41个城市分为上海、江苏、浙江、安徽四个部分,依次对应表6-3中的列(1)至列(4),进一步检验环境分权与环保立法组合政策对长三角不同区域的影响。此外,本研究仅关注环境分权和环保立法政策组合变量的系数值及显著性,其余不作关注,因此未报告单项政策和控制变量结果,具体见表6-3。列(1)至列(4)中,环境分权和环保立法政策组合变量均为负,且在1%的显著性水平下显著,表明政策组合对长三角的上海、江苏、浙江、安徽四个地区的环境污染均有抑制作用。值得注意的是,列(1)至列(4)中,相较其他列,列(4)的交叉项系数最小,显著性最弱,表明环境分权和环保立法政策组合对安徽省的环境污染影响较弱。可能的原因在于,在更为严格的环境规制政策影响下,上海、江苏、浙江等地区的经济和产业基础较好,产业升级步伐更快,因此,环境分权和环保立法政策组合在上海、江苏、浙江等地区能够发挥更大的减排效果。

表 6-3 环境分权和环保立法的异质性分析

变量	(1)	(2)	(3)	(4)
	Poll	*Poll*	*Poll*	*Poll*
	FE	FE	FE	FE
Inter	-0.045 *** (-3.81)	-0.060 *** (-3.23)	-0.040 *** (-3.11)	-0.030 ** (-2.48)
常数项	0.198 *** (7.40)	0.142 *** (3.64)	0.201 *** (7.81)	0.156 *** (5.93)
控制变量	控制	控制	控制	控制
个体效应	控制	控制	控制	控制
时间效应	控制	控制	控制	控制
样本数	483	279	313	425
R^2	0.251	0.274	0.296	0.210

注:括号中为t(z)值; *表示 $P<0.1$, **表示 $P<0.05$, ***表示 $P<0.01$。

三、空间溢出效应分析

经济社会中，经济个体之间并非完全独立，而是相互联系、相互作用的。长三角地区各城市间环境政策实施也非完全独立，环境分权与环保立法对环境污染的影响可能也存在空间关联性。因此，本部分在上述研究的基础上，进一步探究环境分权与环保立法政策组合的空间外溢效应。本研究首先构建邻接权重矩阵，具体而言，两个城市如果有共同边界赋值1，否则为0，且主对角线为0。在此基础上，采用空间杜宾模型（SDM）度量空间溢出，具体结果见表6-4。由列（1）至列（2）可以看出，空间自回归系数均为正，且通过1%的显著性检验，表明长三角地区环境分权与环保立法政策组合对环境污染的影响具有一定的空间相关性。组合政策交叉项系数显著为负，政策组合的空间滞后项为正，但不显著，表明环境分权与环保立法政策组合仅能降低本地环境污染水平，无法对邻近地区的环境保护产生影响，意味着环境分权和环保立法组合的环境规制动力机制的减排效应不存在空间外溢效应。值得注意的是，本研究结果为点估计结果，可能存在偏误，仍需以效应分解结果为准。

表6-4　　　　　　　环境分权与环保立法政策组合的空间效应分析

变量	(1)	(2)
	SDM	SDM
	Poll	*Poll*
	FE	FE
Inter	-0.056 *** (-3.53)	-0.056 *** (-3.56)
Ed	0.007 (0.56)	0.020 (1.56)

续表

变量	(1) SDM *Poll* FE	(2) SDM *Poll* FE
El	0.002 (0.11)	0.015 (0.80)
W. Inter	0.026 (0.89)	0.017 (0.56)
W. Ed	0.023 (1.34)	0.028 (1.48)
W. El	−0.001 (−0.05)	0.012 (0.40)
常数项	0.137 *** (5.30)	0.156 *** (3.96)
ρ 或 λ	0.209 *** (4.18)	0.149 *** (2.80)
控制变量	不控制	控制
样本数	697	697
R²	0.004	0.087
Log-likelihood	703.4676	728.7466

注：括号中为 t(z) 值；* 表示 P<0.1，** 表示 P<0.05，*** 表示 P<0.01。

在前面研究的基础上，进一步将环境分权和环保立法的影响效应分解为直接效应、间接效应和总效应，进行偏微分解释，增强研究结论稳健性，具体见表 6-5。从表 6-5 可以看出，环境分权与环保立法政策组合的直接效应为负，且在 1% 显著性水平下显著；间接效应为正，但不显著，表明环境分权与环保立法政策组合仅能降低本地环境污染水平，无法对邻近地区的环境保护产生影响，意味着环境分权和环保立法组合的环境规制动力机制的减排效应不存在空间外溢效应。

表6-5 环境分权与环保立法政策组合的空间效应分解

变量	SDM	SDM	SDM
	直接效应	间接效应	总效应
$Inter$	-0.055*** (-3.42)	0.012 (0.36)	-0.043 (-1.19)
Ed	0.020* (1.66)	0.035* (1.77)	0.055*** (3.07)
El	0.016 (0.91)	0.013 (0.38)	0.029 (0.77)
控制变量	控制	控制	控制

注：括号中为t(z)值；*表示$P<0.1$，**表示$P<0.05$，***表示$P<0.01$。

四、稳健性检验

(一) 平行趋势检验

平行趋势检验是双重差分法（DID）估计的必要前提，因此，本部分对政策组合项做平行趋势检验，并绘制了平行趋势检验图，具体结果见图6-1。由图6-1可知，$Inter\_1$至$Inter\_4$代表环境组合政策实施前第一年至第四年，$Inter0$代表组合政策实施当年，$Inter1$至$Inter6$代表组合政策实施后第一年至第六年。组合政策实施前第一年至第四年，点的位置均在水平线附近，且均不显著，表明环境组合政策实施以前控制组和实验组具有平行趋势。组合政策实施后第三年至第六年，政策组合交叉项显著，说明环境政策组合的实施效果开始显现，长三角环境污染排放得到抑制。可能的原因在于，地方政府实施环境政策组合，迫使本地污染企业陆续关停和转移，生产要素开始向第三产业和节能绿色产业转移，环境污染得到抑制。

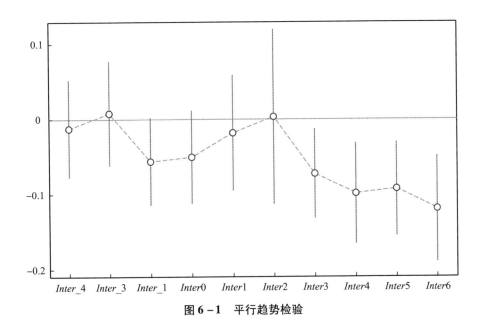

图 6-1 平行趋势检验

（二）安慰剂检验

本部分进行安慰剂检验，以减轻遗漏变量及自相关问题带来的影响。具体的做法是，随机抽取 41 个数据依次作为这 41 个城市的政策时间，并随机回归 500 次，最终得到基于虚构样本的估计系数分布，结果见图 6-2。由图 6-2 可知，估计系数集中在 0 值附近呈现正态分布，并且前面基准回归得出的真实估计系数位于正态分布的左侧边缘，意味着在虚构的处理组样本中，环境分权与环保立法组合政策并没有发生实际作用，减排效果不明显，安慰剂检验通过，验证前面研究结论的稳健性。

（三）倾向得分匹配 - 双重差分法（PSM-DID）

为进一步排除可能受到的其他因素干扰，缓解由样本"选择偏差"所产生的内生性问题，先选取具有相同产业升级、人力资本、技术与研发、城镇化水平等特征的城市进行倾向得分匹配。然后基于倾向得分匹配数据采用三重差分法进行稳健性检验。使用最近邻匹配方法进行一对一匹配，回归结果如表6-6所示。基于 PSM-DID 的回归结果在1%的显著性水平下显著，表明环境分权和环保立法的政策组合对环境污染的减排效应仍然显著，且与之前基准回归结果基本一致，进一步验证了前面研究结论的稳健性。

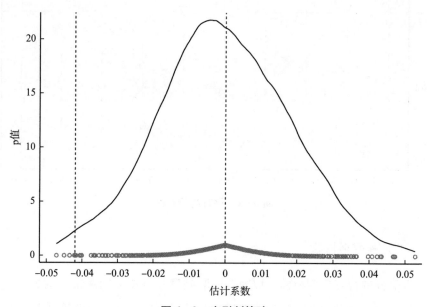

图6-2　安慰剂检验

表6-6　　　　　　环境分权和环保立法政策组合的 PSM-DID 结果

变量	(2)	(2)
	Poll	*Poll*
	FE	FE
Inter	- 0. 054 *** (- 3. 32)	- 0. 050 *** (- 2. 94)
Ed	- 0. 003 (- 0. 21)	0. 007 (0. 47)
El	0. 010 (0. 54)	0. 012 (0. 59)

续表

变量	(2)	(2)
	Poll	*Poll*
	FE	FE
常数项	0. 136 *** (11. 42)	0. 323 *** (4. 11)
控制变量	不控制	控制
个体效应	控制	控制
时间效应	控制	控制
样本数	574	574
R^2	0. 173	0. 817

注：括号中为 $t(z)$ 值；* 表示 $P<0.1$，** 表示 $P<0.05$，*** 表示 $P<0.01$。

五、机制检验

表 6 - 7 报告了环境分权与环保立法政策组合通过影响地方政府竞争程度进而影响环境污染的传导机制，考虑到政策实施效果的显现可能具有一定的滞后性，对当期环境污染和滞后两期环境污染分别做中介效应检验。其中，列（1）至列（3）表示政策组合对当期环境污染的中介效应检验，列（2）、列（4）和列（5）表示政策组合对滞后两期环境污染的中介效应检验。由表 6 - 7 可知，列（1）和列（2）中政策组合交叉项均显著为负，但列（3）中地方政府竞争中介变量不显著，因此进行 Bootstrap 检验和 Sobel 检验进行再验证，发现两种检验均未通过，表明当期环境污染的中介效应不成立；列（2）、列（4）和列（5）中政策组合交叉项均显著为负，列（3）中地方政府竞争中介变量显著为正，说明地方政府竞争中介变量发挥不完全中介效应，滞后两期环境污染的中介效应成立。

表 6 - 7   环境分权和环保立法政策组合的机制检验

变量	(1) *Poll* FE	(2) *Fdi* FE	(3) *Poll* FE	(4) L2. *Poll* FE	(5) L2. *Poll* FE
Inter	- 0. 042 *** (- 2. 71)	- 0. 009 * (- 1. 90)	- 0. 036 (- 1. 39)	- 0. 067 ** (- 2. 29)	- 0. 060 ** (- 2. 24)
Ed	0. 013 (1. 04)	- 0. 003 (- 0. 56)	0. 014 (0. 80)	0. 016 (0. 87)	0. 016 (0. 88)
El	0. 002 (0. 13)	0. 002 (0. 31)	0. 001 (0. 04)	0. 007 (0. 25)	0. 003 (0. 09)
Fdi			0. 668 (1. 24)		0. 809 * (1. 89)
常数项	0. 258 *** (9. 47)	0. 040 *** (5. 41)	0. 232 *** (6. 04)	0. 153 ** (2. 21)	0. 124 *** (3. 07)
控制变量	控制	控制	控制	控制	控制
个体效应	控制	控制	控制	控制	控制
时间效应	控制	控制	控制	控制	控制
样本数	697	697	697	615	615
R^2	0. 210	0. 193	0. 226	0. 232	0. 255

Bootstrap 检验	$r(ind\_eff)$	(P)	Bootstrap 置信区间 (- 0. 009, 0. 004)	无须 Bootstrap 检验
		(BC)	Bootstrap 置信区间 (- 0. 010, 0. 004)	
	$r(dir\_eff)$	(P)	Bootstrap 置信区间 (- 0. 088, - 0. 020)	
		(BC)	Bootstrap 置信区间 (- 0. 086, - 0. 018)	
Sobel 检验			Z = - 0. 5928, P = 0. 553	无须 Sobel 检验

注: 括号中为 t(z) 值; * 表示 P < 0. 1, ** 表示 P < 0. 05, *** 表示 P < 0. 01。

第四节　环境分权与生态补偿政策组合的减排效应评估

一、基准回归

表6-8报告了环境分权与生态补偿组合政策对环境污染的影响结果，其中，列（1）和列（2）代表组合政策对当期环境污染的影响，列（3）和列（4）代表组合政策对滞后一期环境污染的影响，列（5）和列（6）代表组合政策对滞后两期环境污染的影响。列（1）和列（2）中，无论是否加入控制变量，环境分权与生态补偿组合政策的交叉项系数均不显著，环境分权单项政策对环境污染的影响也不显著，生态补偿单项政策对环境污染有显著的负向影响。列（3）至列（6）中，进行了环境分权和生态补偿政策的滞后效应分析，结果未有明显改变，环境分权和生态补偿组合政策及环境分权单项政策对环境污染的影响仍不显著，仅生态补偿单项政策对环境污染有显著的负向影响。环境分权可以缓解地方政府之间激烈的竞争关系，抑制地方政府不作为及少作为的政策执行行为，有效提高环境质量。生态补偿机制则有助于缓解环境污染与治理的外部性难题，促使政府和企业等主体加大环境治理投入，从而降低环境污染。理论上二者均能有效降低环境污染，但实证结果并不显著，可能的原因在于，环境分权与环保立法政策并未产生良好的交互效应，无法促使生态环境明显改善。控制变量对环境污染的影响效应与前述结论基本一致，不再赘述。

表6-8　　　　　　环境分权与生态补偿组合政策的基准回归

变量	(1) Poll FE	(2) Poll FE	(3) L. Poll FE	(4) L. Poll FE	(5) L2. Poll FE	(6) L2. Poll FE
Inter	0.014 (0.86)	0.020 (1.25)	0.001 (0.08)	0.005 (0.28)	-0.017 (-1.02)	-0.015 (-0.90)
Ed	-0.016 (-1.29)	-0.007 (-0.53)	-0.024* (-1.95)	-0.013 (-1.04)	-0.009 (-0.70)	0.002 (0.19)
Ec	-0.030** (-2.18)	-0.033** (-2.43)	-0.025* (-1.80)	-0.023* (-1.65)	-0.029** (-2.08)	-0.025* (-1.77)
Up		-0.188*** (-3.32)		-0.174*** (-2.97)		-0.153** (-2.55)
Rd		-0.071 (-0.08)		1.110 (1.25)		2.289** (2.53)
Hr		-2.418*** (-3.46)		-1.464* (-1.74)		-1.361 (-1.49)
Urban		-0.214*** (-4.22)		-0.115** (-2.19)		-0.029 (-0.55)
常数项	0.137*** (11.67)	0.264*** (9.75)	0.137*** (11.82)	0.206*** (7.07)	0.138*** (12.04)	0.164*** (5.28)
个体效应	控制	控制	控制	控制	控制	控制
时间效应	控制	控制	控制	控制	控制	控制
样本数	697	697	656	656	615	615
R^2	0.158	0.204	0.174	0.195	0.191	0.211

注：括号中为 $t(z)$ 值；* 表示 $P<0.1$，** 表示 $P<0.05$，*** 表示 $P<0.01$。

二、异质性分析

考虑到长三角41个城市在地理和经济上存在差异，可能导致环境分权和环保立法的政策组合的减排效应存在区域异质性。因此，本部分按照省份将长三角 41 个城市分为上海、江苏、浙江、安徽四个部分，依次对应表 6 - 9 的列（1）和列（2）、列（3）和列（4）、列（5）和列（6）、列（7）和列（8），分别考察组合政策对环境污染的异质性影响。同时，考虑到环境政策的效果显现可能存在滞后性，分别考察组合政策对当期及滞后二期环境污染的影响，具体结果见表 6 - 9。由表 6 - 9 中列（1）至列（8）可知，组合正常交互项均不显著，与基准回归结果一致，表明在长三角地区，环境分权和生态补偿组合政策的实施效果不明显。

表 6 - 9　　　　　　环境分权和生态补偿组合政策的异质性分析

变量	(1) Poll FE	(2) L2. Poll FE	(3) Poll FE	(4) L2. Poll FE	(5) Poll FE	(6) L2. Poll FE	(7) Poll FE	(8) L2. Poll FE
Inter	-0.014 (-1.58)	0.012 (1.23)	0.001 (0.04)	-0.004 (-0.15)	0.018 (0.64)	-0.032 (-1.09)	0.061 (0.66)	-0.109 (-1.17)
Ed	0.012 (0.12)	0.008 (0.05)	0.022** (2.20)	0.009 (0.91)	0.019 (0.50)	0.050 (1.27)	0.007 (0.14)	-0.015 (-0.30)
Ec	-0.005 (-0.61)	-0.011 (-1.09)	-0.017 (-0.66)	-0.016 (-0.62)	-0.010 (-0.46)	0.011 (0.46)	-0.080 (-1.11)	0.058 (0.80)
常数项	0.091** (2.36)	0.085 (0.79)	0.234*** (6.86)	0.126*** (2.99)	0.105* (1.67)	-0.015 (-0.21)	0.350*** (4.18)	0.184* (1.86)
控制变量	控制	控制	控制	控制	控制	控制	控制	控制
个体效应	控制	控制	控制	控制	控制	控制	控制	控制
时间效应	控制	控制	控制	控制	控制	控制	控制	控制
样本数	17	15	221	195	187	165	75	65
R²	0.657	0.624	0.325	0.281	0.245	0.265	0.575	0.555

注：括号中为 t(z) 值；* 表示 P<0.1，** 表示 P<0.05，*** 表示 P<0.01。

三、空间溢出效应分析

为考察环境分权和生态补偿政策组合实施对长三角地区环境污染的影响是否存在空间溢出效应，本部分首先构建邻接权重矩阵，在此基础上，采用空间杜宾模型（SDM）度量空间溢出，具体结果见表 6 - 10。由表 6 - 10 可知，空间自回归系数均为正数，且通过 1% 的显著性检验，表明长三角地区环境分权与生态补偿政策组合对环境污染存在空间相关性。环境分权与生态补偿组合政策交叉项系数正，但并不显著，政策组合的空间滞后项显著为负，表明环境分权与生态补偿政策组合未能抑制本地区环境污染，却会对邻近地区产生空间外溢效应，显著降低邻近地区环境污染水平。值得注意的是，本研究结果为点估计结果，可能存在偏误，仍需以效应分解结果为准。

表 6 - 10　　　　　　环境分权与生态补偿政策组合的空间效应分析

变量	(1)	(2)
	SDM	SDM
	Poll	*Poll*
Inter	0.010 (0.53)	0.021 (1.21)
Ed	−0.010 (−0.77)	−0.002 (−0.11)
Ec	−0.025 (−1.57)	−0.027 * (−1.75)
W. Inter	−0.074 *** (−2.75)	−0.060 ** (−2.19)
W. Ed	0.082 *** (4.36)	0.071 *** (3.56)
W. Ec	0.025 (1.13)	0.022 (0.98)

续表

变量	（1） SDM *Poll*	（2） SDM *Poll*
常数项	0. 140 *** （5. 58）	0. 154 *** （3. 98）
ρ 或 *λ*	0. 174 *** （3. 42）	0. 133 ** （2. 51）
控制变量	不控制	控制
样本数	697	697
R²	0. 004	0. 094
Log-likelihood	702. 3038	725. 9772

注：括号中为 $t(z)$ 值；*表示 $P < 0.1$，** 表示 $P < 0.05$，*** 表示 $P < 0.01$。

基于前面的研究，将环境分权与生态补偿政策组合的影响分解为直接效应、间接效应和总效应，具体结果见表 6 – 11。由表 6 – 11 可知，环境分权与生态补偿政策组合的直接效应为正，但并不显著；环境分权与生态补偿政策组合的间接效应显著为负，表明长三角环境分权与生态补偿政策组合未能对本地区环境污染产生明显影响，却能显著降低邻近地区环境污染水平，存在空间外溢效应。环境分权与生态补偿政策组合的总效应为负，但并不显著，表明长三角环境分权与生态补偿政策组合对本地和邻地的环境污染的平均影响并不显著。综上所述，长三角环境分权与生态补偿政策组合仅能够通过空间溢出效应对邻近地区环境污染产生抑制作用。

表 6 – 11   环境分权与生态补偿政策组合的空间效应分解

变量	SDM		
	直接效应	间接效应	总效应
Inter	0. 020 （1. 13）	– 0. 062 ** （ – 2. 09）	– 0. 042 （ – 1. 41）

续表

变量	SDM		
	直接效应	间接效应	总效应
Ed	−0.000 (−0.00)	0.079*** (3.67)	0.079*** (3.72)
Ec	−0.026* (−1.71)	0.018 (0.75)	−0.008 (−0.34)
控制变量	控制	控制	控制

注：括号中为 t(z) 值；*表示 P<0.1，**表示 P<0.05，***表示 P<0.01。

四、稳健性检验

（一）平行趋势检验

双重差分和三重差分的使用需要满足平行趋势假定。因此，本部分对环境分权与生态补偿的组合政策进行平行趋势检验，并绘制平行趋势检验图，具体结果见图 6-3。其中 *Inter_1* 至 *Inter_4* 代表组合政策实施前的第一年至第四年，*Inter*1 至 *Inter*6 代表组合政策实施后的第一年至第六年，*Inter*0 代表组合政策实施当年。政策实施前和政策实施后，点的位置均在水平线附近，且均不显著，说明平行趋势虽然成立，但环境分权和生态补偿政策组合的实施效果不明显。

（二）倾向得分匹配 – 双重差分法（PSM-DID）和更换解释变量的稳健性检验

三重差分法仍存在样本选择偏误所产生的内生性问题。因此，本部分采用 PSM-DID 进行稳健性检验，选择具有产业升级、技术与研发、城镇化水平、人力资本等相同特征的城市进行逐年匹配，使用无放回的 *K* 近邻匹配，基于倾向得分匹配数据进行回归，其中 *K*=1。表 6-12 的列（1）代表 PSM-

DID 的回归结果，列（1）中生态补偿与环境分权政策组合对的系数为正，但不显著，表明生态补偿与环境分权的政策组合对环境污染的影响效应不显著。进一步验证基准回归结果，即环境分权与生态补偿政策组合实施的效果并不理想。

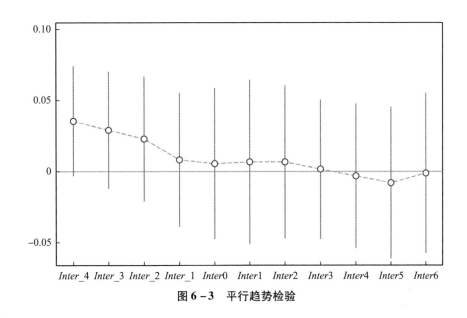

图 6 - 3　平行趋势检验

表 6 - 12　　　　　环境分权与生态补偿的政策组合的稳健性检验

变量	(1)	(2)
	Poll	Poll1
	FE	FE
Inter	0.020 (1.25)	- 0.006 (- 0.48)
Ed	- 0.007 (- 0.53)	0.015 (1.60)
Ec	- 0.033 ** (- 2.43)	0.015 (1.61)

续表

变量	(1)	(2)
	Poll	*Poll*1
	FE	FE
常数项	0.264 *** (9.75)	0.274 *** (12.75)
控制变量	控制	控制
个体效应	控制	控制
时间效应	控制	控制
样本数	697	500
R^2	0.204	0.402

注：括号中为 t(z) 值；* 表示 P<0.1，** 表示 P<0.05，*** 表示 P<0.01。

现有文献对环境污染的表征方法较多，为验证基准回归结果的稳健性，将被解释变量环境污染进行更换。本部分使用工业废水排放量、工业二氧化硫排放量、工业烟（粉）尘排放量作为基础指标，运用熵值法计算出环境污染指数。表6-12的列（2）代表更换被解释变量的回归结果，列（2）中组合政策的交叉项为负，但不显著，表明环境分权和生态补偿的政策组合对环境污染发挥抑制作用，但这种影响不明显。基本验证了基准回归的稳健性。

第五节　环境分权与环保约谈政策组合的减排效应评估

一、基准回归

环境分权与环保约谈组合政策对环境污染的影响结果如表6-13所示，列（1）代表不加入控制变量的情况，列（2）代表加入控制变量的情况。

表 6 – 13 的列（1）和列（2）中，环境分权和环保约谈政策组合交叉项系数都在 5% 显著性水平下为负，表明无论是否加入控制变量，环境分权与环保约谈政策组合均具有较强的减排效应。此外，比较表 5 – 2 的模型 1 和模型 6、表 5 – 25 的模型 1 和模型 6、表 6 – 13 的列（1）和列（2）可以发现，与单一政策结果相比，政策组合交叉项系数的绝对值相对较大，显著性较强，组合政策的减排效果优于单一政策。综上所述，环境分权与环保约谈政策组合具有较强的减排效应，且组合政策的减排效果优于单一政策。可能的原因在于，环境分权厘清了环境治理主体的权责，有效缓解环境治理主体动力不足的问题。而环保约谈则将中央政府的监督机制落到实处，打破地方环境治理体系中存在的责任壁垒，有效预防环境污染问题的产生。控制变量与前述结论基本一致，不再赘述。

表 6 – 13   **环境分权与环保约谈政策组合的基准回归**

变量	(1)	(2)
	Poll	*Poll*
	FE	FE
Inter	– 0.106 ** （– 2.18）	– 0.109 ** （– 2.29）
Ed	– 0.006 （– 0.56）	0.008 （0.66）
Eq	0.159 *** （3.40）	0.164 *** （3.58）
Up		– 0.224 *** （– 4.06）
Rd		0.070 （0.08）
Hr		– 2.387 *** （– 3.47）

续表

变量	（1） *Poll* FE	（2） *Poll* FE
Urban		−0. 194 *** （−3. 87）
常数项	0. 137 *** （11. 80）	0. 261 *** （9. 79）
个体效应	控制	控制
时间效应	控制	控制
样本数	697	697
R^2	0. 176	0. 224

注：括号中为 t(z) 值；* 表示 P<0. 1，** 表示 P<0. 05，*** 表示 P<0. 01。

二、异质性分析

长三角 41 个城市在地理和经济方面存在较大差异，可能导致环境分权和环保立法政策组合的减排效应存在区域异质性。鉴于此，本部分按照省份将长三角 41 个城市分为上海、江苏、浙江、安徽四个部分，依次对应表 6 – 14 的列（1）至列（4），分别考察组合政策实施后对环境污染的区域异质性影响。异质性的结果如表 6 – 14 所示，列（1）至列（4），环境分权和环保约谈政策组合的交叉项均不显著，表明组合政策对上海、江苏、浙江、安徽四个区域环境污染的影响均不明显。可能的原因在于，上海、江苏、浙江等地区在更严格环境规制政策前，地区产业已开始转型升级，组合政策的作用未能体现。而安徽经济发展较为落后，一直是上海、江苏、浙江等地区产业转移的承接者，经济发展更加依赖重化工业，组合政策的影响较低。

表 6-14 环境分权与环保约谈的政策组合异质性分析

变量	（1）Poll FE	（2）Poll FE	（3）Poll FE	（4）Poll FE
Inter	-0.004 (-0.40)	0.007 (0.53)	0.026 (0.62)	-0.026 (-0.38)
Ed	-0.016 * (-2.17)	0.022 ** (2.31)	0.033 (0.99)	0.016 (0.45)
Eq	0.000 (0.00)	0.164 *** (3.58)	0.174 *** (3.58)	0.158 ** (2.54)
常数项	0.094 ** (2.44)	0.239 *** (7.01)	0.103 (1.65)	0.361 *** (6.83)
控制变量	控制	控制	控制	控制
个体效应	控制	控制	控制	控制
时间效应	控制	控制	控制	控制
样本数	17	221	187	272
R^2	0.650	0.319	0.244	0.349

注：括号中为 t(z) 值； * 表示 P<0.1， ** 表示 P<0.05， *** 表示 P<0.01。

三、空间溢出效应分析

经济社会中，经济个体之间并非完全独立，而是相互联系、相互作用的。长三角地区各城市间环境政策的实施也非完全独立，环境分权与环保约谈政策组合对长三角地区环境污染的影响效应可能也存在空间关联性。前面已对单一政策的空间外溢效应进行了研究，本部分进一步探究环境分权与环保约谈的空间外溢效应，先构建邻接权重矩阵，在此基础上，采用空间杜宾模型（SDM）度量空间溢出，具体结果见表 6-15。由表 6-15 可知，空间自回归系数均为正数，且通过 1% 的显著性检验，表明长三角地区环境分权与环保约谈组合政策对环境污染具有空间相关性。环境分权与环保约谈组合政策的交叉项系数显著为负，政策组合的空间滞后项为正，但不显著，表明长三角地区各城市实施环境分权与环保约谈组合政策仅能促进本地区降碳减排，对邻近地区无明显影响。值得注意的是，本研究结果为点估计结果，可能存在偏误，仍须以效应分解结果为准。

表 6 – 15　　　　环境分权与环保约谈的政策组合的空间效应分析

变量	(1)	(2)
	SDM	SDM
	Poll	*Poll*
Inter	− 0. 124 ** (− 2. 51)	− 0. 124 ** (− 2. 55)
Ed	− 0. 004 (− 0. 33)	0. 010 (0. 85)
Eq	0. 170 *** (3. 57)	0. 175 *** (3. 71)
W. Inter	0. 116 (0. 92)	0. 116 (0. 88)
W. Ed	0. 029 ** (2. 06)	0. 027 * (1. 76)
W. Eq	− 0. 200 (− 1. 60)	− 0. 155 (− 1. 20)
常数项	0. 137 *** (5. 49)	0. 177 *** (4. 37)
ρ 或 λ	0. 209 *** (4. 21)	0. 160 *** (3. 07)
控制变量	不控制	控制
样本数	697	697
R^2	0. 005	0. 102
Log-likelihood	707. 7778	733. 0451

注：括号中为 t(z) 值；* 表示 P < 0. 1，** 表示 P < 0. 05，*** 表示 P < 0. 01。

基于上述研究，继续将环境分权与环保约谈组合政策的影响效应分解为直接效应、间接效应和总效应，具体结果见表 6-16。由表 6-16 可知，环境分权与环保约谈政策组合的直接效应显著为负，间接效应为正，但不显著，表明长三角地区各城市实施环境分权与环保约谈组合政策仅能促进本地区环境污染水平的降低，对邻近地区无明显影响。

表 6-16　　　　环境分权与环保约谈的政策组合的空间效应分解

变量	SDM		
	直接效应	间接效应	总效应
Inter	-0.119^{**} (-2.32)	0.124 (0.81)	0.005 (0.03)
Ed	0.011 (0.95)	0.033^{**} (2.11)	0.044^{***} (3.35)
Eq	0.169^{***} (3.45)	-0.161 (-1.08)	0.008 (0.05)
控制变量	控制	控制	控制

注：括号中为 t(z) 值；* 表示 P<0.1，** 表示 P<0.05，*** 表示 P<0.01。

四、稳健性检验

（一）平行趋势检验

平行趋势检验是双重差分法（DID）和三重差分法的必要前提。因此，在三重差分模型中，对环境分权与环保约谈组合政策进行平行趋势检验，并绘制平行趋势检验图。具体结果见图 6-4，*Inter_1* 至 *Inter_7* 代表组合政策实施前第一年至第七年，*Inter1* 至 *Inter2* 代表组合政策实施后第一年至第二年，*Inter0* 代表组合政策实施当年。政策实施前，点的位置均在水平线附近，表明组合政策实施前控制组和实验组具有平行趋势。组合政策实施当年，交叉项显著，表明环境分权和环保约谈政策组合实施后，长三角环境污染得到明显的抑制，验证了前面的研究结论。

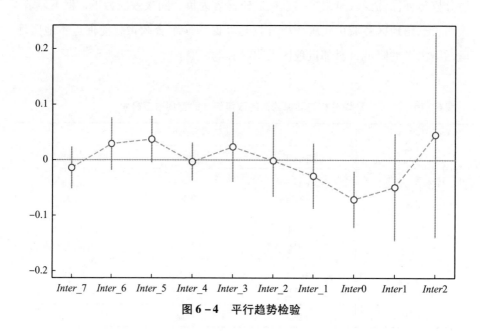

图 6 - 4　平行趋势检验

（二）安慰剂检验

本部分进行安慰剂检验，以减轻遗漏变量及自相关问题带来的影响。具体的做法是，随机抽取 41 个数据依次作为这 41 个城市的政策时间，并随机回归 500 次，最终得到基于虚构样本的估计系数分布，结果见图 6 - 5。由图 6 - 5 可知，估计系数集中在 0 值附近呈现正态分布，并且随机抽取样本中，前面的基准回归估计系数迥异于虚构估计系数，表明在虚构的处理组样本中环境分权与环保约谈的组合政策没有发生实际作用，安慰剂检验通过，再次证明基准回归是稳健有效的。

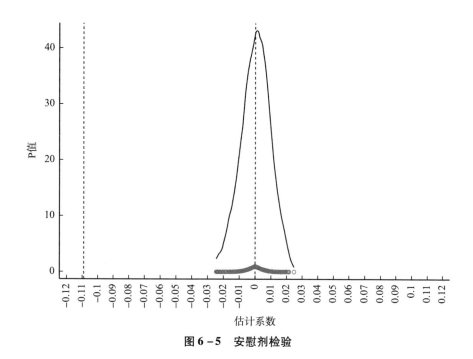

图 6 – 5　安慰剂检验

（三）倾向得分匹配 – 双重差分法（PSM-DID）

三重差分方法虽能有效克服内生性问题，识别环境分权与环保约谈组合政策对环境污染的净效应，但在样本选择方面存在一定缺陷。组合政策实施的城市往往存在突出环境问题或政策执行不到位等情况，未实施政策的城市的环境质量相对较好，样本的选择并非随机，存在选择性偏差。对此，倾向得分匹配可以有效克服样本选择的非随机性，解决基准回归中实验组和控制组在实施组合政策前不完全具备共同趋势的问题。选择具有产业升级、技术与研发、城镇化水平、人力资本等相同特征的城市进行逐年匹配，使用 logit 来估计倾向得分，基于倾向得分匹配数据再次进行回归。倾向得分匹配后，环境分权与环保约谈政策组合对环境污染影响的估计结果见表 6 – 17。由表 6 – 17 的列（1）和列（2）可知，无论是否加入控制变量，组合政策的交互项系数均在 5% 显著性水平下为负，表明环境分权与环保约谈组合政策对环境污染起抑制作用。该研究结果与基准回归一致，进一步论证了本部分结论的稳健性。

表 6 – 17　　　　　　　环境分权与环保约谈政策组合的稳健性检验结果

变量	(1)	(2)
	Poll	Poll1
	FE	FE
Inter	−0.106 ** (−2.13)	−0.109 ** (−2.18)
Ed	−0.032 (−1.53)	0.008 (0.47)
Eq	0.162 ** (2.28)	0.164 ** (2.35)
常数项	0.142 *** (17.71)	0.261 *** (6.98)
控制变量	不控制	控制
个体效应	控制	控制
时间效应	控制	控制
样本数	697	697
R^2	0.181	0.224

注：括号中为 t(z) 值；* 表示 $P<0.1$，** 表示 $P<0.05$，*** 表示 $P<0.01$。

五、机制检验

表 6 – 18 报告了环境分权与环保约谈政策组合通过地方政府竞争中介变量影响环境污染的传导机制，考虑到政策实施效果的显现可能具有一定的滞后性，对当期环境污染和滞后一期环境污染分别做中介效应检验。其中，列（1）至列（3）表示政策组合对当期环境污染的中介效应检验，列（2）、列（4）和列（5）表示政策组合对滞后一期环境污染的中介效应检验。由表 6 – 18 可知，列（1）和列（2）中政策组合交叉项均显著为负，但列（3）中地方政府竞争中介变量不显著，因此进行 Bootstrap 检验和 Sobel 检验进行再验证，发现两种检验均未通过，表明当期环境污染的中介效应不成立；

列（2）、列（4）和列（5）中政策组合交叉项均显著为负，列（3）中地方政府竞争中介变量显著为正，说明地方政府竞争中介变量发挥不完全中介效应，滞后一期环境污染的中介效应成立。此结果意味着，地方政府在环境治理上采取环境分权与环保立法组合政策不仅能直接改善长三角地区的环境状况，还能通过地方政府竞争行为间接影响长三角环境治理成效。可能的原因在于，中介效应作用下，各级地方政府致力于环境污染治理的积极性得到提高，从而减少地方政府在环境治理上存在的政策不完全执行行为，环境质量得到有效提升。

表 6 - 18　　　　　　　　环境分权与环保约谈政策组合的机制检验

变量	(1)	(2)	(3)	(4)	(5)
	Poll	*Fdi*	*Poll*	l. *Poll*	L. *Poll*
	FE	FE	FE	FE	FE
Inter	- 0. 109 ** (- 2. 29)	- 0. 029 ** (- 2. 17)	- 0. 090 ** (- 2. 22)	- 0. 106 ** (- 2. 32)	- 0. 086 ** (- 2. 27)
Ed	0. 008 (0. 66)	- 0. 004 (- 0. 96)	0. 010 (0. 64)	- 0. 007 (- 0. 38)	- 0. 003 (- 0. 16)
Eq	0. 164 *** (3. 58)	0. 030 * (1. 88)	0. 144 *** (2. 77)	0. 166 ** (2. 54)	0. 144 *** (2. 91)
Fdi			0. 675 (1. 43)		0. 710 * (1. 81)
常数项	- 1. 735 *** (- 7. 08)	0. 041 *** (5. 46)	0. 241 *** (7. 24)	0. 154 * (1. 95)	0. 179 *** (4. 78)
控制变量	控制	控制	控制	控制	控制
个体效应	控制	控制	控制	控制	控制
时间效应	控制	控制	控制	控制	控制
样本数	696	697	696	656	656
R^2	0. 572	0. 192	0. 240	0. 216	0. 237

续表

变量		(1)	(2)	(3)	(4)	(5)
		Poll	*Fdi*	*Poll*	l. *Poll*	L. *Poll*
		FE	FE	FE	FE	FE
Bootstrap 检验	r(*ind_eff*)	(P)	Bootstrap 置信区间 (−0.009, 0.005)		无须 Bootstrap 检验	
		(BC)	Bootstrap 置信区间 (−0.014, 0.002)			
	r(*dir_eff*)	(P)	Bootstrap 置信区间 (−0.062, 0.081)			
		(BC)	Bootstrap 置信区间 (−0.062, 0.081)			
Sobel 检验			Z = −0.9003, P = 0.368		无须 Sobel 检验	

注：括号中为 t(z) 值；＊表示 P < 0.1，＊＊表示 P < 0.05，＊＊＊表示 P < 0.01。

第六节　环境分权与环保督察政策组合的减排效应评估

一、基准回归

表 6 - 19 报告了环境分权与环保督察的组合政策对环境污染的影响结果，其中，列（1）和列（2）代表组合政策对当期环境污染的影响，列（3）和列（4）代表组合政策对滞后一期环境污染的影响。列（1）和列（2）中，无论是否加入控制变量，环境分权与环保督察组合政策的交叉项系数均为正，但不显著，表明组合政策对当期环境污染的影响不明显。列（3）和列（4）中，无论是否加入控制变量，环境分权与环保督察组合政策的交叉项系数均为正，但不显著，表明组合政策对滞后一期的环境污染的影响也不明显。值得注意的是，列（4）中，虽然环境分权与环保督察组合政策交叉项不显著，

但环保督察政策显著为负，表明在环境分权与环保督察政策组合实施下，环保督察对滞后一期的环境污染产生显著抑制作用。可能的原因在于，虽然环境分权和环保督察制度间并未形成良性互动，但组合政策增强了地方政府环境注意力，使得环保督察的制度效果逐渐显现。控制变量与前面结论基本一致，不再赘述。

表 6 – 19　　　　　　　　　环境分权与环保督察政策组合的基准回归

变量	(1)	(2)	(3)	(4)
	Poll	*Poll*	L. *Poll*	L. *Poll*
	FE	FE	FE	FE
Inter	0.025 (0.42)	0.058 (0.99)	0.038 (0.64)	0.061 (1.03)
Ed	−0.013 (−1.18)	−0.001 (−0.08)	−0.025 ** (−2.24)	−0.012 (−1.06)
Es	0.007 (0.12)	−0.019 (−0.35)	−0.081 (−1.44)	−0.099 * (−1.76)
Up		−0.211 *** (−3.78)		−0.196 *** (−3.38)
Rd		0.144 (0.17)		1.197 (1.36)
Hr		−2.367 *** (−3.39)		−1.331 (−1.59)
Urban		−0.207 *** (−4.05)		−0.117 ** (−2.23)
常数项	0.137 *** (11.63)	0.262 *** (9.64)	0.137 *** (11.82)	0.207 *** (7.11)
个体效应	控制	控制	控制	控制
时间效应	控制	控制	控制	控制
样本数	697	697	656	656
R^2	0.153	0.200	0.173	0.196

注：括号中为 t(z) 值；* 表示 P<0.1，** 表示 P<0.05，*** 表示 P<0.01。

二、异质性分析

考虑到长三角 41 个城市在地理和经济等方面存在差异，可能导致环境分权和环保督察的政策组合的减排效应存在区域异质性。本部分按照省份将长三角 41 个城市分为上海、江苏、浙江、安徽四个部分，依次对应表 6 - 20 的列（1）至列（4），分别考察环境分权和环保督察组合政策实施后对环境污染的区域异质性影响。此外，本研究仅重点关注组合政策交叉项对环境污染的影响，未报告环境分权和环保督察单一政策和控制变量回归结果，具体结果见表 6 - 20。列（1）中，环境分权和环保督察组合政策的交叉项系数为 - 0.020，在 10% 的显著性水平下显著，表明在上海地区，政策组合发挥减排作用。列（2）和列（3）中，环境分权与环保督察组合政策的交叉项为正，但不显著，表明在江苏省和浙江省两地，组合政策对环境污染的影响不明显。可能的原因在于，江苏省和浙江省两地中环境分权与环保督察政策难以形成良性互补，无法明显改善当地的生态环境。列（4）中，组合政策的交互项系数为 0.347，且显著为正，表明环境分权与环保督察政策的组合实施将会加剧安徽省环境污染水平。可能的原因在于，随着环境分权与环保督察政策组合化实施，环境约束越发收紧，上海、江苏、浙江等地区将会加快产业转型升级步伐，安徽省将承接更多的污染型产业转移，环境污染加剧。

表 6 - 20 　　　　　　　环境分权与环保督察的政策组合的异质性分析

变量	(1)	(2)	(3)	(4)
	Poll	Poll	Poll	Poll
	FE	FE	FE	FE
Inter	- 0.020 * (- 2.19)	0.0005 (0.01)	0.015 (0.25)	0.347 *** (4.79)
常数项	0.097 ** (2.53)	0.241 *** (7.10)	0.104 * (1.66)	0.369 *** (6.74)

变量	(1)	(2)	(3)	(4)
	Poll	*Poll*	*Poll*	*Poll*
	FE	FE	FE	FE
控制变量	控制	控制	控制	控制
个体效应	控制	控制	控制	控制
时间效应	控制	控制	控制	控制
样本数	17	221	187	272
R^2	0.658	0.318	0.243	0.295

注：括号中为 t(z) 值；＊表示 $P < 0.1$，＊＊表示 $P < 0.05$，＊＊＊表示 $P < 0.01$。

三、空间溢出效应分析

经济社会中，经济个体之间并非完全独立，而是相互联系、相互作用的。长三角地区各城市间环境政策的实施也并非完全独立，环境分权与环保督察政策组合对环境污染的影响效应可能也存在空间关联性。因此，首先构建邻接权重矩阵，在此基础上，采用空间杜宾模型（SDM）度量空间溢出，具体结果见表 6-21。由表 6-21 可知，空间自回归系数均为正数，且通过 1% 的显著性检验，表明长三角地区环境分权与环保督察政策组合对环境污染存在空间相关性。列（1）和列（2）中，组合政策交叉项均为正，组合政策的空间滞后项为负，二者均不显著，表明环境分权与环保督察政策组合对环境污染既不存在降碳减排的直接影响，也不存在空间外溢的间接影响。值得注意的是，本研究结果为点估计结果，可能存在偏误，仍需以效应分解结果为准。

表 6 - 21 环境分权与环保督察政策组合的空间效应分析

变量	(1) SDM *Poll*	(2) SDM *Poll*
Inter	0. 014 (0. 18)	0. 050 (0. 68)
Ed	− 0. 007 (− 0. 56)	0. 002 (0. 18)
Es	− 0. 012 (− 0. 14)	− 0. 051 (− 0. 60)
W. Inter	− 0. 098 (− 0. 59)	− 0. 105 (− 0. 60)
W. Ed	0. 059 *** (3. 80)	0. 040 ** (2. 43)
W. Es	0. 053 (0. 30)	0. 094 (0. 53)
常数项	0. 143 *** (5. 70)	0. 158 *** (3. 80)
ρ 或 λ	0. 156 *** (3. 00)	0. 141 *** (2. 66)
控制变量	不控制	控制
样本数	697	697
R^2	0. 031	0. 088
Log-likelihood	701. 5097	721. 9005

注：括号中为 t(z) 值；* 表示 P < 0. 1，** 表示 P < 0. 05，*** 表示 P < 0. 01。

　　基于空间溢出效应研究，继续将环境分权与环保督察政策组合的影响分解为直接效应、间接效应和总效应，具体结果见表 6 - 22。由表 6 - 22 可知，三种效应中环境分权与环保督察政策组合的交叉项均不显著，表明长三角地区各城市实施环境分权与环保督察政策组合的减排效应不明显,同时对邻近地区也未产生空间溢出效应。

表 6 – 22　　　　　　　环境分权与环保督察政策组合的空间效应分解

变量	SDM		
	直接效应	间接效应	总效应
Inter	0.050 (0.69)	− 0.099 (− 0.52)	− 0.048 (− 0.29)
Ed	0.003 (0.27)	0.046 *** (2.69)	0.050 *** (3.22)
Es	− 0.046 (− 0.56)	0.080 (0.42)	0.034 (0.21)
控制变量	控制	控制	控制

注:括号中为 $t(z)$ 值; * 表示 $P < 0.1$, ** 表示 $P < 0.05$, *** 表示 $P < 0.01$。

四、稳健性检验

(一) 平行趋势检验

本部分对环境分权与环保督察政策的组合项做平行趋势检验,并绘制了平行趋势检验图,具体结果见图 6 – 6。其中,*Inter_1* 至 *Inter_7* 代表组合政策实施前第一年至第七年,*Inter0* 代表组合政策实施当年,*Inter1* 至 *Inter3* 代表组合政策实施后第一年至第三年。由图 6 – 6 可知,政策实施前后,点的位置均在水平线附近,且均不显著,说明平行趋势虽然成立,但组合政策的实施效果并不理想。

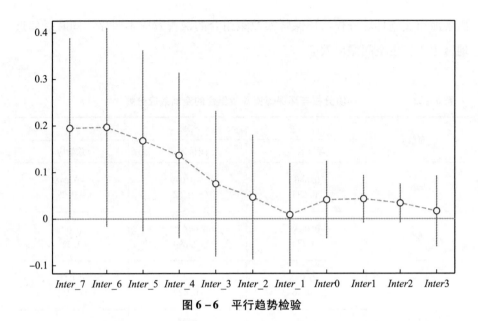

图 6 - 6　平行趋势检验

（二）倾向得分匹配 - 双重差分法（PSM-DID）和更换解释变量的稳健性检验

三重差分方法虽能有效克服内生性问题，识别环境分权与环保督察组合政策对环境污染的净效应，但在样本选择方面存在一定缺陷。组合政策实施的城市往往存在突出环境问题或政策执行不到位等情况，而未实施城市的环境质量相对较好，存在选择性偏误。而 PSM-DID 可以缓解因样本的非随机选择所带来的内生性问题。因此，本研究选择具有产业升级、技术与研发、城镇化水平、人力资本等相同特征的城市进行逐年匹配，使用 logit 来估计倾向得分，并基于倾向得分匹配数据进行回归，具体结果如表 6 - 23 中列（1）所示。列（1）是倾向得分匹配后环境分权与环保督察政策组合对环境污染的估计结果，组合政策的交叉项系数在 5% 显著性水平下为正，说明克服内生性干扰后，环境分权和环保督察政策组合实施将加剧环境污染。可能的原因在于，企业利用环境政策的寻租行为导致环境污染加剧。

表 6 - 23　　　　　　　　环境分权与环保督察政策组合的稳健性检验

变量	(1)	(2)	(3)
	Poll	*Poll*1	L. *Poll*1
	FE	FE	FE
Inter	0.042 * (1.96)	0.068 *** (3.01)	− 0.038 (− 1.51)
Ed	0.003 (0.19)	0.006 (0.93)	0.006 (0.81)
Eq	0.067 (1.48)	0.034 (1.30)	0.026 (1.13)
常数项	0.263 *** (7.05)	0.224 *** (10.86)	0.186 *** (8.44)
控制变量	控制	控制	控制
个体效应	控制	控制	控制
时间效应	控制	控制	控制
样本数	697	697	656
R^2	0.220	0.370	0.335

注：括号中为 t(z) 值；* 表示 P<0.1，** 表示 P<0.05，*** 表示 P<0.01。

现有文献对环境污染的表征方法较多，为验证基准回归结论的稳健性，本部分选择更换被解释变量环境污染的表征方法，以工业废水排放量、工业二氧化硫排放量、工业烟（粉）尘排放量为基础指标，运用熵值法计算出环境污染指数。需要说明的是，三废排放量均为负向指标，所以本部分对其进行了正向化处理，具体结果见表 6 - 23 的列（2）和列（3）。列（2）中，环境分权和环保督察组合政策的交叉项系数值为 0.068，在 1% 的显著性水平下显著，表明环境分权和环保督察政策组合化实施将加剧环境污染水平，验证 PSM-DID 的研究结果。考虑到政策实施的效果显现可能存在滞后性，本部分于列（3）中进一步考察环境分权与环保督察组合政策对滞后一期环境污染的影响，研究结果显示，组合政策交叉项为负，但不显著，表明考虑政策效果显现存在滞后性的情形下，组合政策的实施效果有所改善，但依旧无法明显降低环境污染水平。

第七节　环保立法与生态补偿政策组合的减排效应评估

一、基准回归

本部分使用控制时间和地区的双向固定效应模型，以评估环保立法和生态补偿组合政策的实施效果，控制变量为技术和研发、人力资本、产业升级和城镇化，结果如表 6 - 24 所示。列（1）和列（2）结果表明，无论是否加入控制变量，环保立法和生态补偿政策组合交叉项均显著为负，表明组合政策对环境污染具有显著抑制作用。观察对比表 5 - 11 中的模型 6、表 5 - 18 中的模型 6、表 6 - 24 中的列（2），可以发现，虽然生态补偿单一政策和组合政策的系数均为负，但生态补偿政策单一化实施的显著性水平远低于组合化实施的显著性水平，表明相较于单项环境政策，环保立法和生态补偿政策组合的减排效果更好。可能的原因在于，环保立法与生态补偿的环境治理政策组合可以解决环境治理主体责权不明晰、环境污染与治理的外部性等问题，进而提高环境治理成效。控制变量与前面基本一致，不再赘述。

表 6 - 24　　　　环保立法与生态补偿的政策组合的基准回归

变量	(1)	(2)
	Poll	*Poll*1
	FE	FE
Inter	- 0.028 * (- 1.73)	- 0.035 ** (- 2.09)

续表

变量	(1) Poll FE	(2) Poll1 FE
El	−0.009 (−0.50)	0.0005 (0.02)
Ec	−0.010 (−0.78)	−0.008 (−0.68)
Up		−0.176*** (−3.20)
Rd		0.133 (0.16)
Hr		−2.248*** (−3.23)
Urban		−0.231*** (−4.49)
常数项	0.139*** (11.53)	0.262*** (9.68)
个体效应	控制	控制
时间效应	控制	控制
样本数	697	697
R^2	0.163	0.210

注：括号中为 $t(z)$ 值；＊表示 $P<0.1$，＊＊表示 $P<0.05$，＊＊＊表示 $P<0.01$。

二、异质性分析

本部分进一步检验环保立法和生态补偿政策组合是否存在区域异质性，将长三角41个城市分为上海、江苏、浙江、安徽四个部分，依次对应表6－25的列（1）至列（4），进一步检验环保立法和生态补偿组合政策对长三角不同区域的影响。此外，本研究仅关注环保立法和生态补偿政策组合变量的系数值及显著性，其余不作关注，因此未报告单项政策和控制变量结果，具体见表6-25。列（1）和列（3）中组合政策交叉项均不显著，表明环保立法和生态补偿组合政策对上海市和浙江省的环境污染的无明显影响；列（2）中组合政策交叉项显著为正，表明环保立法和生态补偿政策组合实施将会加剧江苏省环境污染水平；列（4）中组合政策交叉项显著为负，表明环保立法和生态补偿政策组合实施将会降低安徽省环境污染水平。

表6-25 环保立法与生态补偿政策组合的异质性分析

变量	(1) Poll FE	(2) Poll FE	(3) Poll FE	(4) Poll FE
Inter	-0.011 (-1.63)	0.034** (2.53)	0.013 (0.35)	-0.091* (-1.83)
常数项	0.107** (2.70)	0.247*** (6.61)	0.108* (1.72)	0.355*** (6.32)
控制变量	控制	控制	控制	控制
个体效应	控制	控制	控制	控制
时间效应	控制	控制	控制	控制
样本数	17	204	187	272
R^2	0.571	0.353	0.242	0.320

注：括号中为t(z)值；*表示P<0.1，**表示P<0.05，***表示P<0.01。

三、空间溢出效应分析

为考察环保立法与生态补偿政策组合化实施对长三角地区环境污染的影响是否存在空间溢出效应，本部分基于邻接权重矩阵，采用空间杜宾模型（SDM）度量组合政策的空间效应，具体结果见表6-26。由表6-26可知，空间自回归系数均为正数，且通过 1% 的显著性检验，表明长三角地区环保立法与生态补偿政策组合对环境污染存在空间相关性。环保立法与生态补偿交叉项对环境污染的影响系数显著为负，政策组合的空间滞后项为负，但不显著，表明长三角环保立法与生态补偿政策组合有利于本地区环境污染水平的降低，对邻近地区环境污染水平的影响却不明显，即环保立法与生态补偿组合政策不存在空间外溢效应。值得注意的是，本研究结果为点估计结果，可能存在偏误，仍需以效应分解结果为准。

表 6-26　　　　　　环保立法与生态补偿政策组合的空间效应分析

变量	(1)	(2)
	SDM	SDM
	Poll	*Poll*
Inter	-0.030 * (-1.75)	-0.039 ** (-2.28)
El	-0.013 (-0.70)	0.006 (0.33)
Ec	0.003 (0.21)	0.007 (0.54)
W. Inter	-0.022 (-0.57)	-0.024 (-0.61)
W. El	0.047 (1.45)	0.046 (1.35)
W. Ec	0.019 (0.88)	0.020 (0.85)
常数项	0.135 *** (5.18)	0.120 *** (3.11)
ρ 或 λ	0.215 *** (4.34)	0.171 *** (3.30)
控制变量	不控制	控制

续表

变量	(1)	(2)
	SDM	SDM
	Poll	*Poll*
样本数	697	697
R²	0.003	0.068
Log-likelihood	695.1794	719.5775

注：括号中为 t(z) 值；∗表示 P<0.1，∗∗表示 P<0.05，∗∗∗表示 P<0.01。

基于上述的研究基础，将环保立法与生态补偿政策的影响分解为直接效应、间接效应和总效应，具体结果如表6-27所示。直接效应中，政策组合交叉项显著为负，表明环保立法与生态补偿政策组合能够降低本地区的环境污染水平；间接效应中，政策组合交叉项为负，但不显著，表明环保立法与生态补偿政策组合对邻近地区的环境污染水平无明显影响，即环保立法与生态补偿政策组合不存在空间外溢效应。

表6-27　　　　　环保立法与生态补偿政策组合的空间效应分解

变量	SDM		
	直接效应	间接效应	总效应
Inter	-0.040∗∗ (-2.24)	-0.033 (-0.73)	-0.072 (-1.48)
El	0.007 (0.38)	0.054 (1.36)	0.061 (1.37)
Ec	0.009 (0.70)	0.021 (0.82)	0.030 (1.07)
控制变量	控制	控制	控制

注：括号中为 t(z) 值；∗表示 P<0.1，∗∗表示 P<0.05，∗∗∗表示 P<0.01。

四、稳健性检验

（一）平行趋势检验

双重差分和三重差分的使用需要满足平行趋势假定。因此，在三重差分模型中，对环保立法与生态补偿组合政策做平行趋势检验，并绘制平行趋势检验图，具体结果见图 6 - 7。其中 $Inter\_2$ 代表组合政策实施前第二年，$Inter0$ 代表组合政策实施当年，$Inter1$ 至 $Inter7$ 代表组合政策实施后第一年至第七年。组合政策实施前，点的位置均在水平线附近，且未通过显著性检验，表明平行趋势检验通过。组合政策实施后第七年，组合政策交叉项变得显著，表明环保立法和生态补偿组合政策能够显著降低环境污染水平，验证前面的研究结论。

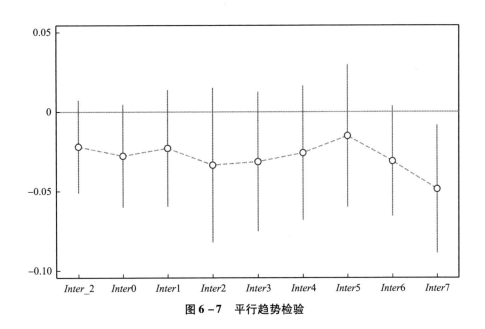

图 6 - 7 平行趋势检验

（二）安慰剂检验

本部分使用随机生成政策冲击时间的方法进行安慰剂检验，以减轻遗漏变量及自相关问题带来的影响。具体的做法是，随机抽取 41 个数据依次作为这 41 个城市的政策时间，并随机回归 500 次，最终得到基于虚构样本的估计系数分布，结果见图 6-8。由图 6-8 可知，估计系数集中在 0 值附近呈现正态分布，并且由于环保立法和生态补偿组合政策的基准回归估计系数位于正态分布的边缘，意味着在虚构的处理组样本中，环境分权与环保立法组合政策并没有发生实际作用，减排效果不明显，安慰剂检验通过，验证了前面研究结论的稳健性。

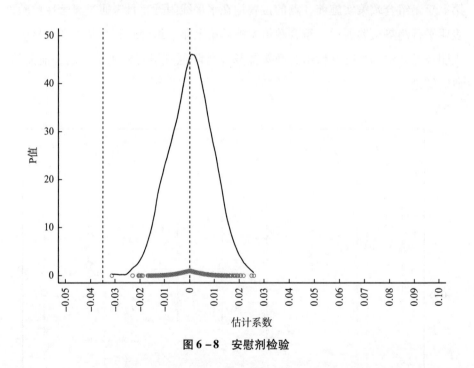

图 6-8　安慰剂检验

（三）倾向得分匹配 - 双重差分法（PSM-DID）和更换解释变量的稳健性检验

双重差分法和三重差分方法虽能有效克服内生性问题，识别环保立法与生态补偿组合政策对环境污染的净效应,但在样本选择方面存在一定缺陷。因此,本部分使用倾向得分匹配克服样本选择的非随机性,解决基准回归中实验组和控制组在实施组合政策前不完全具备共同趋势的问题。具体做法如下:首先,选择具有产业升级、技术与研发、城镇化水平、人力资本等相同特征的城市进行逐年匹配;其次,使用 logit 来估计倾向得分;最后,基于倾向得分匹配数据进行回归。鉴于组合政策实施绩效可能存在滞后性,因此本研究对环境污染变量进行滞后一期处理,分别研究环保立法与生态补偿组合政策对当期及滞后一期的环境污染的影响,具体结果如表 6 - 28 的列(1)和列(2)所示。列(1)中组合政策交叉项为负,但不显著;列(2)中组合政策交叉项为负,且在 5% 显著性水平下显著,表明环保立法与生态补偿组合政策能够降低环境污染水平,但这种影响具有滞后性。

表 6 – 28　　　　　环保立法与生态补偿政策组合的稳健性检验

变量	(1)	(2)	(3)	(4)
	Poll	L. *Poll*	*Poll*1	L. *poll*1
	FE	FE	FE	FE
Inter	− 0. 035 (− 1. 33)	− 0. 053 ** (− 2. 25)	− 0. 010 (− 0. 94)	− 0. 040 *** (− 3. 74)
El	0. 001 (0. 02)	− 0. 005 (− 0. 23)	0. 013 (1. 19)	0. 024 * (1. 95)
Ec	− 0. 008 (− 0. 72)	0. 002 (0. 13)	0. 008 (1. 05)	0. 013 (1. 62)
常数项	0. 262 *** (6. 61)	0. 211 *** (4. 84)	0. 217 *** (13. 15)	0. 180 *** (10. 02)
控制变量	控制	控制	控制	控制
个体效应	控制	控制	控制	控制
时间效应	控制	控制	控制	控制
样本数	697	656	697	656
R^2	0. 210	0. 213	0. 341	0. 336

注:括号中为 t(z) 值; * 表示 $P < 0.1$, ** 表示 $P < 0.05$, *** 表示 $P < 0.01$。

现有文献对环境污染的表征方法较多，为验证基准回归结论的稳健性，本部分对环境污染这一被解释变量进行更换，将工业废水排放量、工业二氧化硫排放量、工业烟（粉）尘排放量作为基础指标，运用熵值法计算出环境污染指数。此外，三废排放量指标均为负向指标，所以本部分对其进行了正向化处理，具体结果见表6-28的列（3）和列（4）。列（3）中，环保立法与生态补偿政策组合交叉项系数为-0.010，但不显著。考虑到政策实施的效果显现可能存在滞后性，本部分于列（4）中进一步考察环保立法与生态补偿组合政策的滞后效应，对环境污染指数进行滞后一期处理。列（4）中，组合政策交叉项系数为-0.040，在1%的显著性水平下显著，表明在更换被解释变量后，环保立法与生态补偿组合政策能够降低环境污染水平，但这种影响具有滞后性，该结论和PSM-DID结果一致。

第八节　环保立法与环保约谈政策组合的减排效应评估

一、基准回归

本部分使用控制时间和地区的双向固定效应模型，以评估环保立法和环保约谈组合政策实施效果，具体见表6-29。表6-29中，列（1）为不加入控制变量的回归结果，列（2）为加入控制变量的回归结果。列（1）和列（2）中，环保立法和环保约谈政策组合交叉项系数都在5%的显著性水平下显著为负，表明环保立法与环保约谈政策组合具有较强的减排效应。观察对比表5-11中的模型6、表5-25中的模型6、表6-29中的列（2）可以发现，相比单一政策的效果，环保立法和环保约谈政策组合的显著性更高，对环境污染的改善作用更好，意味着组合政策实施效果优于单一政策实施效果。可能的原因在于，生态环境部针对地方突出环境问题及环保政策执行不到位等情况对地方政府及其相关部门进行约谈，以软约束的方式促进地方环保治理政策的推行，推动地方环境治理质量的提升。环保立法可以解决环境治理主体责权不明晰的问题，以强约束的方式调动地方政府环境治理动力，推动地方政府建立健全生态文明建设考核机制，严格落实政府监管以及企业减排责任。因此，环保立法与环保约谈政策组合的良性互动可以进一步提高环境治理成效。控制变量与前面研究结果基本一致，不再赘述。

表 6 – 29　　　　　　　　　　环保立法与环保约谈政策组合的基准回归

变量	(1)	(2)
	Poll	Poll
	FE	FE
Inter	− 0. 065 ** (− 2. 26)	− 0. 065 ** (− 2. 31)
El	− 0. 022 (− 1. 40)	− 0. 018 (− 1. 17)
Eq	0. 102 *** (4. 49)	0. 103 *** (4. 63)
Up		− 0. 212 *** (− 4. 01)
Rd		− 0. 103 (− 0. 12)
Hr		− 2. 325 *** (− 3. 38)
Urban		− 0. 194 *** (− 3. 89)
常数项	0. 140 *** (11. 89)	0. 263 *** (9. 84)
个体效应	控制	控制
时间效应	控制	控制
样本数	697	697
R^2	0. 182	0. 228

注：括号中为 t(z) 值；* 表示 P < 0. 1，** 表示 P < 0. 05，*** 表示 P < 0. 01。

二、异质性分析

本部分进一步检验环保立法和环保约谈政策组合是否存在区域异质性，将长三角 41 个城市分为上海、江苏、浙江、安徽四个部分，依次对应表 6 - 30 的列（1）至列（4），进一步检验环保立法和环保约谈组合政策对长三角不同区域的影响。此外，本研究仅关注环保立法和环保约谈政策组合变量的系数值及显著性，其余不作关注，因此未报告单项政策和控制变量结果，具体见表 6 - 30。列（1）至列（4）中，环保立法和环保约谈政策组合的交叉项系数均不显著，表明政策组合对上海、江苏、浙江、安徽等地区的环境污染均无明显影响。可能的原因在于，这些地区的环保立法和生态补偿政策协调互动程度较低，难以应对目前处于攻坚期的环境污染问题。

表 6 - 30　　　　　　环保立法与环保约谈政策组合的异质性分析

变量	（1）	（2）	（3）	（4）
	Poll	*Poll*	*Poll*	*Poll*
	FE	FE	FE	FE
Inter	- 0.007 （- 0.62）	0.035 （1.48）	0.061 （0.62）	- 0.087 （- 1.46）
常数项	0.128 *** （3.14）	0.254 *** （6.96）	0.115 * （1.79）	0.375 *** （7.17）
控制变量	控制	控制	控制	控制
个体效应	控制	控制	控制	控制
时间效应	控制	控制	控制	控制
样本数	17	204	187	272
R^2	0.485	0.336	0.246	0.366

注：括号中为 t(z) 值；* 表示 P < 0.1，** 表示 P < 0.05，*** 表示 P < 0.01。

三、空间溢出效应分析

为考察环保立法与环保约谈政策组合化实施对长三角地区环境污染的影响是否存在空间溢出效应，本部分基于邻接权重矩阵，采用空间杜宾模型（SDM）度量组合政策的空间效应，具体结果见表6-31。由表6-31可知，空间自回归系数均为正数，且通过1%的显著性检验，表明长三角地区环保立法与环保约谈政策组合对环境污染存在空间相关性。环保立法与环保约谈组合政策交叉项系数显著为负，政策组合的空间滞后项为正，但不显著，表明长三角环保立法与环保约谈政策组合利于本地区环境污染水平的降低，对邻近地区环境污染水平的影响却不明显，即环保立法与环保约谈组合政策不存在空间外溢效应。值得注意的是，本研究结果为点估计结果，可能存在偏误，仍需以效应分解结果为准。

表6-31　　　　　环保立法与环保约谈政策组合的空间效用分析

变量	(1)	(2)
	SDM	SDM
	Poll	*Poll*
Inter	-0.065** (-2.21)	-0.070** (-2.37)
El	-0.019 (-1.23)	-0.010 (-0.62)
Eq	0.097*** (4.21)	0.102*** (4.45)
W. Inter	0.093 (1.41)	0.082 (1.20)
W. El	0.028 (1.19)	0.007 (0.26)

变量	（1） SDM *Poll*	（2） SDM *Poll*
W. Eq	－0. 125 ** （－2. 55）	－0. 072 （－1. 40）
常数项	0. 137 *** （5. 34）	0. 155 *** （0. 041）
ρ 或 λ	0. 233 *** （4. 78）	0. 195 *** （3. 83）
控制变量	不控制	控制
样本数	697	697
R²	0. 005	0. 089
Log-likelihood	708. 2560	728. 4217

注：括号中为 t(z) 值；* 表示 P < 0.1，** 表示 P < 0.05，*** 表示 P < 0.01。

基于上述研究基础，将环保立法与环保约谈政策组合的影响效应分解为直接效应、间接效应和总效应。分解结果如表 6 - 32 所示，直接效应中，政策组合交叉项显著为负，表明环保立法与环保约谈政策组合能够降低本市环境污染水平；间接效应中，组合政策交叉项为正，但不显著，表明环保立法与环保约谈政策组合对邻近地区的环境污染水平无明显影响，即环保立法与环保约谈政策组合不存在空间外溢效应。

表6 - 32　　　　环保立法与环保约谈政策组合的空间效应分解

变量	SDM		
	直接效应	间接效应	总效应
Inter	－0. 065 ** （－2. 11）	0. 088 （1. 07）	0. 023 （0. 24）

变量	SDM		
	直接效应	间接效应	总效应
El	−0.011 (−0.67)	0.006 (0.20)	−0.005 (−0.14)
Eq	0.101 *** (4.28)	−0.068 (−1.10)	0.033 (0.45)
控制变量	控制	控制	控制

注：括号中为 t(z) 值； * 表示 P<0.1， ** 表示 P<0.05， *** 表示 P<0.01。

四、稳健性检验

（一）平行趋势检验

双重差分和三重差分的使用需要满足平行趋势假定。因此，在三重差分模型中，对环保立法与环保约谈组合政策做平行趋势检验，并绘制平行趋势检验图，具体结果见图 6-9。其中，*Inter_1* 至 *Inter_8* 代表组合政策实施前第一年至第八年，*Inter*0 代表组合政策实施当年，*Inter*1 代表组合政策实施后第一年。组合政策实施前，点的位置均在水平线附近，且未通过显著性检验，表明平行趋势检验通过。组合政策实施当年，点的位置偏离水平线，组合政策交叉项变得显著，表明环保立法与环保约谈组合政策能够显著降低环境污染水平，验证了前面的研究结论。

（二）安慰剂检验

为了排除不可观测因素对基准估计造成的干扰，本部分使用随机生成政策时点的方法进行安慰剂检验。将数据按照城市分组，随机抽取一个年份作为其政策实施时间，重新进行回归，并重复实验500次。通过 Stata 软件进行安慰剂检验的图形绘制，绘制结果如图 6-10 所示，500 次随机试验的组合政

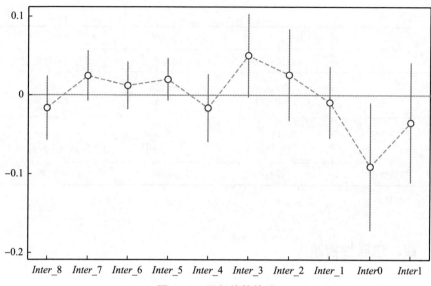

图 6 - 9   平行趋势检验

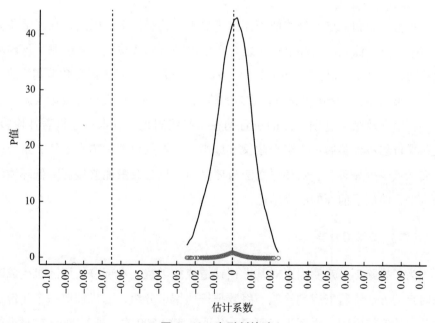

图 6 - 10   安慰剂检验

策交叉项系数值和 P 值均以正态分布形式集中分布在零附近，并且环保立法和环保约谈组合政策基准回归的估计系数是明显的异常值，表明虚构的处理组样本中，组合政策没有发生实际作用，安慰剂检验通过，增强了研究结论的稳健性。

（三）倾向得分匹配－双重差分法（PSM-DID）和更换解释变量的稳健性检验

三重差分方法虽能有效克服内生性问题，识别环保约谈和环保立法组合政策对环境污染的净效应，但在样本选择方面存在一定缺陷。组合政策实施的城市往往存在突出环境问题或政策执行不到位等情况，而未实施政策城市的环境质量相对较好，样本选择不完全满足随机性假设，即存在选择性偏误。而 PSM-DID 可以缓解因样本的非随机选择所带来的内生性问题。因此，本研究选择具有产业升级、技术与研发、城镇化水平、人力资本等相同特征的城市进行逐年匹配，使用 logit 来估计倾向得分，并基于匹配后数据进行回归，具体结果如表 6－33 中列（1）所示。可以发现，组合政策的交叉项系数在 5% 显著性水平下显著为负，说明环保约谈和环保立法政策组合实施确实能够抑制环境污染，验证了前面结论的稳健性。

表 6－33　　　　环保约谈与环保立法政策组合的稳健性检验

变量	(1)	(2)
	Poll	*Poll*1
	FE	FE
Inter	－0.065 ** (－2.31)	－0.035 ** (－2.02)
El	－0.018 (－1.17)	0.013 (1.35)
Eq	0.103 *** (4.63)	0.050 *** (3.70)

续表

变量	(1)	(2)
	Poll	*Poll*1
	FE	FE
常数项	0.263 *** (9.84)	0.216 *** (13.26)
控制变量	控制	控制
个体效应	控制	控制
时间效应	控制	控制
样本数	697	697
R^2	0.228	0.354

注：括号中为 $t(z)$ 值；* 表示 $P < 0.1$，** 表示 $P < 0.05$，*** 表示 $P < 0.01$。

为进一步验证基准回归结论的稳健性，本部分选择更换被解释变量环境污染的表征方法，将工业废水排放量、工业二氧化硫排放量、工业烟（粉）尘排放量作为基础指标，运用熵值法计算出环境污染指数。此外，三废排放量指标均为负向指标，所以本部分对其进行了正向化处理，具体结果见表 6-33 的列（2）。列（2）中，环保约谈和环保立法组合政策的交叉项系数值为 -0.035，在 5% 的显著性水平下显著，表明环保约谈和环保立法政策组合化实施将减轻环境污染水平，验证了前面结论的稳健性。

第九节　环保立法与环保督察政策组合的减排效应评估

一、基准回归

本部分使用控制时间和地区的双向固定效应模型，以评估环保立法和环保督察组合政策组合的实施效果，同时，鉴于组合政策绩效可能存在滞后性，因此对环境污染进行滞后一期和滞后两期处理，具体结果见表6-34。其中，列（1）和列（2）分别表示不加入控制变量和加入控制变量时组合政策对当期环境污染的影响，列（3）和列（4）分别表示不加入控制变量和加入控制变量时组合政策对滞后一期环境污染的影响，列（5）和列（6）分别表示不加入控制变量和加入控制变量时组合政策对滞后两期环境污染的影响。观察列（1）至列（6）可以发现，随着环境污染滞后期数的增加，组合政策交叉项的系数值逐渐增大，显著性逐渐增强，表明环保立法与环保督察政策组合能够降低环境污染水平，但此种影响存在滞后性。可能的原因在于，一方面，环保督察是中央应对地方突出环境问题的一种督察制度，不仅针对已形成的环境违法违规行为，也着重预警地方突出的环境隐患，保障环境治理成效。另一方面，环保立法通过立法的形式推动环境保护工作的进行，解决环境治理主体责权不明晰等问题，以强约束的方式调动地方政府环境治理动力，推动地方政府建立健全生态文明建设考核机制，严格落实政府监管以及企业减排责任。因此，环保立法与环保督察相结合的环境治理政策通过污染治理前的法律制度，以及环境保护过程中对不作为和乱作为行为的监督，进一步提高环境治理成效。控制变量与前面研究结论基本一致，不再赘述。

表6-34　　　　　　　　环保立法与环保督察政策组合的基准回归

变量	（1）	（2）	（3）	（4）	（5）	（6）
	$Poll$	$Poll$	L. $Poll$	L. $Poll$	L2. $Poll$	L2. $Poll$
	FE	FE	FE	FE	FE	FE
$Inter$	-0.018 (-1.06)	-0.023 (-1.37)	-0.024 (-1.44)	-0.029* (-1.68)	-0.040** (-2.38)	-0.045*** (-2.61)
El	-0.021 (-1.22)	-0.014 (-0.79)	-0.033* (-1.84)	-0.026 (-1.38)	-0.026 (-1.37)	-0.016 (-0.78)
Es	0.034 (1.29)	0.038 (1.49)	-0.041 (-1.57)	-0.037 (-1.44)	-0.024 (-0.92)	-0.018 (-0.71)

续表

变量	(1) Poll FE	(2) Poll FE	(3) L. Poll FE	(4) L. Poll FE	(5) L2. Poll FE	(6) L2. Poll FE
Up		-0.205 *** (-3.82)		-0.205 *** (-3.70)		-0.179 *** (-3.15)
Rd		0.124 (0.15)		1.213 (1.35)		2.455 *** (2.66)
Hr		-2.249 *** (-3.22)		-1.185 (-1.42)		-1.211 (-1.34)
Urban		-0.211 *** (-4.13)		-0.126 ** (-2.40)		-0.043 (-0.79)
常数项	0.140 *** (11.66)	0.263 *** (9.69)	0.144 *** (11.89)	0.215 *** (7.38)	0.143 *** (11.75)	0.171 *** (5.55)
个体效应	控制	控制	控制	控制	控制	控制
时间效应	控制	控制	控制	控制	控制	控制
样本数	697	697	656	656	615	615
R²	0.157	0.205	0.180	0.207	0.194	0.220

注：括号中为t(z)值；* 表示 P<0.1，** 表示 P<0.05，*** 表示 P<0.01。

二、异质性分析

长三角41个城市在地理和经济等方面存在差异，可能导致环保立法与环保督察的政策组合的减排效应存在区域异质性。鉴于此，本部分按照省份将长三角41个城市分为上海、江苏、浙江、安徽四个部分，依次对应表6-35的列（1）和列（2）、列（3）和列（4）、列（5）和列（6）、列（7）和列（8）分别考察环保立法与环保督察组合政策实施后对当期及滞后两期环境污染的区域异质性影响。此外，本研究仅重点关注组合政策交叉项对环境污染的影响，未报告环保立法与环保督察单一政策和控制变量回归结果，具体结果见

表6–35。列（1）和列（2）中，环保立法与环保督察交叉项对环境污染的影响系数分别为–0.008和0.013，均不显著，表明政策组合对上海市的环境污染无明显影响。列（3）和列（4）中，环保立法与环保督察组合政策的交叉项系数分别为–0.040和0.034，显著性水平分别为1%和5%，表明政策组合将会加剧江苏省的环境污染。列（5）和列（6）中，环保立法与环保督察组合政策的交叉项系数分别为0.007和–0.030，均不显著，表明政策组合对浙江省的环境污染无明显影响，但存在改善生态环境的趋势。列（7）和列（8）中，环保立法与环保督察组合政策的交叉项系数分别为–0.068和–0.099，显著性水平分别为不显著和10%，表明政策组合能够降低安徽省的环境污染水平，但此种影响存在滞后性。

表6–35　　　　　　　　环保立法与环保督察政策组合的异质性分析

变量	(1)	(2)	(3)	(4)	(5)	(6)	(7)	(8)
	Poll	L2. Poll	Poll	L2. Poll	Poll	L2. Poll	Poll	L2. Poll
	FEF	FE	FE	FE	FE	FE	FE	FE
Inter	–0.008 (–0.76)	0.013 (1.34)	0.040*** (2.67)	0.034** (2.16)	0.007 (0.25)	–0.030 (–0.97)	–0.068 (–1.34)	–0.099* (–1.89)
常数项	0.120** (2.80)	0.143 (1.63)	0.252*** (7.03)	0.120*** (2.88)	0.108* (1.71)	–0.016 (–0.23)	0.363*** (6.49)	0.227*** (3.35)
控制变量	控制	控制	控制	控制	控制	控制	控制	控制
个体效应	控制	控制	控制	控制	控制	控制	控制	控制
时间效应	控制	控制	控制	控制	控制	控制	控制	控制
样本数	17	15	204	180	187	165	272	240
R²	0.493	0.618	0.354	0.328	0.242	0.260	0.315	0.296

注：括号中为t(z)值；*表示P<0.1，**表示P<0.05，***表示P<0.01。

三、空间溢出效应分析

为考察环保立法与环保督察政策组合实施对长三角地区环境污染的影响

是否存在空间溢出效应，本部分基于邻接权重矩阵，采用空间杜宾模型（SDM）度量组合政策的空间效应，具体结果见表6-36。由表6-36可知，空间自回归系数均为正数，且通过1%的显著性检验，表明长三角地区环保立法与环保督察政策组合对环境污染存在空间相关性。列（1）中，未加入控制变量时组合政策交叉项系数为负，但不显著，组合政策的空间滞后项为正，也不显著；列（2）中，加入控制变量时组合政策交叉项系数显著为负，组合政策的空间滞后项为正，但不显著，表明长三角实施环保立法与环保督察政策组合，有利于本地区环境污染水平的降低，对邻近地区环境污染水平的影响却不明显，即环保立法与环保督察组合政策不存在空间外溢效应。值得注意的是，本研究结果为点估计结果，可能存在偏误，仍需以效应分解结果为准。

表6-36　　　　　环保立法与环保督察政策组合的空间效应分析

变量	(1) SDM Poll	(2) SDM Poll
Inter	-0.028 (-1.57)	-0.036** (-2.04)
El	-0.015 (-0.87)	-0.001 (-0.04)
Es	0.015 (0.27)	0.009 (0.17)
W. Inter	0.001 (0.05)	0.008 (0.24)
W. El	0.050* (1.87)	0.028 (0.96)
W. Es	-0.015 (-0.26)	0.024 (0.41)

续表

变量	（1）	（2）
	SDM	SDM
	Poll	*Poll*
常数项	0.135 *** （5.18）	0.150 *** （3.52）
ρ 或 λ	0.214 *** （4.31）	0.174 *** （3.37）
控制变量	不控制	控制
样本数	697	697
R²	0.010	0.090
Log-likelihood	694.7832	719.3811

注：括号中为 t(z) 值；* 表示 P<0.1，** 表示 P<0.05，*** 表示 P<0.01。

基于上述空间溢出效用研究，继续将环保立法与环保督察政策组合的影响效应分解为直接效应、间接效应和总效应，具体结果如表6-37所示。直接效应中，政策组合交叉项显著为负，表明环保立法与环保督察政策组合抑制了本市环境污染水平；间接效应中，组合政策交叉项为正，但不显著，表明环保立法与环保督察政策组合对邻近地区的环境污染水平无明显影响，即环保立法与环保督察政策组合不存在空间外溢效应。

表6-37 　　　　　环保立法与环保督察政策组合的空间效应分解

变量	SDM		
	直接效应	间接效应	总效应
Inter	-0.035 * （-1.95）	0.005 （0.14）	-0.030 （-0.69）
El	-0.001 （-0.03）	0.032 （0.93）	0.031 （0.80）

变量	SDM		
	直接效应	间接效应	总效应
Es	0.015 (0.30)	0.022 (0.40)	0.037 (1.35)
控制变量	控制	控制	控制

注：括号中为 t(z) 值；* 表示 P < 0.1，** 表示 P < 0.05，*** 表示 P < 0.01。

四、稳健性检验

(一) 平行趋势检验

本部分对环保立法与环保督察政策组合项做平行趋势检验，并绘制了平行趋势检验图，具体结果见图 6 – 11，*Inter_2* 至 *Inter_6* 代表组合政策实施前第二年至第六年，*Inter*0 代表组合政策实施当年，*Inter*1 至 *Inter*3 代表实施后第一年至第三年。由图 6 – 11 可知，政策实施前，点的位置在水平线附近，且均不显著，说明平行趋势检验成立。组合政策实施当年，点的位置逐渐偏离水平线，组合政策交叉项变得显著，表明环保立法与环保督察组合政策能够显著降低环境污染水平，验证了前面的研究结论。

(二) 安慰剂检验

本部分使用随机生成政策冲击时间的方法进行安慰剂检验，以减轻遗漏变量及自相关问题带来的影响。具体的做法是，随机抽取 41 个数据依次作为这 41 个城市的政策时间，并随机回归 500 次，最终得到基于虚构样本的估计系数分布，结果见图 6 – 12。由图 6 – 12 可知，估计系数集中在 0 值附近呈现正态分布，并且由于环保立法和生态补偿组合政策的基准回归估计系数位于正态分布的边缘，意味着在虚构的处理组样本中，环保立法与环保督察组合政策并没有发生实际作用，减排效果不明显，安慰剂检验通过，验证了前面研究结论的稳健性。

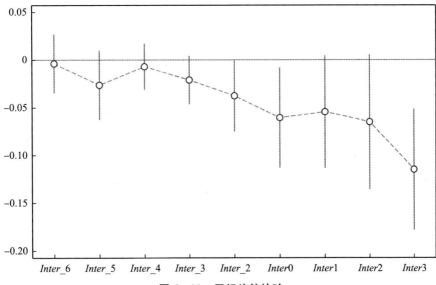

图 6 – 11　平行趋势检验

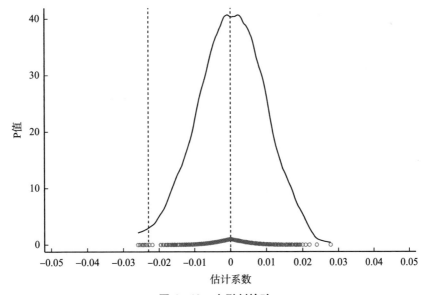

图 6 – 12　安慰剂检验

（三）倾向得分匹配－双重差分法（PSM-DID）和更换解释变量的稳健性检验

环保立法与环保督察政策组合的减排效应研究中，仍可能存在内生性的问题。具体来说，政策组合与环境污染之间可能存在反向因果关系：由于环保督察和环保立法的城市往往存在突出的环境问题，未被督察和立法的城市的环境状况相对较好，样本选取并非随机，即存在选择性偏误。因此，我们使用 PSM-DID 进行稳健性检验，考虑到组合政策实施效果的显现可能存在一定滞后性，本研究对环境污染变量进行滞后一期处理，分别研究环保立法与环保督察组合政策对当期及滞后一期的环境污染的影响，具体结果如表 6－38 的列（1）和列（2）所示。列（1）中组合政策交叉项为负，但不显著；列（2）中政策组合系数显著为负，表明环保立法与环保督察组合政策能够降低环境污染水平，但这种影响具有滞后性。

表 6－38 　　　　　　环保立法与环保督察组合政策的稳健性检验

变量	(1)	(2)	(3)	(4)
	Poll	L. *Poll*	*Poll*1	L. *Poll*1
	FE	FE	FE	FE
Inter	−0.023 (−1.37)	−0.029* (−1.68)	−0.001 (−0.09)	−0.028*** (−2.66)
El	−0.014 (−0.79)	−0.026 (−1.38)	0.010 (0.92)	0.014 (1.22)
Es	0.038 (1.49)	−0.037 (−1.44)	0.072*** (4.68)	−0.046*** (−2.88)
常数项	0.263*** (9.69)	0.215*** (7.38)	0.217*** (13.39)	0.183*** (10.21)
控制变量	控制	控制	控制	控制
个体效应	控制	控制	控制	控制

变量	（1）	（2）	（3）	（4）
	Poll	L. *Poll*	*Poll*1	L. *Poll*1
	FE	FE	FE	FE
时间效应	控制	控制	控制	控制
样本数	697	656	697	656
R^2	0.205	0.207	0.362	0.343

注：括号中为 t（z）值；＊表示 P＜0.1，＊＊表示 P＜0.05，＊＊＊表示 P＜0.01。

为了缓解度量偏差对回归结果产生的影响，本部分通过更换环境污染的衡量指标，进一步验证结论的稳健性。具体做法是，首先以工业废水排放量、工业二氧化硫排放量、工业烟（粉）尘排放量作为基础指标，然后运用熵值法计算出环境污染指数。此外，三废排放量指标均为负向指标，所以本部分对其进行了正向化处理，此时若环境污染指数数值越大，代表环境污染越严重，具体结果见表 6-38 的列（3）和列（4）。列（3）中，环保立法与环保督察政策组合交叉项系数为 -0.001，但不显著。考虑到政策实施的效果显现可能存在滞后性，本部分于列（4）中进一步考察环保立法与环保督察组合政策的滞后效应，对环境污染指数进行滞后一期处理。列（4）中，组合政策交叉项系数为 -0.028，且在 1% 的显著性水平下显著，表明在更换被解释变量后，环保立法与环保督察组合政策能够降低环境污染水平，但这种影响具有滞后性，该结论和 PSM-DID 结果一致。

第十节　生态补偿与环保约谈政策组合的减排效应评估

一、基准回归

本部分使用控制时间和地区的双向固定效应模型，以评估生态补偿和环保约谈组合政策的实施效果，具体见表 6 - 39。列（1）和列（2）中，无论是否加入控制变量，生态补偿和环保约谈政策组合交叉项系数均显著为负，表明生态补偿与环保约谈政策组合能够明显改善长三角整体的生态环境质量。观察对比表 5 - 18 中的模型 6、表 5 - 25 中的模型 6、表 6 - 39 中的列（2）可以发现，与单一政策的结果相比，生态补偿和环保约谈两种政策相互组合实施显著性更高，对环境污染的抑制作用更好，表明组合政策实施效果优于单一政策实施效果。可能的原因在于，生态补偿是通过经济性的手段，缓解环境污染与治理的外部性难题，激发环境有关主体的环境保护积极性。环保约谈则通过中央对地方政府或企业有关环境突出问题进行约谈，以软约束的方式强化对地方政府环境治理行为监督。生态补偿和环保约谈的组合政策，能够有效地结合补偿机制和监督机制，降低长三角地区环境污染水平。控制变量与前面基本一致，不再赘述。

表 6 - 39　　　　　　生态补偿与环保约谈政策组合的基准回归

变量	(1)	(2)
	Poll	Poll
	FE	FE
Inter	-0.217^{***} (-4.34)	-0.215^{***} (-4.40)
Ec	-0.020^{*} (-1.91)	-0.019^{*} (-1.75)
Eq	0.262^{***} (5.51)	0.260^{***} (5.59)
Up		-0.204^{***} (-3.85)
Rd		-0.183 (-0.23)

续表

变量	（1）	（2）
	Poll	*Poll*
	FE	FE
Hr		−2.342 *** （−3.45）
Urban		−0.197 *** （−4.00）
常数项	0.137 *** （11.98）	0.262 *** （10.01）
个体效应	控制	控制
时间效应	控制	控制
样本数	697	697
R²	0.201	0.247

注：括号中为 t(z) 值；* 表示 P<0.1，** 表示 P<0.05，*** 表示 P<0.01。

二、异质性分析

长三角 41 个城市在地理和经济等方面存在差异，可能导致生态补偿与环保约谈的政策组合的减排效应存在区域异质性。鉴于此，本部分按照省份将长三角 41 个城市分为上海、江苏、浙江、安徽四个部分，依次对应表 6－40 的列（1）至列（4），分别考察生态补偿与环保约谈组合政策实施后对环境污染的区域异质性影响。此外，本研究仅重点关注组合政策交叉项对环境污染的影响，未报告生态补偿与环保约谈单一政策和控制变量的回归结果，具体结果见表 6－40。列（1）中，生态补偿与环保约谈组合政策的交叉项系数为−0.006，但不显著，表明组合政策能够减轻上海市环境污染水平，但此种影响不显著；列（2）和列（3）中，生态补偿与环保约谈组合政策的交叉项分别为 0.003 和 0.023，但均不显著，表明组合政策对江苏省和浙江省两地的环境污染水平的影响不明显。可能的原因在于，上海市、江苏省和浙江省等地区生态补偿与环保约谈政策难以形成良性互补，无法明显改善当地的生态环境；列（4）中，组合政策的交互项系数为－0.162，在5%的显著性水平下显著，表明生态补偿与环保约谈政策的组合实施显著抑制了安徽省环境污染。

表6-40　　　　　　　生态补偿与环保约谈政策组合的异质性分析

变量	（1）	（2）	（3）	（4）
	Poll	Poll	Poll	Poll
	FE	FE	FE	FE
Inter	－0.006 （－0.60）	0.003 （0.22）	0.023 （0.53）	－0.162 ** （－2.27）
常数项	0.105 ** （2.56）	0.253 *** （6.65）	0.105 * （1.68）	0.373 *** （7.09）
控制变量	控制	控制	控制	控制
个体效应	控制	控制	控制	控制
时间效应	控制	控制	控制	控制
样本数	17	204	187	272
R^2	0.586	0.328	0.240	0.363

注：括号中为t(z)值；＊表示P＜0.1，＊＊表示P＜0.05，＊＊＊表示P＜0.01。

三、空间溢出效应分析

为考察生态补偿与环保约谈政策组合化实施对长三角地区环境污染的影响是否存在空间溢出效应，本部分基于邻接权重矩阵，采用空间杜宾模型（SDM）度量组合政策的空间效应，具体结果见表6-41。由表6-41的列（1）和列（2）可知，空间自回归系数均为正数，且通过1%的显著性检验，表明长三角地区生态补偿与环保约谈政策组合对环境污染存在空间相关性。生态补偿与环保约谈组合政策交叉项系数均显著为负，政策组合的空间滞后项为负，但不显著，表明长三角生态补偿与环保约谈政策组合有利于本地区环境污染水平的降低，对邻近地区环境污染水平的影响却不明显，即生态补偿与环保约谈组合政策不存在空间外溢效应。值得注意的是，本研究结果为点估计结果，可能存在偏误，仍需以效应分解结果为准。

表 6-41　　　　生态补偿与环保约谈政策组合的空间效应分析

变量	(1) SDM Poll	(2) SDM Poll
Inter	-0.236*** (-4.60)	-0.236*** (-4.69)
Ec	-0.008 (-0.64)	-0.005 (-0.41)
Eq	0.280*** (5.72)	0.282*** (5.87)
W.Inter	-0.075 (-0.48)	-0.111 (-0.71)
W.Ec	0.015 (1.04)	0.009 (0.56)
W.Eq	0.012 (0.08)	0.091 (0.59)
常数项	0.139*** (5.62)	0.158*** (3.99)
ρ 或 λ	0.222*** (4.54)	0.183*** (3.61)
控制变量	不控制	控制
样本数	697	697
R^2	0.023	0.110
Log-likelihood	710.9926	735.2930

注：括号中为 t(z) 值；* 表示 P<0.1，** 表示 P<0.05，*** 表示 P<0.01。

基于政策组合的空间效应分析，本部分进一步将生态补偿与环保约谈政策组合的影响效应分解为直接效应、间接效应和总效应，具体结果如表6-42所示。直接效应中，政策组合交叉项显著为负，表明生态补偿与环保约谈政策组合显著抑制本地区环境污染；间接效应中，政策组合交叉项为负，但不显著，表明生态补偿与环保约谈政策组合对邻近地区的环境污染水平无明显影响，即生态补偿与环保约谈政策组合不存在空间外溢效应；总效应中，政策组合交叉项显著为负，表明生态补偿与环保约谈政策组合对本地区和邻近地区的平均影响效应表现为环境改善作用。

表6-42 生态补偿与环保约谈政策组合的空间效应分解

变量	SDM		
	直接效应	间接效应	总效应
Inter	-0.241 *** (-4.56)	-0.167 (-0.92)	-0.408 ** (-2.04)
Ec	-0.005 (-0.45)	0.010 (0.58)	0.005 (0.30)
Eq	0.288 *** (5.70)	0.152 (0.84)	0.440 ** (2.21)
控制变量	控制	控制	控制

注：括号中为 $t(z)$ 值；* 表示 $P<0.1$，** 表示 $P<0.05$，*** 表示 $P<0.01$。

四、稳健性检验

（一）平行趋势检验

双重差分和三重差分的使用需要满足平行趋势假定。因此，在三重差分模型中，对生态补偿与环保约谈政策组合做平行趋势检验，并绘制平行趋势检验图，具体结果见图6-13。*Inter_1* 至 *Inter_8* 代表组合政策实施前第一年至第八年，$Inter0$ 代表组合政策实施当年，$Inter1$ 代表组合政策实施后第一年。政策实施前，点的位置均在水平线附近，且未通过显著性检验，表明平行趋势检验通过。组合政策实施当年，点的位置逐渐偏离水平线，组合政策交叉项显著为负，表明生态补偿与环保约谈组合政策有助于降低长三角地区环境污染水平，验证了前面的研究结论。

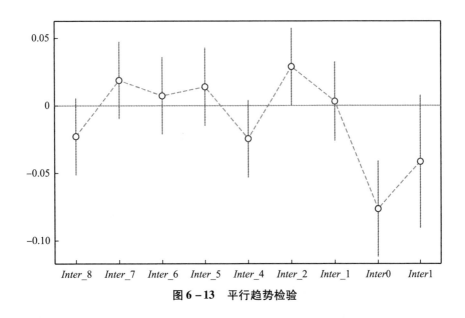

图 6-13　平行趋势检验

（二）安慰剂检验

本部分使用随机生成政策冲击时间的方法进行安慰剂检验，以减轻遗漏变量及自相关问题带来的影响。具体的做法是，随机抽取 41 个数据依次作为这 41 个城市的政策时间，并随机回归 500 次，最终得到基于虚构样本的估计系数分布，结果见图 6-14。由图 6-14 可知，估计系数集中在 0 值附近呈现正态分布，并且由于生态补偿与环保约谈组合政策的基准回归估计系数偏离于正态分布的中心，表明虚构的处理组样本中，组合政策没有发生实际作用，安慰剂检验通过，证实了研究结论的稳健性。

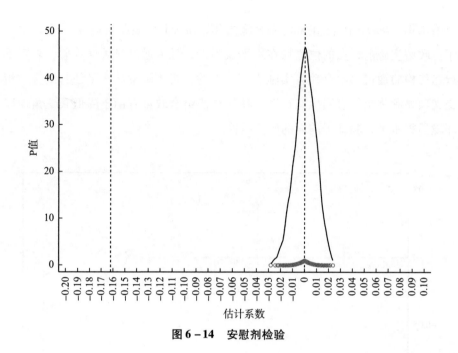

图 6 – 14　安慰剂检验

（三）倾向得分匹配 – 双重差分法（PSM-DID）和更换解释变量的稳健性检验

　　双重差分法和三重差分方法虽能有效克服内生性问题，识别生态补偿与环保约谈组合政策对环境污染的净效应，但在样本选择方面存在一定缺陷，样本选择不完全满足随机性假设，存在选择性偏误。而 PSM-DID 可以缓解因样本的非随机选择所带来的内生性问题。因此，本研究选择具有产业升级、技术与研发、城镇化水平、人力资本等相同特征的城市进行逐年匹配，使用 logit 来估计倾向得分，并基于倾向得分匹配数据进行回归，具体结果如表 6 – 43 中列（1）所示。列（1）是倾向得分匹配后生态补偿与环保约谈政策组合对环境污染的估计结果，组合政策的交叉项系数在 1% 显著性水平下显著为负，表明生态补偿与环保约谈政策组合实施确实能够降低环境污染水平，验证了前面的研究结论。

表 6 - 43　　　　　　生态补偿与环保约谈政策组合的稳健性检验

变量	（1）	（2）	（3）
	Poll	*Poll*1	L. *Poll*1
	FE	FE	FE
Inter	- 0.215 *** (- 6.97)	- 0.129 *** (- 4.31)	- 0.060 * (- 1.92)
Ec	- 0.019 (- 1.64)	0.008 (1.30)	- 0.0004 (- 0.05)
Eq	0.260 *** (19.90)	0.146 *** (5.15)	0.080 *** (2.69)
常数项	0.262 *** (6.88)	0.220 *** (13.77)	0.185 *** (10.41)
控制变量	控制	控制	控制
个体效应	控制	控制	控制
时间效应	控制	控制	控制
样本数	697	697	656
R^2	0.247	0.368	0.332

注：括号中为 t(z) 值；* 表示 $P < 0.1$，** 表示 $P < 0.05$，*** 表示 $P < 0.01$。

　　为了缓解度量偏差对回归结果产生的影响，本部分通过更换环境污染指标，进一步验证结论的稳健性。利用工业废水排放量、工业二氧化硫排放量、工业烟（粉）尘排放量作为基础指标，运用熵值法计算出环境污染指数。此外，三废排放量指标均为负向指标，所以对其进行了正向化处理，此时环境污染指数数值越大，代表环境污染越严重，具体结果见表 6 - 43 的列（2）和列（3）。列（2）中，生态补偿与环保约谈组合政策的交叉项系数值为 - 0.129，在 1% 的显著性水平下显著，表明生态补偿与环保约谈政策组合化实施将降低环境污染水平，验证了前面的研究结论。考虑到政策实施的效果显现可能存在滞后性，本部分于列（3）中进一步考察生态补偿与环保约谈组合政策对滞后一期环境污染的影响，研究结果显示，组合政策交叉项依然显著为负，但组合政策交叉项的系数值和显著性均有降低，表明生态补偿与环保约谈组合政策能够持续降低长三角地区的环境污染水平，但这种影响随时间的推移而逐渐减弱。

第十一节　生态补偿与环保督察政策
组合的减排效应评估

一、基准回归

表6-44报告了生态补偿和环保督察组合政策对环境污染的影响结果，其中，列（1）和列（2）代表组合政策对当期环境污染的影响，列（3）和列（4）代表组合政策对滞后一期环境污染的影响，列（5）和列（6）代表组合政策对滞后两期环境污染的影响。列（1）至列（4）中，无论是否加入控制变量，生态补偿和环保督察交叉项系数均不显著，表明生态补偿和环保督察政策组合化实施对长三角环境污染无明显影响。列（5）和列（6）中，无论是否加入控制变量，生态补偿和环保督察交叉项系数依然不显著，但交叉项系数变为负值，表明生态补偿和环保督察组合政策的环境效应有所改善。控制变量与前面基本一致，不再赘述。

表6-44　　　　　　生态补偿与环保督察政策组合的基准回归

变量	(1)	(2)	(3)	(4)	(5)	(6)
	Poll	*Poll*	L. *Poll*	L. *Poll*	L2. *Poll*	L2. *Poll*
	FE	FE	FE	FE	FE	FE
Inter	0.0002 (0.01)	0.002 (0.08)	0.027 (1.11)	0.026 (1.06)	−0.009 (−0.37)	−0.011 (−0.44)

续表

变量	(1)	(2)	(3)	(4)	(5)	(6)
	Poll	*Poll*	L.*Poll*	L.*Poll*	L2.*Poll*	L2.*Poll*
	FE	FE	FE	FE	FE	FE
Ec	−0.026** (−2.22)	−0.026** (−2.22)	−0.026** (−2.24)	−0.022* (−1.82)	−0.035*** (−2.87)	−0.029** (−2.36)
Es	0.038 (1.18)	0.038 (1.23)	−0.062* (−1.95)	−0.060* (−1.92)	−0.017 (−0.54)	−0.014 (−0.46)
Up		−0.183*** (−3.37)		−0.191*** (−3.40)		−0.161*** (−2.80)
Rd		0.014 (0.02)		1.194 (1.37)		2.275** (2.54)
Hr		−2.415*** (−3.46)		−1.432* (−1.71)		−1.366 (−1.50)
Urban		−0.212*** (−4.19)		−0.120** (−2.31)		−0.033 (−0.62)
常数项	0.137*** (11.67)	0.261*** (9.72)	0.137*** (11.82)	0.209*** (7.24)	0.138*** (12.03)	0.167*** (5.44)
个体效应	控制	控制	控制	控制	控制	控制
时间效应	控制	控制	控制	控制	控制	控制
样本数	697	697	656	656	615	615
R^2	0.158	0.206	0.173	0.199	0.189	0.212

注：括号中为 t(z) 值；* 表示 $P<0.1$，** 表示 $P<0.05$，*** 表示 $P<0.01$。

二、异质性分析

长三角 41 个城市在地理和经济上存在较大差异，可能导致生态补偿与环保督察的政策组合的减排效应存在区域异质性。因此，本部分按照省份将长三角 41 个城市分为上海、江苏、浙江、安徽四个部分，依次对应表 6－45 的列（1）至列（4），分别考察组合政策对环境污染的异质性影响。此外，本研究仅关注生态补偿与环保督察政策组合变量的系数值及显著性，其余不作关注，因此未报告单项政策和控制变量结果，具体结果见表 6 - 45。由表 6 - 45 中列（1）至列（4）可知，组合正常交互项均不显著，与基准回归结果一致，表明在长三角上海、江苏、浙江、安徽等地区生态补偿与环保督察组合政策的实施效果不明显。

表 6 - 45　　　　　　　生态补偿与环保督察政策组合的异质性分析

变量	(1)	(2)	(3)	(4)
	Poll	*Poll*	*Poll*	*Poll*
	FE	FE	FE	FE
Inter	- 0. 004 （- 0. 39）	- 0. 043 （- 1. 35）	0. 029 （0. 64）	- 0. 028 （- 0. 40）
常数项	0. 103 ** （2. 42）	0. 246 *** （6. 47）	0. 101 （1. 60）	0. 366 *** （6. 65）
控制变量	控制	控制	控制	控制
个体效应	控制	控制	控制	控制
时间效应	控制	控制	控制	控制
样本数	17	204	187	272
R^2	0. 577	0. 335	0. 241	0. 296

注：括号中为 t(z) 值；* 表示 $P < 0.1$，** 表示 $P < 0.05$，*** 表示 $P < 0.01$。

三、空间溢出效应分析

为考察生态补偿与环保督察政策组合化实施对长三角地区环境污染的影响是否存在空间溢出效应，本部分基于邻接权重矩阵，采用空间杜宾模型（SDM）度量组合政策的空间效应，具体结果见表 6 - 46。由表 6 - 46 可知，空间自回归系数均为正数，且通过 1% 的显著性检验，表明长三角地区生态补偿与环保督察政策组合对环境污染存在空间相关性。生态补偿与环保督察组合政策交叉项系数为负，政策组合的空间滞后项为正，但二者均不显著，表明长三角生态补偿与环保督察政策组合既无法直接影响本地区的环境污染水平，也无法通过空间外溢效应间接影响邻近地区环境污染水平。值得注意的是，该研究结果为点估计结果，可能存在偏误，仍需以效应分解结果为准。

表 6 - 46   生态补偿与环保督察政策组合的空间效应分析

变量	(1)	(2)
	SDM	SAR
	$Poll$	$Poll$
$Inter$	−0.023 (−0.89)	−0.019 (−0.75)
Ec	−0.001 (−0.10)	−0.005 (−0.35)
Es	0.014 (0.24)	0.003 (0.05)
$W. Inter$	0.001 (0.03)	0.011 (0.31)
$W. Ec$	0.021 (1.16)	−0.004 (−0.20)
$W. Es$	−0.010 (−0.17)	0.035 (0.54)
常数项	0.141 *** (5.62)	0.159 *** (3.77)
ρ 或 λ	0.208 *** (4.16)	0.172 *** (3.34)
控制变量	不控制	控制
样本数	697	697
R^2	0.016	0.108
Log-likelihood	692.2657	716.9736

注：括号中为 t(z) 值；* 表示 P<0.1，** 表示 P<0.05，*** 表示 P<0.01。

在上述研究的基础上，将生态补偿与环保督察政策组合的影响效应分解为直接效应、间接效应和总效应，具体结果如表 6 - 47 所示，生态补偿与环保督察政策组合的直接效应为负，间接效应为正，但二者均不显著，表明长三角生态补偿与环保督察政策组合既无法直接影响本地区的环境污染水平，也无法通过空间外溢效应间接影响邻近地区环境污染水平。

表 6 - 47　　　　　　生态补偿与环保督察政策组合的空间效应分解

变量	SDM		
	直接效应	间接效应	总效应
Inter	- 0. 017 (- 0. 68)	0. 012 (0. 30)	- 0. 007 (- 1. 02)
Ec	- 0. 005 (- 0. 43)	- 0. 005 (- 0. 24)	0. 002 (0. 61)
Es	0. 009 (0. 17)	0. 032 (0. 52)	0. 014 * (1. 83)
控制变量	控制	控制	控制

注：括号中为 t(z) 值；* 表示 $P < 0.1$，** 表示 $P < 0.05$，*** 表示 $P < 0.01$。

四、稳健性检验

(一) 平行趋势检验

本部分对政策组合项做平行趋势检验，并绘制了平行趋势检验图，具体结果如图 6 - 15 所示，$Inter\_1$ 至 $Inter\_12$ 代表组合政策实施前第一年至第十二年，$Inter0$ 代表组合政策实施当年，$Inter1$ 代表组合政策实施后第一年，$Inter3$ 代表组合政策实施后第三年。由图 6 - 15 可知，政策实施前后，点的位置均在水平线附近，且均不显著，说明平行趋势虽然成立，但生态补偿和环保督察组合政策的实施效果并不理想。

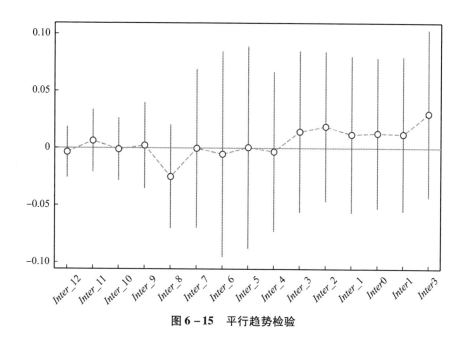

图 6 - 15　平行趋势检验

（二）倾向得分匹配－双重差分法（PSM-DID）和更换解释变量的稳健性检验

　　双重差分法和三重差分方法虽能有效克服内生性问题，识别生态补偿与环保督察组合政策对环境污染的净效应，但存在选择性偏误。对此，本部分使用倾向得分匹配克服样本选择的非随机性，解决基准回归中实验组、控制组在实施组合政策前不完全具备共同趋势的问题。具体做法如下：首先，选择具有产业升级、技术与研发、城镇化水平、人力资本等相同特征的城市进行逐年匹配；其次，使用 logit 来估计倾向得分；最后，基于匹配后数据进行回归。考虑到组合政策绩效可能存在滞后性，本研究对环境污染变量进行滞后一期和滞后两期处理，分别研究生态补偿与环保督察组合政策对当期、滞后一期和滞后两期的环境污染的影响，具体结果如表 6 - 48 的列（1）至列（3）所示。列（1）和列（2）中组合政策交叉项为正，列（3）中组合政策交叉项为负，三者均不显著，表明生态补偿和环保督察组合政策对环境污染的影响不明显，但随着时间的推移生态补偿和环保督察组合政策的环境效应有所改善。该结论与前面基准回归结论一致，验证了研究结论的稳健性。

表6–48 生态补偿与环保督察政策组合的稳健性检验

变量	(1)	(2)	(3)	(4)	(5)	(6)
	Poll	L. *Poll*	L2. *Poll*	*Poll*1	L. *Poll*1	L2. *Poll*1
	FE	FE	FE	FE	FE	FE
Inter	0.003 (0.10)	0.026 (0.89)	–0.013 (–0.40)	0.010 (0.66)	0.008 (0.52)	–0.035** (–2.35)
Ec	–0.027** (–2.14)	–0.021 (–1.40)	–0.027 (–1.45)	–0.001 (–0.15)	0.002 (0.27)	–0.005 (–0.64)
Es	0.038 (1.64)	–0.060** (–2.19)	–0.013 (–0.49)	0.064*** (3.43)	–0.063*** (–3.27)	0.035* (1.85)
常数项	0.269*** (6.63)	0.208*** (4.89)	0.157*** (4.14)	0.219*** (13.68)	0.186*** (10.45)	0.144*** (7.63)
控制变量	控制	控制	控制	控制	控制	控制
个体效应	控制	控制	控制	控制	控制	控制
时间效应	控制	控制	控制	控制	控制	控制
样本数	656	615	574	697	656	615
R^2	0.220	0.211	0.232	0.362	0.336	0.338

注：括号中为 $t(z)$ 值；*表示 $P<0.1$，**表示 $P<0.05$，***表示 $P<0.01$。

为了缓解度量偏差对回归结果产生的影响，本部分通过更换环境污染的衡量指标，进一步验证结论的稳健性。具体做法为，选取工业废水排放量、工业二氧化硫排放量、工业烟（粉）尘排放量三个指标，并运用熵值法计算出环境污染指数。此外，三废排放量指标均为负向指标，故对其作正向化处理，此时环境污染指数数值越大，代表环境污染越严重，具体结果见表6–48的列（4）至列（6）。列（4）中，生态补偿与环保督察政策组合交叉项系数为0.010，但不显著。考虑到政策实施的效果显现可能存在滞后性，本部分于列（5）和列（6）中进一步考察生态补偿与环保督察组合政策的滞后效应，对环境污染指数进行滞后一期和滞后两期处理。列（5）中，组合政策交叉项系数为0.008，但不显著；列（6）中，组合政策交叉项系数为 -0.035，在5%显著性水平下显著为负，表明生态补偿和环保督察组合政策对环境污染的影响不明显，但随着时间的推移组合政策的环境效应有所改善。该结论与前面基准回归结论一致，验证了研究结论的稳健性。

第十二节 环保约谈与环保督察政策组合的减排效应评估

一、基准回归

本部分使用控制时间和地区的双向固定效应模型，以评估环保约谈与环保督察组合政策实施效果，具体见表6-49。表6-49中，列（1）和列（2）代表组合政策对当期环境污染的影响，列（3）和列（4）代表组合政策对滞后一期环境污染的影响。列（1）至列（4）中，无论是否加入控制变量，环保约谈与环保督察交叉项系数均为负，但不显著，表明环保约谈与环保督察政策组合对长三角环境污染无明显影响。可能的原因在于，环保约谈与环保督察制度间并未形成良性互动，无法对长三角地区的环境污染产生显著影响。控制变量对环境污染的影响效应与前面的研究结论基本一致，不再赘述。

表6-49　　　　环保约谈与环保督察政策组合的基准回归

变量	(1)	(2)	(3)	(4)
	Poll	*Poll*	L. *Poll*	L. *Poll*
	FE	FE	FE	FE
Inter	-0.065 (-1.52)	-0.062 (-1.49)	-0.045 (-1.06)	-0.048 (-1.14)

续表

变量	(1) *Poll* FE	(2) *Poll* FE	(3) L. *Poll* FE	(4) L. *Poll* FE
Eq	0. 122 *** (3. 01)	0. 120 *** (3. 04)	0. 107 *** (2. 68)	0. 110 *** (2. 78)
Es	0. 035 (1. 37)	0. 038 (1. 52)	− 0. 044 * (− 1. 73)	− 0. 040 (− 1. 62)
Up		− 0. 213 *** (− 4. 03)		− 0. 213 *** (− 3. 88)
Rd		0. 004 (0. 00)		1. 168 (1. 36)
Hr		− 2. 458 *** (− 3. 56)		− 1. 495 * (− 1. 81)
Urban		− 0. 189 *** (− 3. 77)		− 0. 103 ** (− 2. 01)
常数项	0. 137 *** (11. 78)	0. 259 *** (9. 75)	0. 137 *** (11. 95)	0. 208 *** (7. 29)
个体效应	控制	控制	控制	控制
时间效应	控制	控制	控制	控制
样本数	697	697	656	656
R^2	0. 174	0. 222	0. 191	0. 219

注：括号中为 t(z) 值；* 表示 P < 0. 1，** 表示 P < 0. 05，*** 表示 P < 0. 01。

二、异质性分析

考虑到长三角 41 个城市在地理和经济等方面存在差异，可能导致环保约谈与环保督察政策组合的减排效应存在区域异质性。本部分按照省份将长三角 41 个城市分为上海、江苏、浙江、安徽四个部分，依次对应表 6 - 50 的列

（1）至列（4），分别考察环保约谈与环保督察组合政策实施后对地区环境污染影响的区域异质性情况。此外，本研究仅重点关注组合政策交叉项对环境污染的影响，未报告环保约谈、环保督察的影响系数情况，具体结果详见表6-50。列（1）和列（4）中，环保约谈与环保督察组合政策的交叉项系数分别为 -0.010 和 -0.021，但不显著，表明在上海市和安徽省政策组合发挥了减排作用，但这种影响不显著。列（2）和列（3）中，环保约谈与环保督察组合政策的交叉项为正，但不显著，表明在江苏省和浙江省组合政策将加剧环境污染，但此种影响也不显著。

表6-50　　　　　　　　　环保约谈与环保督察政策组合的异质性分析

变量	(1)	(2)	(3)	(4)
	Poll	Poll	Poll	Poll
	FE	FE	FE	FE
Inter	-0.010 (-0.86)	0.014 (0.35)	0.022 (0.52)	-0.021 (-0.31)
常数项	0.112** (2.54)	0.259*** (7.07)	0.105* (1.68)	0.362*** (6.87)
控制变量	控制	控制	控制	控制
个体效应	控制	控制	控制	控制
时间效应	控制	控制	控制	控制
样本数	17	204	187	272
R²	0.528	0.327	0.240	0.348

注：括号中为 $t(z)$ 值；* 表示 $P<0.1$，** 表示 $P<0.05$，*** 表示 $P<0.01$。

三、空间溢出效应分析

经济社会中，经济个体之间并非完全独立，而是相互联系、相互作用的。长三角地区各城市间环境政策的实施也非完全独立，环保约谈与环保督察政策组合对环境污染的影响可能也存在空间关联性。因此，首先构建邻接权重矩阵，在此基础上，采用空间杜宾模型（SDM）度量空间溢出，具体结果见表6-51。由表6-51可知，空间自回归系数均为正数，且通过1%的显著性检验，表明长三角地区环保约谈与环保督察政策组合对环境污染存在空间相关性。列（1）和列（2）中，无论是否加入控制变量，组合政策交叉项均显著为负，组合政策的空间滞后项为正，但不显著，表明环保约谈与环保督察政策组合对环境污染的直接影响是显著的，该组合政策有利于降低本地区环境污染水平，但环保约谈与环保督察政策组合不存在空间外溢效应。值得注意的是，本研究结果为点估计结果，可能存在偏误，仍需以效应分解结果为准。

表6-51　　　　　　　环保约谈与环保督察政策组合的空间效应分析

变量	(1)	(2)
	SDM	SAR
	Poll	Poll
Inter	-0.083 * (-1.90)	-0.078 * (-1.81)
Eq	0.140 *** (3.41)	0.132 *** (3.27)
Es	-0.000 (-0.01)	-0.005 (-0.09)
W. Inter	0.031 (0.28)	0.033 (0.29)
W. Eq	-0.082 (-0.77)	-0.068 (-0.62)
W. Es	-0.004 (-0.08)	0.028 (0.49)
常数项	0.142 *** (5.70)	0.172 *** (4.00)

变量	（1）	（2）
	SDM	SAR
	Poll	*Poll*
ρ 或 λ	0.225 *** （4.57）	0.186 *** （3.63）
控制变量	不控制	控制
样本数	697	697
R^2	0.009	0.109
Log-likelihood	701.5393	726.2150

注：括号中为 t(z) 值；＊表示 P < 0.1，＊＊表示 P < 0.05，＊＊＊表示 P < 0.01。

基于空间溢出效应研究，继续将环保约谈与环保督察政策组合的影响效应分解为直接效应、间接效应和总效应，具体结果见表 6 – 52。由表 6 – 52可知，直接效应中，政策组合交叉项显著为负，表明环保约谈与环保督察政策组合能够降低本地区的环境污染水平；间接效应中，政策组合交叉项为正，但不显著，表明环保约谈与环保督察政策组合对邻近地区的环境污染水平无明显影响，即环保约谈与环保督察政策组合不存在空间外溢效应。值得注意的是，正如表 6 – 49 和表 6 – 50 结果显示，总体回归与区域异质性分组回归中，环保约谈与环保督察政策组合对环境污染的影响均不显著。而直接效应却显示，环保约谈与环保督察政策组合能够减轻环境污染。可能的原因在于，邻近地区的环境污染水平的降低，将促使本地区环境污染水平也降低，即政策组合通过反馈机制促进本地区环境污染水平的降低。

表 6 – 52　　　　环保约谈与环保督察政策组合的空间效应分解

变量	SDM		
	直接效应	间接效应	总效应
Inter	− 0.075 * （− 1.66）	0.036 （0.27）	− 0.038 （− 0.25）

变量	SDM		
	直接效应	间接效应	总效应
Ed	0.128 *** (2.99)	−0.063 (−0.48)	0.065 (0.43)
Ec	0.001 (0.03)	0.025 (0.48)	0.026 (1.27)
控制变量	控制	控制	控制

注：括号中为 t(z) 值；＊表示 P<0.1，＊＊表示 P<0.05，＊＊＊表示 P<0.01。

四、稳健性检验

（一）平行趋势检验

本部分对政策组合项做平行趋势检验，并绘制了平行趋势检验图，具体结果如图 6-16 所示，*Inter*_1 至 *Inter*_13 代表环境组合政策实施前一年至前十三年，*Inter*0 代表政策实施当年，*Inter*2 代表实施后第二年。由图 6-16 可知，政策实施前后，点的位置均在水平线附近，且均不显著，说明平行趋势虽然成立，但组合政策的实施效果并不理想。

（二）倾向得分匹配-双重差分法（PSM-DID）和更换解释变量的稳健性检验

DID 方法虽能有效克服内生性问题，识别环保约谈与环保督察政策组合的净效应，但存在选择性偏误。本部分使用倾向得分匹配克服样本选择的非随机性，解决 DID 中实验组和控制组在实施组合政策前不完全具备共同趋势假设的问题，具体结果如表 6-53 的列（1）所示。列（1）中，环保约谈与环保督察交叉项为正，但不显著，表明匹配后的环保约谈与环保督察组合政策未能改善长三角地区环境状况。PSM-DID 结果与基准回归一致，表明基准结果是稳健可靠的。

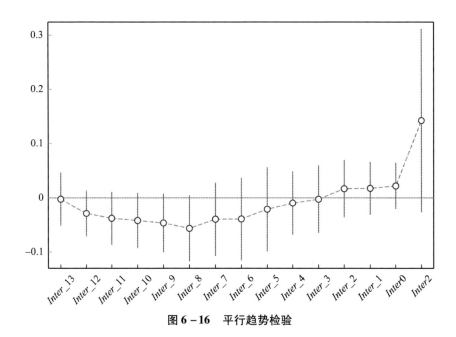

图 6 – 16 平行趋势检验

表 6 – 53 环保约谈与环保督察政策组合的稳健性检验

变量	(1)	(2)
	Poll	*Poll*1
	FE	FE
Inter	0. 056 (1. 58)	0. 026 (1. 04)
Ec	− 0. 028 ** (− 2. 06)	0. 011 (0. 47)
Es	0. 039 * (1. 96)	0. 071 *** (4. 80)
常数项	0. 263 *** (6. 93)	0. 220 *** (13. 86)

续表

变量	(1)	(2)
	Poll	*Poll*1
	FE	FE
控制变量	控制	控制
个体效应	控制	控制
时间效应	控制	控制
样本数	697	697
R^2	0.219	0.374

注：括号中为 t(z) 值；＊表示 P＜0.1，＊＊表示 P＜0.05，＊＊＊表示 P＜0.01。

现有文献对环境污染的表征方法较多，为验证基准回归结论的稳健性，本部分对环境污染这一被解释变量进行更换，选取工业废水排放量、工业二氧化硫排放量、工业烟（粉）尘排放量三个指标，运用熵值法合成出环境污染指数。此外，三废排放量指标均为负向指标，所以本部分对其进行正向化处理，具体结果见表 6 – 53 的列（2）。列（2）中，环保约谈与环保督察交叉项为正，但不显著。表明环保约谈与环保督察组合政策对长三角地区的环境污染无明显影响，验证了前面结论的稳健性。

第十三节　本章小结

本章立足前面理论机理分析，首先，通过三重差分模型，研究环境分权、环保立法、生态补偿、环保约谈与环保督察五大单一环境政策两两组合的减排效应。并通过空间杜宾模型（SDM）检验长三角城市群区域环境政策是否存在空间外溢效应。其次，依据长三角三省一市的行政划分，进行组合政策的区域异质性分析。再次，通过构建中介效应模型，检验地方政府竞争在组合政策影响环境污染过程中的中介效应影响。最后，通过平行趋势、安慰剂、

PSM-DID 以及更换指标等多维度稳健性检验，验证本章结论的稳健性。

基准回归模型结果显示，环境分权与环保立法政策组合对环境污染的影响效应为负，且结果较为显著，表明环境分权与环保立法政策的有机互动对环境污染产生明显的抑制作用。分权和立法体制下，地方政府明晰自身职权，组合政策的减排效应得到有效发挥。环境分权与生态补偿政策组合对环境污染的影响效应不显著，表明环境分权与生态补偿的政策组合对环境污染未产生抑制作用。理论上，环境分权结合生态补偿消除环境的外部性，激发地方政府改善辖区环境的积极性。但回归结果中，政策组合的减排效应不显著，可能的原因在于，环境分权和生态补偿间未能形成良性互动，无法形成政策合力，削弱了环境政策的减排绩效。环境分权和环保约谈政策组合与环境污染呈现出显著的负向关系，表明在环境分权与环保约谈政策组合下，地方政府在获得更多环境事权的同时也受到有效监督，组合政策的有机互动对污染治理产生积极的影响。环境分权与环保督察政策组合对环境污染的影响不显著，意味着环境分权与环保督察政策未形成有效的良性互动，对环境污染的抑制效果不显著。环保立法和生态补偿政策组合与环境污染呈现出显著的负向关系，表明在环保立法与生态补偿政策组合下，通过立法明确地方政府的环保权责，基于生态补偿机制，解决环境治理的外部性问题，激发地方政府的环境治理积极性，充分发挥环境政策的减排绩效。环保立法与环保约谈政策组合对长三角地区环境污染有显著的抑制作用，表明环保立法动力机制和环保约谈监督机制的有机结合，能够增强地方政府环境治理主动性，政策组合对环境污染有显著的抑制作用。环保立法与环保督察政策组合显著抑制环境污染，但影响效应呈现滞后特征，意味着环保立法与环保督察相结合的环境治理政策通过污染治理前的法律制度，以及环境保护过程中对不作为和乱作为行为的监督，进一步提高环境治理成效。生态补偿与环保约谈政策组合能显著抑制长三角地区环境污染，表明生态补偿与环保约谈政策体系下，环境治理补偿机制和监督机制的有机结合能有效降低环境污染。生态补偿与环保督察政策组合对长三角地区环境污染的影响不显著，表明生态补偿与环保督察政策组合未发挥出良好的减排作用。环保约谈与环保督察政策组合对环境污染的影响不显著，表明结合约谈与督察的环境监督体系，对环境污染的抑制作用不足。

区域异质性结果表明，总体上政策组合的减排效应存在显著的区域异质性。其中，上海和安徽的环境政策组合的减排效应更为显著，浙江和江苏的减排效应较弱。产生此结果的原因可能在于，江苏和浙江产业升级较为完备，经济发展程度较高，环境污染较少，组合政策的减排效应不明显。安徽产业发展较落后，在更严格的环境规制政策的影响下，产业升级更加迅速，因此，对环境污染的抑制作用更好。空间溢出效应的分析结果表明，长三角地区环境组合政策普遍不存在空间外溢效应，更多的是通过直接效应影响环境污染。基于中介效用模型，对组合政策做机制检验，主要中介变量为地方政府竞争。研究结果表明，环境组合政策与地方政府竞争呈现出负向关系，地方政府竞争与环境污染呈正向关系，意味着环境组合政策能缓解地方政府的过度竞争，进而减轻环境污染。

平行趋势检验、安慰剂检验、PSM-DID 和更换解释变量等稳健性检验结果显示，环境政策组合能够降低长三角环境污染水平，验证了前面研究结论的稳健性。

第七章
长三角环境治理路径优化与长效机制构建

本书第五章和第六章分别就单一环境政策影响环境污染的内在机理及其效应进行了研究，在此基础上，本章提出长三角环境治理政策的优化路径，并构建长三角环境治理的长效机制。

第一节　长三角环境治理路径优化分析

环境政策的实施及其效应是现有文献研究的重点，对于长三角这样特殊区域而言，如何进一步优化环境治理政策呢？为此，本节从单一环境治理政策与组合环境治理政策两个维度，分别提出当前长三角环境治理的优化路径。

一、单一环境治理政策路径优化分析

（一）环境分权

传统的环境治理体系封闭僵化，政府担负环境治理主要职责，缺乏治理经济学，而环境问题具有难发现、不可逆等自身独有的特点，环境分权作为一项环境保护方法，新时代背景下衍生出的新型环境治理手段，为更好地实

践环境分权政策，长三角地区要共享同治，建立统一标准，制定整改措施，建立综合监督体系，以防预为主，防治结合，提高环境政策的执行效率。

1. 坚持标准统一，推进环境联防联治

促进排放标准、产品标准、环保标准等的对接统一；坚持信息共享，持续推进区域空气质量监控、污染源排放清单等数据常态化共享，加强流域水环境信息共享平台建设，积极参与长三角区域的环境监测平台、信息交换平台等环保合作平台建设；遵循信息共享原则，继续推动区域空气质量监控和污染源排放清单数据常态化，强化流域水环境信息共享平台，参与长三角区域环境监测平台和信息交换平台及其他环保合作平台；坚持环境执法，严格遵循统一的执法标准，率先开展长三角地区环境合作，修复和清理长江海岸线，恢复长江沿岸湿地，加强生物多样性保护和景观美化，加大资金拨款力度，稳定经济发展，保障公共政策有效实施，严格资金管理。

2. 建立多元监督机制

接受内部监督，实行责任终身制度。公众作为最广泛的监督主体，应扩大他们的参与范围。在环境分权政策执行的过程中，维护公众监督权益；舆论监督的新监督模式是媒体人在传播媒介中灵活选择不同方式发表意见与观点，具有传播速度快、效果好等特点。舆论监督对于政府行为有倒逼作用，能有效地约束政府的失职行为。加强公众对第三方服务的参与，解决政府失灵的困境，构建社会共治体系。发现问题及时提出意见建议，完善制度建设，确保舆论监督顺利进行。提高自身素质，增强舆论引导力。提升新闻素养，树立良好形象。坚持正确舆论导向，维护公平正义，加强与群众互动沟通，畅通民意表达渠道，切实起到监督和弥补政府能力欠缺的作用。

3. 科学设置考核机制解决公平公正问题

对生态环境损害实行责任追究制度。县（市）级以上河（湖）长组织开展对应河湖下级河（湖）长的评审工作，河（湖）长制有助于打破弊端、直接锁定评审对象。建立与完善生态补偿机制是强化地方政府主体责任、推进国家治理体系和治理能力现代化的重要举措。增强责任追究的科学合理性并实施差异化绩效评价考核，激励责任追究，建议实施生态环境损害责任终身追究制。各级政府统筹好经济社会发展与环境保护之间的关系，河湖开发建设的各项政策措施必须同步进行甚至优先实施，否则造成破坏将被追究终身责任。新一轮河（湖）长制考核应全面总结现有经验教训、掌握尺度、切实履行职责、公正合理、奖优罚劣。

（二）环境立法

环境立法是精准科学依法治污，持续改善生态环境质量的法律保障，为完善环境治理监督体系，要针对长三角区域经济发展以及文化差异，找出各区域间特有的环境需求，精准立法，严格执行，强化环保领域民主协商的公众观念，引导公众参与环境政策的实施，打造可持续的环境政策实施模式，解决复杂环境问题，提高环境政策实施成效前瞻性与持续性。

1. 均衡长三角环境保护立法项目

选择立法项目时，要充分考虑地方经济社会发展的实际情况，协调立法资源并有效运用，重视精准立法。具体而言：一是因地制宜制定地方性法规；二是结合地方特色制定专项法律和行政规章；三是加强与其他省（市）之间的协调配合；四是加大对基层环境保护执法力度。要根据安徽省农村环境立法存在的问题对有关农村环境问题进行立法。安徽作为一个农业大省，各地市应结合本省实际情况，重点关注农业生产过程中可能存在的环境污染问题，此外，在浙江省内诸多产业中，对于钢铁、热电、水泥、煤炭、造纸、纺织印染等8个行业，针对不同地区的情况，给予政策实施。行政主体环境问责机制实施困难，其主要原因在于问责主体之间存在着上下级之间的行政关系和包庇纵容等问题，因此细化环境保护行政部门的职责划分、拓展环境保护行政主体问责边界、形成较为复杂的行政环境问责体系就显得十分重要。地方上，各级人大、政府、政协和司法要形成共管协同机制。

2. 增强环境立法区域特色

突出地方环境立法的差异性，针对不同地区自然生态禀赋与气候水文等状况，环境污染程度与生态破坏状况，污染与破坏重点领域，急需保护环境要素等问题，加强立法针对性，在不同地域区间具有不同地理环境、经济发展与文化差异，发现地区间独特环境需求，不难做到立法特色化。安徽省位于华东地区，地处长江三角洲内陆，以农业生产、加工和制造业为主。因此，根据安徽省独特的地理特征，立法重点应放在水资源、土地资源和自然景观的保护上，加强对农业环境保护和秸秆污染的环境立法，以解决环境污染造成的城市负担。江苏省为避免工业城市对自然资源过分依赖和滥采滥用的状况出现，应优化能源发展和可持续发展齐头并进。完善资源开发法律规定，提高资源利用水平，规范开采程序，完善许可程序，在已有法律框架内加强区域资源、能源、矿产等自然资源立法工作。要建立循环经济法律制度，将区域循环经济和经济增速结合起来，在立法者、政府和民众的努力下，建设以循环资源为主线，自然法则为规范，可持续经济政策为工具的优美环境城市。浙江省由于地理位置特殊，风景名胜众多，应进行相关环境保护立法，有益于保护自然环境或维护风景区自然风貌。

3. 加大政府环境风险防范立法进度，强化公众参与

长三角各省区要结合区域实际，制定有针对性的区域法规，防范环境风险。目前，环境立法比较复杂，需要协调平衡，因此舆论的同化尤为重要。公众与环境紧密相连，是环境的直接受益者。环境立法者应在立法过程中保持公开性和透明度，并确保大多数群体的法治要求可以通过某些渠道传达给立法机构。一方面要加强公众参与反馈意见，另一方面也要避免舆论影响公众决策，同时要同化舆论，必须进行筛选和分析，避免盲目接受。完善环境立法公众参与渠道，鼓励群众参与和协助环境执法管理。在行政执法中，当地群众是最好的证据资料，可以协助相关机关调取证据，同时还能监督环境执法处罚行为是否合法。进一步完善环境听证制度，建立公众参与机制，便于公众及时知晓环境资源信息，通过法律渠道，表达环境治理意见，真正反映民意。有些环境问题具有一定的专业性和技术性，因此需要听取专家等的意见。安徽省不仅可以通过成立专家立法研究小组，在立法项目前期开展研究来提高法律的科学性和专业性，还可以提高未来法律实践过程的效率。

4. 建立程序监督运作机制

细化环境部门职权、职责，对政府与环境执法部门之间的执法权可从环境立法上规定相应的政府职责，其职责应以指导性为前提，特别是要从法律条文上对政府职能进行专门细化。此外，环境执法权还应侧重于保障执法协调的法律制度，建立环境法领域的合作机制，建立区域执法机构在区域间执法问题上的监测和实施互动平台，强化执法机构实践中的成效，将有助于提高执法机构的效力，促进环境保护领域的区域合作。建立启动环境监督的程序，这些程序可以在报告、检查、调查和其他方式的基础上进行监管调查；调查程序方面，对于疑似环境问题而言，如果前一阶段调查中没有发现任何问题，可以暂停对于这一疑似环境问题进行调查，发现后立即开始对于环境问题相关事项进行监督，确定主要责任人的责任，并要求限期改正；作为赔偿责任主体的上诉程序有权获得辩护，其中包括防止滥用监督权和遵守监督程序的程序规定；对有明显不遵守责任事实、未违反法律规定的责任主体，应严格依照法定程序追究责任，主要责任人实行终身责任制，维护环境监督法律制度的公信力。

（三）生态补偿

生态补偿制度作为一项新的环境管理制度，旨在预防生态环境的破坏，加强和促进生态系统的良性发展，主要内容是实施生态环境的整治与修复，通过经济调节的方式和法律的保障来实现。我国目前在实施过程中存在着许多问题，如缺乏统一协调机制，资金筹集困难等。构建多元化的生态保护与补偿机制，并逐步拓宽补偿范围和促进横向生态保护与补偿工作，研究建立以地方补偿为主体，中央财政支持为补充的横向生态保护与赔偿机制，适当提高赔偿标准和完善相关配套制度，切实激发多主体在生态环境保护中的参与热情，加快区域生态建设步伐。

1. 完善市场补偿机制，拓宽资金来源渠道

建立可靠的环境产品定价机制，价格机制不仅要反映上游环境产品供应商的成本和损失，且要充分考虑流域上下游之间的协调发展程度。由于生态

环境保护与当地经济发展可能存在某种矛盾，因此，所形成价格机制应避免局部地区和整体利益相悖，以健全价格机制推动市场化补偿。探索新安江流域市场化补偿方式，通过水权贸易、排污权贸易等市场化产权交易机制，推动建立和完善市场化环境补偿机制。补偿机制为市场化主体参与环境补偿和扩大融资渠道提供了机会。长三角的生态补偿资金来源过于单一，大部分是来自政府的资金；应增设企业与专门税费，形成多渠道的流域生态补偿资金来源。拓宽资金来源渠道，鼓励民间资金和国外资金以公益基金的形式流入环保市场，也鼓励多元主体流入环保市场，为生态保护和其他绿色发展产业提供投资机会、财政托底，确保企业获益、吸引其参与到生态保护中来，由此推动生态补偿资金来源的多元化。目前，长三角的环境补偿通过向中央重点生态功能区转移资金来支付，保护环境功能区的责任主体，其实质是通过垂直转移支付，将环境保护的资金、成本和地方财力的责任相匹配。但是，转移支付的覆盖面有待进一步扩大，黄河沿岸许多负有相应责任的地区尚未完全覆盖，导致这些地方的财力与财力资源出现缺口，保护责任重且手段相对缺乏，压力巨大，需要从两个方面加以解决：首先是要进一步明确中央和地方财政事权和支出责任，如对于应该由中央政府来承担但却下沉到地方政府手中的财政事权要进一步规范化和明确化，由中央来承担相应的支出责任，让地方政府只承担其所需承担的职责。其次要进一步扩大对重点生态功能区纵向转移支付范围，并逐步建立起涵盖所有负有重点生态功能区维护职责区域的纵向转移支付体系，从两个方面着手能够切实保障中央履行相应职责并发挥其应有功能，从而缓解区域经济发展和环境保护责任之间的冲突。

2. 构建流域联防合作机制

首先，推动上下游协作机制构建，这种方式兼顾上游地区自然资源禀赋和下游地区可利用生态系统服务价值两方面，有利于生态补偿政策制定的公平，进而促进上下游间的协作。建立上下游政府协商机制，为上下游政府提供交流平台，促进经济产业融合，保障一体化发展，促进环境补偿政策的实施，降低交易成本，更好地促进均衡发展，实现良性循环。其次，要提高流域一体化意识，通过出台政策等措施鼓励企业搬迁，鼓励产业和行政科学研究，利用各种经济补偿合作手段，促进环境补偿的可持续性。最后，技术补偿和人才补偿方式同样具有高度适用性和灵活性，表现为下游对上游提供技术支持，对污水处理、污染防治、垃圾处理及废物废气排放治理给予技术援助，使污染排放从源头减少，并从生态系统服务价值供给来源给予强有力保障，或者通过向上游输送专业技术人才，使上游发展规划和研究开发有更好方向和保障，提高生态补偿效果。总之，应加强政府引导作用；加大资金支持力度；完善法律法规体系建设；建立有效激励机制；加快人才培养步伐；强化宣传力度；注重生态环境质量评价工作。

3. 建立流域生态补偿的动态标准并发挥政府的作用

不同时段上游区域所提供流域生态系统服务的价值存在差异，流域本身所消耗的生态服务价值也处于不断变化之中，受经济发展影响较大，经济水平提高意味着上游区域要为生态环境保护支付更大的代价，也就是要用本地资源来保护环境，而不是开发生产，从而阻碍上游区域经济的发展。理论上讲，经济水平越高，上游地区应获得更多生态补偿。且该阶段流域生态补偿额度均由上下游区域协商谈判设定为固定额度，在实践中会对政策补偿效果产生影响。因此，应当构建流域生态补偿动态标准。同时从我国经济体制出发，当前阶段生态补偿是政府主导型环境政策，我国应从现实情况出发，发挥政府引导作用和监督作用并在政府资金和管理体制指导下推动流域间生态补偿可持续性发展。由于自然因素和社会经济条件等多方面原因，我国许多地方出现了生态破坏严重、环境污染加剧、生态环境恶化等一系列环境危机现象。不仅损害了广大人民群众的切身利益，也不利于人与自然的和谐相处。流域生态产品是一种公共产品，若不加约束和限制，就可能造成公地悲剧，政府加以调控，但生态补偿资金量缺口较大，单纯依靠政府供给生态补偿资金会对政府造成巨大财政压力，对跨省流域生态补偿不仅要由政府起指导作用，还要扩大资金来源渠道，以促进生态补偿可持续和流域之间达到和谐发展。

（四）环保督察

环保督察在地方政府治理的执行过程中具有积极的作用，并且关系着区域经济发展和社会的稳定，该环境政策的有效执行能促进生态文明建设。但是在具体实践中，环保督察组进驻还存在很多缺陷和短板，在执行中也受到许多客观因素的干扰，从而导致政策在执行的过程中变形和走样，没有达到预期目标。在梳理有关环保督察困境的基础上，探析环境政策执行出现偏差的原因，对高效环保督察提出相关的矫正建议。

1. 完善制度法律法规，规范督察行为

我国区域环保督察制度缺乏强有力的法律做保障，依法治污，高质量整治突出生态环境问题。我国区域环保督察中心是生态环境部的派出机构，环境立法中缺少对于派出机构的法律法规，难以规范派出机构的行为，环保督察组未有具体的法律可以依据。生态环境部也缺少相关的制度条文来规范环保督察的工作。制定相关的法律，使得其所依据的法律规范更加明确，增加环境督察过程中的科学性和可操作性，减少制度的相互扯皮，职能责任人的相互推诿，增加环境治理的效率。从目前的立法情况来看，在整个环境管理和支持机制体系中，没有一部法律详细规定了区域性环境保护督察机构的权利和责任。在环境治理中，依照法律要求，不折不扣落实督察反馈问题整改，到达精准治污、科学治污、巩固生态环境，全面推进生态修复和生物多样性保护。在地方立法层面，进一步完善中央督察制度，根据地方区域特色和经济发展情况，发挥地方政府的适用性，建立完备的地方环境问责制度，避免与国家法律冲突。整合社会资源，以法律保障信息公开的督察手段，加强综合立法。

2. 清晰定位，厘清权利职责

我国环保督察制度在发展的初始阶段，内容规定单一，不具有高度的适应性，应制定明确的环境数据、环境监测技术手段、成熟的信息公开与信息反馈制度。鉴于生态环境涉及主体较广，在督察过程中，环境督察机构需掌握环境行政权力的配置，通过制度化，对环境考核标准制定详细要求。此外，还需通过环保人员的专业性提升环境督察结果的可信度，将监督贯穿环境治理的始终，增加考核的公开透明度。在中央政府的领导下，地方政府应完善环保追责制度，对渎职行为严厉惩罚，建立环境保护责任制度，严格审查环境工作，对于环境治理未落实的具体环节进行整体与细节的考虑，追究其深层次的原因，考核过程中体现惩戒性，根据考核结果约束被考核主体，保障考核的有效性，警示将要发生的污染行为。需要环保督察的情况较多，但人员力量较少，应将环保行政人员政绩晋升的机制与防污治污的积极性相结合，对其晋升过程中许多考察因素进行相应调整。首先，要提高环境指标在总体考核中的权重。其次，要注重生态指标与其他指标的综合考虑。再次，要建立科学有效的考评体系和奖惩机制。通过提高环保考核结果效力、提高生态环境占总体考核政绩比重等方式，使环保行政人员自觉履行环境治理职责。最后，提高环保人员的物质激励。政府部门组织结构呈三角形态势，追求政绩高度化进程中升迁越来越困难。晋升激励机制对部分地方环保行政人员激励价值是有限的。增加物质激励使得激励制度更加科学完善，有利于环境治理。

3. 扩大环境督察主体，增加环境治理多方联动

环境督察中心受生态环境部的直接监督，履行受托责任。生态环境部将较复杂的案件委托给环境督察中心，而环境督察中心存在信息偏差，且问题的解决必须得到生态环境部的批准，就会极大地影响工作效率，因此，应理顺环境督察中心与生态环境部之间的关系，明确各主体职责，分工负责、各司其职，确保区域环保督察中心与各主体信息畅通，遇有重大环境污染问题时各主体将按照各自分工负责、适时行动。建立各方主要问题磋商机制，在出现问题时创造多边合作的良好局面。生态环境部应在双方关系中处于领导地位，保障各关系主体能够主动合作共同治理环境污染，生态环境保护督察是中央生态环境保护督察工作的拓展与补充，可从组织形式，内容拓展以及宣传报道上进行一定探索与创新，助力督察工作全面深入推进。增加督察参与主体，环境督察人员可以包括特定地点的组织、检察院等部门的工作人员。增加省级环境督察的规范化和职权，对违反环境法规的行为发挥更强的威慑作用。

4. 加强信息公开和治理能力现代化建设

随着环境监察员逐步加大宣传力度，在广告、报道、参与公共生活等方面的信息公开程度也随之增强。利用媒体做好广告工作，通过各种渠道和多

媒体对整改落实情况进行跟踪，并及时发布整改进展情况，接受社会的监督。做好舆情监控分析、舆论引导等工作，对突发舆情及时处理，形成督察整改的良好局面。

（五）环保约谈

随着社会发展变化，并不是所有问题的解决都只能依靠法律制度的规定，社会的不断发展，要求建设有限政府、高效政府、责任政府。环保约谈作为一项环境治理政策，其实施处于初步探索阶段，在实施过程中也面临一些困境，需要在实践中不断总结、优化、推广；同时，在操作层面需明确主体责任，健全环保约谈的运行机制，拓宽环保约谈列席主体范围，进而提高环保约谈的实施效果。

1. 提高环保约谈立法标准

我国环保约谈立法中普遍存在着高层级立法缺漏和地方低层级立法满天飞等问题。而综观各地约谈立法情况，存在着规定内容与程序上缺乏统一标准的现象，各地立法各自为政，法律规定也不尽一致。为完善我国环保行政约谈制度，必须从立法层面强化高层级立法以强化约谈制度法律依据。具体而言，可促进《环境保护法》修订，就环保约谈作出框架性规定。如约谈的性质、约谈事由的确定标准、约谈程序的具体可操作性等。对于环境违法案件，应当明确其性质并建立相应的法律责任体系。同时，还应该借鉴域外先进立法经验，构建符合中国国情的地方环保约谈立法模式。我国设计了不同的约谈形式，并设置了不同的内容事项与责任分担，以期为我国地方约见立法在高层级上进行立法引导，增强体系合法性与权威性。以《环境保护部约谈暂行办法》（以下简称《约谈暂行办法》）为界，我国关于环保约谈制度的法律文件可归结为两类：暂行办法出台之前制定，此类规范性文件制定之初缺乏法律依据引导，通常把制定依据泛泛而谈为根据相关环境保护法律法规规定而制定，多数效力层级较低，许多条款与约谈暂行办法规定不符，而另有一类约谈暂行办法出台之后制定，多数由各地政府规章和规范性文件组成，制定内容多为约谈办法，因其自身原因而被归咎于抽象原则。与此同时，我国应制定地方性法规或规章以细化相关条款。建立严格的约谈问责机制，通过行政监督来保证约谈效果。在程序控制上则应采取"三会"制。各地在约定事由，约定对象，约定内容，约定程序和约定效力上出现不一致现象，各地基于实践差异，能够较好地结合本地需求安排约定，但法律不统一所带来的实践困惑更不利于约定开展，统一约定法律条款，拓展约定主体，三种约定模式均应融入法律条款，统一约定程序规范和明确约定事由势在必行。

2. 健全环保行政约谈的运行机制

明确主体职责，扩大面谈主体范围。在我国进行环境访谈的责任在法律文件中没有明确规定，不同地方政府制定的法规也不同。对不遵守地区，采取区域限制列名审批和监督等处理措施，该措施旨在批准该区域的地方政府项目，协助地方当局现场实施整改和改革，最终影响该区域的经济发展。在我国现行法律框架下，政府主要负责制定政策与法规，而不是具体的环保措施；我国现行环境法制不健全，对企业的处罚力度不够。应当从立法上明确责任承担者是参与约谈者，明确并配置有关部门责任时，需要对环境保护无过错、失职的行政机关作出免责规定。对于具体责任的形式，可以根据调查情况进行起诉并对建议进行更正。推进面谈程序标准化。环境调查的基本程序分为访谈研究、访谈通知、访谈进行、执行访谈更正意见和评估阶段。调查过程中应明确调查约见事项，约见是否满足约见要求，约见正式执行前期告知阶段约见主体应告知被约见方并制作约见通知书，并用信函形式向约见对象寄送，其中应包括约见原因、约见时间、约见地点、约见参与者、约见双方权利义务以及约见方需编制的约见报告，被约见方可提出延期异议。对于具体责任的形式，根据调查情况起诉实施建议更正，保证面谈程序规定的标准化。

3. 完善信息公开与公众参与制度

利用社会新闻网络和公众对采访的监督，增加第三方组织的参与度，形成共同管理环境问题的典范。并将访谈信息公之于众，使公众和企业各方了解访谈的过程和结果，确保公众了解环境问题的解决方案，参与环境监督和改进的过程。扩大约谈第三方参与范围，可将被约谈区域内的群众纳入约谈范围，确保群众约谈知情权，明确群众参与渠道与途径，确保群众对约谈进行监督，群众有权就涉及切身利益的环境问题发表看法，有权就整改意见达成发表不同意见，约谈方应倾听群众意见，并在随后的约谈纪要里记录群众态度。同时还需要建立约谈人员定期考核机制，通过绩效考核提高约谈执行力度，从而使约谈能够真正成为一种有效的监督手段，促进约谈工作顺利开展。对约谈结果要实行全公开，对约谈自通知阶段至形成整改意见全过程事项，除了法律规定无法公开外，一律予以公开，并对公开渠道、方式予以明确，如可在各地政府网站上获取有关资料，对后续整改意见落实情况评估也要予以公开，由群众对落实情况予以评价，以更好地发挥约谈监督保证作用。

4. 实行监督回访制度

环保约谈的价值体现在双方在经过讨论和访谈后达成的补救措施上，所达到的纠正措施是验证环保访谈是否发挥作用的标准。通过建立监督回访制度，监控整改措施是否按期达成，并定期回访跟踪整改落实进展情况，对于不符合整改要求的要及时予以调整、查缺补漏。同时要将督促整改落实作为一项经常性工作来抓。在具体的检查中，可以从四个方面开展：一是实地查看；二是查阅相关资料；三是召开座谈会或访谈会；四是发放调查表。也可发放社会公众满意度调查问卷，其主要内容可包括公众对政府办理结果、整改是否满意，以及认为需完善之处、整改不力原因何在，行政机关违法与否以及是否落实责任等。

二、长三角环境治理政策组合路径优化分析

第一，对长三角地方政府而言，实施环境分权与环保立法组合政策、环境分权和环保约谈组合政策、环保立法和生态补偿组合政策、环保立法和环保约谈组合政策、环保立法与环保督察组合政策、生态补偿和环保约谈组合政策是较优选择。这些组合政策的污染减排效果明显优于单一政策，表明这些组合政策在实施过程中，不仅发挥出单一政策的治理效果，还与其他政策

发生良好的交互作用，促使两个政策间相互协助，更好地抑制环境污染。因此，在后续的环境治理过程中，可以加大以上环境组合政策实施的力度，帮助治理更深层次的环境污染。

第二，优化环境分权和生态补偿组合政策、环境分权和环保督察组合政策、生态补偿和环保督察组合政策、环保约谈和环保督察组合政策协作机制。基于环境分权、环保立法、生态补偿、环保约谈和环保督察五项单一环境政策的组合中，以上四个环境组合政策的减排效应不明显，也不优于单一政策的减排效果，尤其是环境分权和生态补偿组合政策，两者未产生良好的交互作用，未达到环境治理的目的。但从理论上而言，环境分权通过明晰地方政府环境治理的主体责任，规避地方政府与中央政府环境治理目标不一致的问题，将地方政府注意力吸引至环境治理，从而制定出与当地污染情况更加匹配的环境政策，有效改善环境质量。而生态补偿政策则是由政府主导，基于科斯定理，利用市场机制来解决环境污染的负外部性问题，从而达到调节生态环境保护和经济利益关系，促进生态系统绿色发展。但两者的交互作用不尽如人意，表明长三角在环境分权和生态补偿政策实施过程中缺乏协作机制，因此在后续环境治理过程中，需要协调以上环境政策组合，以达到更好的环境治理效果。

第三，区域政策组合优化路径。首先，对于上海市而言，所有环境政策的组合均一定程度上抑制了其环境污染，但环境分权和环保立法组合政策减排效果最佳，这也是上海市政府部门的最优选择。鉴于此，上海市可以进一步推广环境分权和环保立法组合政策的实施，在此基础上配合其他环境组合政策，多层次地治理环境污染。其次，对于江苏省和浙江省而言，尽管环境分权和环保立法组合政策有助于治理这两个省的环境污染，但其他环境组合政策的减排效应均不明显，表明其他环境组合政策在这两个省实施过程中并未发生良好的交互作用，单一的环境政策组合也不利于深层次环境治理，因此在后续的环境治理中，江苏省和浙江省应构建环境政策间的协调机制，更好发挥出环境政策的减排效应。最后，对于安徽省而言，环保立法和环境分权组合政策与环保立法和生态补偿组合政策是安徽省地方政府的最优选择，因此安徽省在后续的环境治理过程中，可以依托这两种政策组合，以达到降低环境污染的目的。

第二节　长三角环境治理长效机制构建

中央与地方政府高度重视环境污染治理工作，坚定不移地走生态优先、绿色发展之路，把人民群众反映强烈的突出生态环境问题摆上重要议事日程，因地制宜、科学施策，强化多污染物协同控制和区域协同治理，完善生态环境保护领导体制和工作机制。可以预期的是，生态文明建设将是我国未来一段时间发展的重点。当前，我国环境治理取得初步成效，但伴随着我国环境治理逐步走向深水区，环境污染日益成为影响经济社会高质量发展的重要因素，构建长三角环境治理长效机制不仅符合国家战略，也是实现长三角更高质量一体化发展的重要抓手。

一、构建环境分权与环保立法相结合的环境治理动力机制

第一，推广环境分权政策。首先，环境分权政策的本质是明晰地方政府在环境治理中的主体责任，将环境治理的权责下放至地方政府，有利于规避中央政府对地方环境污染敏感度不足、中央环境政策与地方污染现状不匹配等问题。其次，由于环境污染和环境治理的外部性，地方政府在环境治理过程中易于扮演"免费搭车者"角色，最终导致"逐底竞争"的加剧，而环境分权政策明确了地方政府对辖区内环境污染治理的主体责任，极大地提高了地方政府环境治理的动力，也有利于增加地方政府在环境治理方面的投入。最后，环境分权政策背景下，地方政府更具信息和成本优势，更为了解辖区内的环境污染情况，其制定的环境污染治理政策也更为契合地方环境污染现状，进而提高环境治理绩效；同时，环境分权政策背景下，地方政府将加强与周边地区之间的交流合作，进而有助于构建跨区域环境污染治理联动机制，

共同治污，提高环境治理效率。

第二，加大环保立法政策力度，完善环境治理法律体系。1989 年以来，中央和地方政府制定了大量环境治理方面的法律法规，以立法的形式明确了环境污染治理中各主体的权责，进而提高了地方政府环境治理的动力，如《中华人民共和国环境保护法》《生态环境损害赔偿制度改革方案》《中华人民共和国固体废物污染环境防治法》《中华人民共和国环境保护税法》等。同时，环境立法也意味着，环境保护已经从以往的适应经济发展、与经济发展相协调的从属地位，变为要求经济社会发展要与环境保护相协调，上升为经济社会发展的硬约束。相较于其他环境规制政策而言，环保立法具有国家保障、权威性强等特征，通过立法形式守住生态底线，对企业、政府、公众产生刚性约束，形成一种全民遵守环保法律法规的良性循环。具体而言，一方面，环保立法以法律形式明确了环保主体权责，有助于环保主体在环保法律法规的框架内履行自身义务，减少污染排放和加强污染监督。另一方面，在加大环保立法的过程中，能逐步完善相关环保法律体系，使法律保障更加契合污染现状，同时，有利于鼓励社会公众参与到环境治理中，对污染企业和地方政府的监督进一步提升，进而成为环境治理的动力机制。

二、构建生态补偿为主的环境治理补偿机制

2019 年《长江三角洲区域一体化发展规划纲要》正式提出，要完善跨流域跨区域生态补偿机制。由于复杂的产权关系和外部性特征，生态资源往往被视为换取经济发展和个人利益的牺牲品，因此，需要政府通过课税和补贴等方式在不同的区域和群体间构建一个公平的机制，以实现生态环境的动态平衡，进而避免"公地悲剧"的发生。因此，生态补偿机制的核心在于调动各方主体环境保护的积极性。具体而言，可以从以下方面构建生态补偿的长效机制：

第一，明确生态补偿的主客体。近年来，我国生态补偿主要集中在森林、草地、流域、湿地、海洋、荒漠、耕地和重点生态功能区八大领域，"谁开

发、谁保护，谁污染、谁付费，谁收益、谁补偿"是生态补偿实施的基本原则，而明晰环境污染治理主体权责是实施生态补偿的前提。当某经济主体（地区）的经济行为污染周边环境时，它应作为生态补偿的主体为其他客体提供补偿；同时，随着该主体通过自身行为提升了生态环境质量，其他主体也因此受益，那么它作为生态补偿的客体也该受到来自该区域其他主体的补偿。通过这种双向补偿机制，能充分发挥各生态相关方环境治理的积极性，从而克服环境污染的负外部性问题，提升区域整体生态质量水平。

第二，推动多元化生态补偿机制。一方面，环境治理的主体是多元化的，理应由中央政府、地方政府、企业和居民共同组成，各自发挥其在环境治理中的作用。现阶段，生态补偿以政府主导的行政资金补偿为主，这一补偿方式较大程度改善了生态环境质量，但生态补偿效率较低，因此，应充分发挥市场作用，通过构建市场化的交易平台来让市场配置生态资源，建立市场化、多元化生态补偿机制，进而提高生态补偿的效率。另一方面，单一补偿方式不利于生态补偿机制长期化、稳定化，过度依赖政府主导的生态补偿将削弱其他主体的积极性，当政府注意力转移时，这一补偿机制的效用也会相应减弱，因此，构建多元化生态补偿机制迫在眉睫。在坚持行政资金补偿的前提下，搭配技术补偿、投资补偿等形式，也可以通过人才支持提升生态补偿水平。

第三，完善生态补偿标准体制。制定生态补偿标准主要涉及两个方面：一是如何界定是否达到了生态补偿的标准。以流域补偿为例，过去对于流域生态补偿的标准主要考量该流域的水质变化，但单一的水质变化并不能完全反映该流域的整体情况，该水域的生态、环境变化等也是重要方面。二是如何合理地制定生态补偿额度，这需要解决"应该补偿多少"和"能够补偿多少"两大核心问题。作为市场化环境治理形态，生态补偿标准的制定不仅需要考虑到将生态恢复到原有水平的成本，还需考虑补偿期限、社会心理等因素，这些难以确认的变量加大了补偿标准制定的难度。因此，完善生态补偿标准首先要建立一个评估生态系统的综合体系，通过该综合体系评判是否需要进行生态补偿。其次，建立补偿标准动态调整机制，由于各地污染程度不同、经济发展不同、投入要素偏好也不相同，因此需要适时根据情况进行调整。

三、构建环保约谈和环保督察为主的环境治理监督机制

以环境分权和环保立法为主的环境治理动力机制明晰了环境治理主体的权责，有利于激发地方政府环境治理动力；以生态补偿为主的环境治理补偿机制有利于解决"多排放、少投入""我污染、你治理"等难题；以环保约谈和环保督察为主的环境治理监督机制可以有效监督地方政府环境污染治理的实施情况，进而有助于形成稳定的环境治理长效机制。

第一，深化环保约谈制度，充分发挥行政监督和行政问责功能。首先，扩大环保约谈政策实施的范围，重点监督突出环境问题和地方政府环境治理不作为、乱作为的情况，对相关部门负责人进行约谈，将相关责任落实到个人，确保环保政策的有效执行。其次，评估地方政府在环保约谈后的整改情况，对整改进度缓慢的相关部门进行行政问责。最后，鼓励社会公众、企业等相关主体参与到环保约谈制度实施的过程中。实际上，多主体参与下的环保约谈政策更易整合环保资源，从而达到短期环保政策执行效率的最大化，提升环境治理水平。另外，企业、社会公众等作为环境主体之一，在环保约谈的督导下也能够规范自身环保行为，并对政府行为进行监督，进而提升环境污染治理绩效。

第二，不断完善中央环保督察制度。首先，推动中央环保督察工作常态化。常态化的环保督察更能提高地方政府和受管制企业对环保工作的认识，有利于减缓地方政府和高污染企业的策略性行为，降低信息不对称所带来的风险，进一步改善环境状况。其次，环保督察制度的优点就在于刚性约束大、威慑力强，不断加大执法力度更能发挥环保督察政策的优势，达到督促地方政府加大力度整治环境的目的。最后，构建社会公众多渠道举报平台。一方面，有利于中央督察组了解当地与公众切实相关的突出污染问题，提升环保督察信息的交流度，另一方面也会鼓励公众参与到环境治理当中，加强对地方政府环保行为的监督。

综合而言，无论是环保约谈还是环保督察政策，均以其权威的行政约束

力,有效发挥事前预防、事中监督、事后问责作用,整合多个治理主体力量,提高地方政府环境治理力度,改善环境污染状况。

四、构建环境治理的公众参与机制

根据经济学原理,生态资源具有公共物品属性,生态环境的治理也需要全社会的共同参与。党的十九届四中全会明确指出,必须加强和创新社会治理,完善党委领导、政府负责、民主协商、社会协同、公众参与、法治保障、科技支撑的社会治理体系,建设人人有责、人人尽责、人人享受的社会治理共同体。在此背景下,在发挥政府在环境治理方面领导作用的同时,还需发挥公众等其他环境治理主体的协同治理作用。为此,可以从以下角度构建环境治理的公众参与机制:

第一,完善政府信息公开机制。由于生态环境具有典型公共物品特征,因此公众有权了解生态环境污染产生的原因、治理的过程等。完善政府信息公开机制不仅能够提高公众参与环境治理过程的积极性,还可以充分发挥公众监督作用,实现环境质量的提升。鉴于此,地方政府还可以通过健全信息披露机制,扩大信息公开范围,提供相关法律支持,为公众发挥监督作用提供保障。具体而言,可以建立地方污染信息网,实时发布辖区内污染现状、治理进度等,实现公众生态环境知情权。

第二,拓宽公众参与环境治理多元渠道。在以往环境治理的实践过程中,由于缺乏有效参与途径,公众对环境治理的诉求难以充分表达。鉴于此,需要完善政府与公众沟通机制,拓宽公众参与多元渠道,并且明晰公众环境污染问责权利。在环境治理政策制定过程中,广泛征求公众意见,充分考虑公众诉求,不断提高公众环境治理参与度。同时,应针对突出环境污染问题和整改不到位等情况,发挥公众监督问责权利,实现政府与公众的良性互动,提升政府公信力。

第三,加大环保宣传力度,深化环保宣传教育方式改革。以往环保宣传教育过于形式化,因此需要深化环保宣传方式改革,建立系统的环保宣传体系。首先，立足实际，开展多样化的宣传教育，以满足不同社会人群的需要，营造出共建美好生态环境的社会氛围。其次，以基层群众自治组织为载体，加大对基层群众自治组织的宣传，发挥出基层组织对群众的引导作用，使环保宣传工作深入人心。最后，加强对工业企业的宣传教育工作，一方面教育企业遵守相关法律法规，将自觉规范排污行为融入整个社会的环境治理当中。另一方面，鼓励企业进行技术创新，采用先进工艺、设备，实现清洁生产，从源头上实现污染减排。

五、构建环境治理的区域协同机制

现阶段环境治理主要通过明晰地方政府权责，提高地方政府环境治理的积极性，达到提升环境质量的目的。但环境污染在传播中呈现单向或多向流动的特征，也增加了环境治理的难度。党的十八大以来，生态文明建设和绿色发展深入人心，我国生态文明建设实践也表明，随着环境治理逐渐走向深水区，环境治理的"单兵作战"效果有限，为此，建立跨区域的协同治理机制意义重大。2015 年，中共中央、国务院印发《生态文明体制改革总体方案》指出，要完善京津冀、长三角、珠三角等重点区域大气污染防治联防联控协作机制。2021 年《长江三角洲区域生态环境共同保护规划》强调，推动环境协同治理，共同建设绿色美丽长江三角洲。拟从以下角度构建环境治理的区域协同机制：

第一，构建区域环境协同治理沟通机制。充分发挥长三角一体化战略优势，搭建长三角常态化的沟通与交流平台，一方面各地政府可以通过这个平台积极交流，基于横向协调原则，促进各个城市环境污染治理上的对接，对于区域内突出环境问题，进行探讨和解决。另一方面，针对区域内其他地区环境政策执行不到位的情况，进行同级监督。

第二，构建区域环境政策协同机制。由于长三角地区涉及多个行政区域，不同地区制定的环境治理措施也并不相同，因此构建环境政策协同机制，不仅可以提高各地政府对邻近城市环境政策的认同度，而且可以结合辖区内的污染特点与资源禀赋，可以达到对环境污染的精准治理，最大限度地减少资源浪费，提高区域利益。

第三节　本 章 小 结

近年来，中央与地方政府高度重视环境污染治理问题，出台了大量环境治理方面的政策与措施，环境治理取得明显成效，如何进一步优化环境治理政策与措施成为当前政府与学界关注的热点问题。本章首先基于前面章节单一环境政策和组合环境政策减排效应的评估，从单一环境治理政策与组合环境治理政策两个维度，提出当前长三角环境治理的优化路径。其次从环境分权与环境立法为主的环境治理动力机制、生态补偿为主的环境治理补偿机制、环保约谈与环保约谈为主的环境治理监督机制、环境治理公众参与机制和环境治理区域协调机制五个方面提出长三角环境污染治理的长效机制，进而为实现长三角环境污染治理、高质量发展、可持续发展提供智力支持。

第八章

研究结论和推进长三角环境治理政策建议

本章总结了本书的主要研究结论，在此基础上，基于前面章节的理论与实证研究，有针对性地提出促进长三角环境治理的政策建议，为实现长三角地区高质量发展奠定基础。

第一节　研究结论

长三角地区是我国经济社会发展较好的区域，各项环境治理政策的实施走在全国前列，也取得了一定成效。本研究聚焦环境污染和治理，总结以往长三角城市环境治理举措，着重评估了长三角环境治理单一政策与组合政策的实施效果，主要研究结论如下。

一、长三角环境污染与环境治理方面

综合而言，2009 年以来长三角地区环境污染整体上有所缓和，其环境污染水平呈现出明显的空间集聚现象，但不同城市环境污染水平存在较大差异。环境治理方面，长三角地区环境治理投资额（人均）呈现上升态势，表明在中央政府领导下，各地方环境治理主体积极性上升，环境治理效果良好，政

府环境治理能力逐步提升，但长三角地区错综复杂的经济社会环境，导致其环境保护工作任重道远。在此基础上，对长三角环境治理困境进行分析，分别从法律制定、职能划分、监督机制等多方面、深层次分析环境政策实施中的不足之处。

二、环境治理单一政策的绩效评估

本研究设计了基于双重差分估计方法（DID）的实证策略来实证检验环境分权、环保约谈、环保督察、环保立法、生态补偿五种环境政策的减排效应，并通过平行趋势检验、安慰剂检验、PSM-DID、更换被解释变量、固定省份效应等方面进行了多维度的稳健性检验。

环境分权的减排效应评估结果表明，地方政府环境治理受到中央政府的强约束，治理投资不断加大，同时，环境分权背景下地方政府环境治理的信息优势、成本优势得以有效发挥，环境治理效率得到提升，最终城市环境污染得以缓解。

环保立法的减排效应评估结果表明，环保立法短时间内会抑制本地区环境污染，长期效果不明朗，环保立法对相邻地区环境治理影响较小。

实施生态补偿政策的减排效应结果表明，生态补偿在短时间内能迅速抑制本地区环境污染，长期来看减排效果依然显著，但是生态补偿对邻市环境污染的影响不大。

环保约谈的减排效应评估结果表明，生态环境部就具体事项约谈地方官员，并未带来地区环境污染物排放量的普遍减少，环保约谈的减排效应不明显，但是环保约谈对邻市环境污染具有明显的抑制作用；分区域来看生态补偿的减排效应具有区域异质性。

环保督察的减排效应评估结果表明，环保督察对被督察城市的环境污染并未带来立竿见影的减排效果，长期来看减排效果显著；分区域来看，环保督察对长三角不同城市环境污染的影响具有异质性。

三、环境治理组合政策的绩效评估

本研究采用三重差分模型对环境分权、环保立法、生态补偿、环保约谈与环保督察等环境治理组合政策的影响效应进行评估，采用平行趋势检验、安慰剂检验、PSM-DID 以及更换指标等检验方法进行稳健性分析。研究表明，环境治理组合政策的影响效应要优于单一环境治理政策。异质性分析结果表明，整体上政策组合的减排效应具有较为明显的区域异质性。考虑空间外溢效应的实证结果表明，长三角地区环境治理组合政策在空间范围具有外溢效应，对周边地区产生减排效应。中介机制检验结果表明，环境组合政策会降低地方政府之间的过度竞争，同时会提高对环境污染的关注度。

环境分权与环保立法政策组合对环境污染的影响效应为负，且结果较为显著，表明环境分权与环保立法政策的有机互动对环境污染产生明显的抑制作用，分权和立法体制下，地方政府明晰自身职权，组合政策的减排效应得到有效发挥。

环境分权与生态补偿政策组合对环境污染的影响效应不显著，表明环境分权与生态补偿的政策组合对环境污染未产生抑制作用。

环境分权和环保约谈政策组合与环境污染呈现出显著的负向关系，表明在环境分权与环保约谈政策组合下，地方政府在获得更多环境事权的同时也受到有效监督，组合政策的有机互动对污染治理产生积极的影响。

环境分权与环保督察政策组合对环境污染的影响不显著，意味着环境分权与环保督察政策未形成有效的良性互动，对环境污染的抑制效果不显著。

环保立法和生态补偿政策组合与环境污染呈现出显著的负向关系，表明在环保立法与生态补偿政策组合下，通过立法明确地方政府的环保权责，激发了地方政府的环境治理积极性，充分发挥环境政策的减排绩效。

环保立法与环保约谈政策组合对长三角地区环境污染有显著的抑制作用，表明环保立法动力机制和环保约谈监督机制的有机结合，能够增强地方政府环境治理主动性，政策组合对环境污染有显著的抑制作用。

环保立法与环保督察政策组合显著抑制环境污染，但影响效应呈现滞后特征，意味着环保立法与环保督察相结合的环境治理政策在短期内缺乏成效，治理周期较长。

生态补偿与环保约谈政策组合能显著抑制长三角地区环境污染，表明生态补偿与环保约谈政策体系下，环境治理补偿机制和监督机制的有机结合能有效降低环境污染。

生态补偿与环保督察政策组合对长三角地区环境污染的影响不显著，表明生态补偿与环保督察政策组合未发挥出良好的减排作用。

环保约谈与环保督察政策组合对环境污染的影响不显著，表明结合约谈与督察的环境监督体系，对环境污染的抑制作用不足。

第二节　促进长三角环境治理的政策建议

在长三角地区环境治理进入深水区，污染防治趋向精细化、深入化、综合化的当下，环境治理长效机制和区域的环境治理体系建设被推向新高度。基于本研究，应从以下方面推进长三角地区环境污染治理。

一、全面实施环境分权制度，强化中央政府监督力度

环境分权有助于推进地方治理环境污染，环境分权制度应得到全面实施。环境分权背景下，地方政府对环境问题注意力提升，会采取更多措施治理环境污染，在分权背景下，地方政府环境治理自主权提升，有利于充分发挥信息优势，开展环境公共服务工作，方便环境治理。与此同时，为了避免地方政府过于注重经济增长而忽视环境治理，中央政府监督力度应逐步增强，使得环保监督管理常态化，严格审批地方政府环保政策，对高污染、高排放企业实行严格管理。

二、持续推进环境治理绩效考核与问责机制构建

环境分权可以借助地方环境治理主体的成本优势、信息优势实现环境治理潜在能力与效率提升，但是环境分权环境治理效率提升效应得到有效发挥的关键在于是否形成了对地方政府环境治理行为的强约束机制，是否能够实质性推动对环境治理主体的问责追责工作。因此，在现有河（湖）长制环境分权架构下，应该加强对环境治理行为的约束力度，持续推进环境治理绩效纳入政府考核，落实对环境治理主体的问责追责机制，通过明晰地方治理主体的环保事务权责并实现环境污染事件中的问责与追责，提高城市环境质量，实现城市经济的绿色发展。

三、持续推进环境执法行为考核与问责机制构建

环保立法可以借助环保处罚的震慑作用促进污染企业减少污染产能，加大创新投入实现绿色转型，但是环保法律法规的执法程度会影响震慑作用的发挥，环境事务中的选择执法会给环境治理与减排工作带来影响。因此，在现有环保法律法规框架下，应该加强对环保执法行为的约束力度，调动地方主体的执法动力，扩宽环保事业公众舆论监督渠道，实现城市环境质量的持续改善。

四、持续加大跨区域生态补偿政策试点推广力度

生态补偿政策综合运用经济手段和行政手段，实现环境公共品供求双方等价交换，从而有效地避免生态保护中的"公地悲剧"问题。因此，应该在生态环境脆弱、环境污染外溢严重的地区持续推广跨流域、跨地界的生态补偿协调机制，通过跨区域环境协同治理解决污染扩散困境。因地制宜，构建各地区最适合的生态补偿协调长效机制。

五、持续推进常态化环保事件约谈督察机制构建

环保约谈、环保督察是中央政府强力推动环境治理背景下环境管理的重大制度创新，具有"运动式治理"模式的典型特征。在中央政府的强力推动下，各级政府短时期内以极强的社会动员能力，实现环境质量的显著改善。但是，绿水青山长治久安的关键在于将环境治理压力、动力常态化。因此，应该持续推进常态化环保约谈、环保督察，实现对环境治理主体失责缺位问题追责问责的常态化，通过"督政"的方式持续推进区域低碳发展与绿色转型，实现环境友好的经济增长。

六、推进区域合作协调，加强"联防联控"合作机制

环境治理的正向外溢性促进地方政府具有免费"搭便车"动机，造成趋劣竞争，这种"单打独斗式"环境治理效果较差。因此有必要建立区域环境治理合作机制，创新环境治理模式，加大环境治理力度，提升环境治理水平。同时企业应加大污染防治技术研发投入，政府广泛普及环保常识，努力控制企业污染物排放量，从源头对污染物排放进行防控治理。从顶层设计规划看，应建立跨部门污染防控协调机制，协同治理区域间环境污染。

七、优化完善污染防控管理体制，构建多元化环境政策

为解决生态环境保护部门职能分散交叉、条块分割的问题，应深化行政体制改革，统一管理生态环境，摈弃地方观念。由中央政府制定统一的环境政策，独立进行环境监管与行政执法，地方政府作为各项环境政策的执行者，集中管理权限，协调各个环境部门工作，形成环保合力。同时完善环境信息公布制度，建立健全污染物排放监测机制，建立环境污染责任追究制，使得环境治理深入人心。随着环境复杂化，单一的治理方式不再满足环境治理发

展需要，在保持政府主导型政策工具的同时，补充市场主导型环境治理，建立健全生态补偿制度，减少"搭便车"行为，明确产权，按照"谁开发谁保护、谁破坏谁补偿、谁排污谁治理"的原则，激励调动市场机制，为环境治理提供充足资金，提高政府管理环境效率。除此之外，建立公众参与型环境治理政策，保障环境政策有效实施，尤其重视环保约谈事件中群众信访和投诉信息，健全公众表达机制，引入环保公益组织等第三方力量监督环境治理，扩大信息公开范围，构建多元化生态环境治理政策。

参考文献

[1] 白嘉，韩先锋，宋文飞. FDI 溢出效应、环境规制与双环节 R&D 创新：基于工业分行业的经验研究 [J]. 科学学与科学技术管理，2013 (1)：56 - 66.

[2] 白俊红，张艺璇，卞元超. 创新驱动政策是否提升城市创业活跃度：来自国家创新型城市试点政策的经验证据 [J]. 中国工业经济，2022 (6)：63 - 80.

[3] 包群，彭水军. 经济增长与环境污染：基于面板数据的联立方程估计 [J]. 世界经济，2006 (11)：48 - 58.

[4] 包群，邵敏，杨大利. 环境管制抑制了污染排放吗？ [J]. 经济研究，2013 (12)：42 - 54.

[5] 陈诗一. 边际减排成本与中国环境税改革 [J]. 中国社会科学，2011 (3)：85 - 100.

[6] 陈诗一，陈登科. 雾霾污染、政府治理与经济高质量发展 [J]. 经济研究，2018 (2)：20 - 34.

[7] 陈诗一，祁毓. "双碳" 目标约束下应对气候变化的中长期财政政策研究 [J]. 中国工业经济，2022 (5)：5 - 23.

[8] 陈晓红，蔡思佳，汪阳洁. 我国生态环境监管体系的制度变迁逻辑与启示 [J]. 管理世界，2020 (11)：60 - 172.

[9] 程永宏，熊中楷. 碳税政策下基于供应链视角的最优减排与定价策略及

协调 [J]. 科研管理, 2015 (6): 81-91.

[10] 程钰, 任建兰, 陈延斌, 等. 中国环境规制效率空间格局动态演变及其驱动机制 [J]. 地理研究, 2016 (1): 58-70.

[11] 邓国营, 徐舒, 赵绍阳. 环境治理的经济价值: 基于 CIC 方法的测度 [J]. 世界经济, 2012 (9): 143-160.

[12] 邓玉萍, 许和连. 外商直接投资、地方政府竞争与环境污染: 基于财政分权视角的经验研究 [J]. 中国人口·资源与环境, 2013 (7): 155-163.

[13] 豆建民, 张可. 空间依赖性、经济集聚与城市环境污染 [J]. 经济管理, 2015 (10): 12-21.

[14] 范斐, 孙才志, 王雪妮. 社会、经济与资源环境复合系统协同进化模型的构建及应用: 以大连市为例 [J]. 系统工程理论与实践, 2013 (2): 413-419.

[15] 范子英, 赵仁杰. 法治强化能够促进污染治理吗: 来自环保法庭设立的证据 [J]. 经济研究, 2019 (3): 21-37.

[16] 方创琳, 周成虎, 王振波. 长江经济带城市群可持续发展战略问题与分级梯度发展重点 [J]. 地理科学进展, 2015 (11): 1398-1408.

[17] 符淼, 黄灼明. 我国经济发展阶段和环境污染的库兹涅茨关系 [J]. 中国工业经济, 2008 (6): 35-43.

[18] 傅勇. 中国的分权为何不同: 一个考虑政治激励与财政激励的分析框架 [J]. 世界经济, 2008 (1): 16-25.

[19] 龚健健, 沈可挺. 中国高耗能产业及其环境污染的区域分布: 基于省际动态面板数据的分析 [J]. 数量经济技术经济研究, 2011 (2): 20-36, 51.

[20] 郭俊杰, 方颖, 杨阳. 排污费征收标准改革是否促进了中国工业二氧化硫减排 [J]. 世界经济, 2019 (1): 121-144.

[21] 郭平, 杨梦洁. 中国财政分权制度对地方政府环境污染治理的影响分析 [J]. 城市发展研究, 2014 (7): 84-90.

[22] 韩超, 孙晓琳, 李静. 环境规制垂直管理改革的减排效应: 来自地级市环保系统改革的证据 [J]. 经济学 (季刊), 2021 (1): 335 – 360.

[23] 韩超, 王震. 寻找规制治理外的减排力量: 一个外资开放驱动减排的证据 [J]. 财贸经济, 2022, 43 (6): 97 – 113.

[24] 胡珺, 宋献中, 王红建. 非正式制度、家乡认同与企业环境治理 [J]. 管理世界, 2017 (3): 76 – 94.

[25] 黄滢, 刘庆, 王敏. 地方政府的环境治理决策: 基于 SO_2 减排的面板数据分析 [J]. 世界经济, 2016 (12): 166 – 188.

[26] 黄永明, 何凌云. 城市化、环境污染与居民主观幸福感: 来自中国的经验证据 [J]. 中国软科学, 2013 (12): 82 – 93.

[27] 计志英, 毛杰, 赖小锋. FDI 规模对我国环境污染的影响效应研究: 基于 30 个省级面板数据模型的实证检验 [J]. 世界经济研究, 2015 (3): 56 – 64, 128.

[28] 金刚, 沈坤荣. 地方官员晋升激励与河长制演进: 基于官员年龄的视角 [J]. 财贸经济, 2019, 40 (4): 20 – 34.

[29] 金刚, 沈坤荣. 以邻为壑还是以邻为伴?: 环境规制执行互动与城市生产率增长 [J]. 管理世界, 2018 (12): 43 – 55.

[30] 阚大学, 吕连菊. 要素市场扭曲加剧了环境污染吗: 基于省级工业行业空间动态面板数据的分析 [J]. 财贸经济, 2016 (5): 146 – 159.

[31] 李光龙, 周云蕾. 环境分权、地方政府竞争与绿色发展 [J]. 财政研究, 2019 (10): 73 – 86.

[32] 李国祥, 张伟. 环境分权、环境规制与工业污染治理效率 [J]. 当代经济科学, 2019, 41 (3): 26 – 38.

[33] 李静, 杨娜, 陶璐. 跨境河流污染的 "边界效应" 与减排政策效果研究: 基于重点断面水质监测周数据的检验 [J]. 中国工业经济, 2015 (3): 31 – 43.

[34] 李玲, 陶锋. 中国制造业最优环境规制强度的选择: 基于绿色全要素生产率的视角 [J]. 中国工业经济, 2012 (5): 70 – 82.

[35] 李强,高楠.城市蔓延的生态环境效应研究:基于34个大中城市面板数据的分析 [J].中国人口科学,2016 (6):58-67.

[36] 李强.河长制视域下环境分权的减排效应研究 [J].产业经济研究,2018 (3):53-63.

[37] 李强.环境分权与企业全要素生产率:基于我国制造业微观数据的分析 [J].财经研究,2017 (3):133-144.

[38] 李强,王亚仓.长江经济带环境治理组合政策效果评估 [J].公共管理学报,2022,19 (2):130-141,174.

[39] 李强,王琰.环境分权、环保约谈与环境污染 [J].统计研究,2020 (6):66-78.

[40] 李强,魏巍,徐康宁.技术进步和结构调整对能源消费回弹效应的估算 [J].中国人口·资源与环境,2014 (10):64-67.

[41] 李强.正式与非正式环境规制的减排效应研究:以长江经济带为例 [J].现代经济探讨,2018 (5):92-99.

[42] 李青原,肖泽华.异质性环境规制工具与企业绿色创新激励:来自上市企业绿色专利的证据 [J].经济研究,2020,55 (9):192-208.

[43] 李胜兰,初善冰,申晨.地方政府竞争、环境规制与区域生态效率 [J].世界经济,2014 (4):88-110.

[44] 李小平,李小克.中国工业环境规制强度的行业差异及收敛性研究 [J].中国人口·资源与环境,2017 (10):1-9.

[45] 李小胜,宋马林,安庆贤.中国经济增长对环境污染影响的异质性研究 [J].南开经济研究,2013 (5):96-114.

[46] 李永友,沈坤荣.我国污染控制政策的减排效果:基于省际工业污染数据的实证分析 [J].管理世界,2008 (7):7-17.

[47] 李永友,沈坤荣.辖区间竞争、策略性财政政策与FDI增长绩效的区域特征 [J].经济研究,2008 (5):58-69.

[48] 李永友,文云飞.中国排污权交易政策有效性研究:基于自然实验的实证分析 [J].经济学家,2016 (5):19-28.

［49］廖华，魏一鸣．能源效率及其与经济系统关系的再认识［J］．公共管理学报，2010（1）：28-34．

［50］林伯强，李江龙．环境治理约束下的中国能源结构转变—基于煤炭和二氧化碳峰值的分析［J］．中国社会科学，2015（9）：84-107．

［51］林伯强．资源税改革：以煤炭为例的资源经济学分析［J］．中国社会科学，2012（2）：58-78．

［52］林伯强，邹楚沅．发展阶段变迁与中国环境政策选择［J］．中国社会科学，2014（5）：81-95．

［53］卢洪友，张奔．长三角城市群的污染异质性研究［J］．中国人口·资源与环境，2020，30（8）：110-117．

［54］卢丽文，宋德勇，李小帆．长江经济带城市发展绿色效率研究［J］．中国人口·资源与环境，2016（6）：35-42．

［55］陆凤芝，杨浩昌．环境分权、地方政府竞争与中国生态环境污染［J］．产业经济研究，2019（4）：113-126．

［56］陆旸．从开放宏观的视角看环境污染问题：一个综述［J］．经济研究，2012（2）：146-158．

［57］陆远权，张德钢．环境分权、市场分割与碳排放［J］．中国人口·资源与环境，2016（6）：107-115．

［58］吕韬，曹有挥．"时空接近"空间自相关模型构建及其应用：以长三角区域经济差异分析为例［J］．地理研究，2010（2）：351-360．

［59］罗能生，李佳佳，罗富政．中国城镇化进程与区域生态效率关系的实证研究［J］．中国人口·资源与环境，2013（11）：53-60．

［60］罗小芳，卢现祥．环境治理中的三大制度经济学学派：理论与实践［J］．国外社会科学，2011（6）：56-66．

［61］马万里，杨濮萌．从"马拉松霾"到"APEC蓝"：中国环境治理的政治经济学［J］．中央财经大学学报，2015（10）：16-22．

［62］马晓钰，李强谊，郭莹莹．中国财政分权与环境污染的理论与实证：基于省级静态与动态面板数据模型分析［J］．经济经纬，2013（5）：

122 – 127.

[63] 聂飞，刘海云. FDI、环境污染与经济增长的相关性研究：基于动态联立方程模型的实证检验 [J]. 国际贸易问题，2015（2）：72 – 83.

[64] 潘越，陈秋平，戴亦一. 绿色绩效考核与区域环境治理：来自官员更替的证据 [J]. 厦门大学学报（哲学社会科学版），2017（1）：23 – 32.

[65] 彭文斌，吴伟平，邝嫦娥. 环境规制对污染产业空间演变的影响研究：基于空间面板杜宾模型 [J]. 世界经济文汇，2014（6）：99 – 110.

[66] 彭星. 环境分权有利于中国工业绿色转型吗？：产业结构升级视角下的动态空间效应检验 [J]. 产业经济研究，2016（2）：21 – 31.

[67] 皮建才，赵润之. 京津冀协同发展中的环境治理：单边治理与共同治理的比较 [J]. 经济评论，2017（5）：40 – 50.

[68] 祁毓，卢洪友，徐彦坤. 中国环境分权体制改革研究：制度变迁、数量测算与效应评估 [J]. 中国工业经济，2014（1）：31 – 43.

[69] 任敏. "河长制"：一个中国政府流域治理跨部门协同的样本研究 [J]. 北京行政学院学报，2015（3）：25 – 31.

[70] 任胜纲，袁宝龙. 长江经济带产业绿色发展的动力找寻 [J]. 改革，2016（7）：55 – 64.

[71] 邵帅，李欣，曹建华，杨莉莉. 中国雾霾污染治理的经济政策选择：基于空间溢出效应的视角 [J]. 经济研究，2016（9）：73 – 88.

[72] 邵帅，杨莉莉，黄涛. 能源回弹效应的理论模型与中国经验 [J]. 经济研究，2013（2）：96 – 109.

[73] 沈国兵，张鑫. 开放程度和经济增长对中国省级工业污染排放的影响 [J]. 中国工业经济，2015（4）：99 – 125.

[74] 沈洪涛，周艳坤. 环境执法监督与企业环境绩效：来自环保约谈的准自然实验证据 [J]. 南开管理评论，2017（6）：73 – 82.

[75] 沈坤荣，金刚. 中国地方政府环境治理的政策效应：基于"河长制"演进的研究 [J]. 中国社会科学，2018（5）：92 – 115.

[76] 沈坤荣，周力．地方政府竞争、垂直型环境规制与污染回流效应 [J]．经济研究，2020（3）：35-49．

[77] 盛巧燕，周勤．环境分权：政府层级与治理绩效 [J]．南京社会科学，2017（4）：20-26．

[78] 石敏俊，等．碳减排政策：碳税、碳交易还是两者兼之？[J]．管理科学学报，2013（9）：9-19．

[79] 石庆玲，陈诗一，郭峰．环保部约谈与环境治理：以空气污染为例 [J]．统计研究，2017（10）：88-97．

[80] 石庆玲，郭峰，陈诗一．雾霾治理中的"政治性蓝天"：来自中国地方"两会"的证据 [J]．中国工业经济，2016（5）：40-56．

[81] 史丹，李少林．排污权交易制度与能源利用效率：对地级及以上城市的测度与实证 [J]．中国工业经济，2020（9）：5-23．

[82] 宋德勇，张麒．环境分权与经济竞争背景下河流跨界污染的县域证据 [J]．中国人口·资源与环境，2018，28（8）：68-78．

[83] 宋马林，金培振．地方保护、资源错配与环境福利绩效 [J]．经济研究，2016（12）：47-61．

[84] 宋马林，王舒鸿．环境规制、技术进步与经济增长 [J]．经济研究，2016（3）：122-134．

[85] 宋民雪，刘德海，尹伟巍．经济新常态、污染防治与政府规制：环境突发事件演化博弈模型 [J]．系统工程理论与实践，2021，41（6）：1454-1464．

[86] 宋英杰，刘俊现．条块并存的环境分权对环保技术扩散的影响 [J]．中国人口·资源与环境，2019，29（5）：108-117．

[87] 孙广生等．全要素生产率、投入替代与地区间的能源效率 [J]．经济研究，2012（9）：99-112．

[88] 汤维祺，吴力波，钱浩祺．从"污染天堂"到绿色增长：区域间高耗能产业转移的调控机制研究 [J]．经济研究，2016（6）：58-70．

[89] 涂正革，谌仁俊．排污权交易机制在中国能否实现波特效应？[J]．经

济研究, 2015 (7): 160 - 173.

[90] 王兵, 聂欣. 产业集聚与环境治理: 助力还是阻力: 来自开发区设立准自然实验的证据 [J]. 中国工业经济, 2016 (12): 75 - 89.

[91] 王敏, 黄滢. 中国的环境污染与经济增长 [J]. 经济学 (季刊), 2015 (2): 557 - 578.

[92] 王书明, 蔡萌萌. 基于新制度经济学视角的 "河长制" 评析 [J]. 中国人口·资源与环境, 2011 (9): 8 - 13.

[93] 王印红, 李萌竹. 地方政府生态环境治理注意力研究: 基于 30 个省市政府工作报告 (2006 - 2015) 文本分析 [J]. 中国人口·资源与环境, 2017, 27 (2): 28 - 35.

[94] 魏守道, 汪前元. 南北国家环境规制政策选择的效应研究: 基于碳税和碳关税的博弈分析 [J]. 财贸经济, 2015 (11): 148 - 159.

[95] 魏一鸣, 廖华. 能源效率的七类测度指标及其测度方法 [J]. 中国软科学, 2010 (1): 128 - 137.

[96] 魏一鸣, 刘兰翠, 廖华. 中国碳排放与低碳发展 [M]. 北京: 科学出版社, 2017.

[97] 吴传清, 董旭. 长江经济带工业全要素生产率分析 [J]. 武汉大学学报 (哲学社会科学版), 2014 (4): 31 - 36.

[98] 吴建南, 文婧, 秦朝. 环保约谈管用吗?: 来自中国城市大气污染治理的证据 [J]. 中国软科学, 2018 (11): 66 - 75.

[99] 吴建祖, 王蓉娟. 环保约谈提高地方政府环境治理效率了吗?: 基于双重差分方法的实证分析 [J]. 公共管理学报, 2019 (1): 54 - 65.

[100] 吴磊, 贾晓燕, 吴超, 彭甲超. 异质型环境规制对中国绿色全要素生产率影响研究 [J]. 中国人口·资源与环境, 2020 (10): 82 - 92.

[101] 吴力波, 钱浩祺, 汤维祺. 基于动态边际减排成本模拟的碳排放权交易与碳税选择机制 [J]. 经济研究, 2014 (9): 48 - 61.

[102] 吴利学. 中国能源效率波动: 理论解释, 数值模拟及政策含义 [J]. 经济研究, 2009 (5): 130 - 142.

[103] 武普照，王倩. 排污权交易的经济学分析 [J]. 中国人口·资源与环境，2010（S2）：55-58.

[104] 肖加元，潘安. 基于水排污权交易的流域生态补偿研究 [J]. 中国人口·资源与环境，2016（7）：18-26.

[105] 肖兴志，李少林. 环境规制对产业升级路径的动态影响研究 [J]. 经济理论与经济管理，2013（6）：102-112.

[106] 许广月，宋德勇. 中国碳排放环境库兹涅茨曲线的实证研究：基于省域面板数据 [J]. 中国工业经济，2010（5）：37-47.

[107] 许和连，邓玉萍. 外商直接投资导致了中国的环境污染吗?：基于中国省际面板数据的空间计量研究 [J]. 管理世界，2012（2）：30-43.

[108] 闫文娟，郭树龙，史亚东. 环境规制、产业结构升级与就业效应：线性还是非线性? [J]. 经济科学，2012（6）：23-32.

[109] 杨超，王锋，门明. 征收碳税对二氧化碳减排及宏观经济的影响分析 [J]. 统计研究，2011（7）：45-54.

[110] 杨海生，陈少凌，周永章. 地方政府竞争与环境政策：来自中国省份数据的证据 [J]. 南方经济，2008（6）：15-30.

[111] 杨瑞龙，章泉，周业安. 财政分权、公众偏好和环境污染：来自中国省级面板数据的证据 [R]. 中国人民大学经济所宏观经济报告，2007.

[112] 杨子晖，田磊. "污染天堂" 假说与影响因素的中国省际研究 [J]. 世界经济，2017（5）：148-172.

[113] 叶金珍，安虎森. 开征环保税能有效治理空气污染吗 [J]. 中国工业经济，2017（5）：54-74.

[114] 余长林，高宏建. 环境管制对中国环境污染的影响：基于隐性经济的视角 [J]. 中国工业经济，2015（7）：21-35.

[115] 原毅军，谢荣辉. 环境规制的产业结构调整效应研究：基于中国省际面板数据的实证检验 [J]. 中国工业经济，2014（8）：12-22.

[116] 张成, 等. 环境规制强度和生产技术进步 [J]. 经济研究, 2011 (2): 113 – 124.

[117] 张国兴, 等. 中国节能减排政策的测量、协同与演变: 基于1978—2013 年政策数据的研究 [J]. 中国人口·资源与环境, 2014, 24 (12): 62 – 73.

[118] 张华. 地区间环境规制的策略互动研究: 对环境规制非完全执行普遍性的解释 [J]. 中国工业经济, 2016 (7): 74 – 90.

[119] 张华. 环境规制提升了碳排放绩效吗?: 空间溢出视角下的解答 [J]. 经济管理, 2014 (12): 166 – 175.

[120] 张华. 中国式环境联邦主义: 环境分权对碳排放的影响研究 [J]. 财经研究, 2017, 43 (9): 33 – 49.

[121] 张可, 汪东芳. 经济集聚与环境污染的交互影响及空间溢出 [J]. 中国工业经济, 2014 (6): 70 – 82.

[122] 张克中, 王娟, 崔小勇. 财政分权与环境污染: 碳排放的视角 [J]. 中国工业经济, 2011 (10): 65 – 75.

[123] 张文彬, 张理芃, 张可云. 中国环境规制强度省际竞争形态及其演变: 基于两区制空间 Durbin 固定效应模型的分析 [J]. 管理世界, 2010 (12): 34 – 44.

[124] 张晓娣, 刘学悦. 征收碳税和发展可再生能源研究: 基于 OLG-CGE 模型的增长及福利效应分析 [J]. 中国工业经济, 2015 (3): 18 – 30.

[125] 张学珍, 王发浩, 罗海江. 1978—2018 年中国环境污染的时空特征: 基于《人民日报》新闻报道 [J]. 地理研究, 2021, 40 (4): 1134 – 1145.

[126] 张征宇, 朱平芳. 地方环境支出的实证研究 [J]. 经济研究, 2010 (5): 82 – 94.

[127] 赵黎明, 殷建立. 碳交易和碳税情景下碳减排二层规划决策模型研究 [J]. 管理科学, 2016 (1): 137 – 146.

[128] 赵霄伟. 地方政府间环境规制竞争策略及其地区增长效应: 来自地级

市以上城市面板的经验数据 [J]. 财贸经济, 2014 (10): 105 – 113.

[129] 赵新华, 李斌, 李玉双. 环境管制下 FDI、经济增长与环境污染关系的实证研究 [J]. 中国科技论坛, 2011 (3): 101 – 105.

[130] 郑思齐, 万广华, 孙伟增, 罗党论. 公众诉求与城市环境治理 [J]. 管理世界, 2013 (6): 72 – 84.

[131] 钟茂初, 姜楠. 政府环境规制内生性的再检验 [J]. 中国人口·资源与环境, 2017 (12): 70 – 78.

[132] 周建国, 熊烨. "河长制": 持续创新何以可能: 基于政策文本和改革实践的双维度分析 [J]. 江苏社会科学, 2017 (4): 38 – 47.

[133] 周黎安. 中国地方官员的晋升锦标赛模式研究 [J]. 经济研究, 2007 (7): 36 – 50.

[134] 周鹏, 周迅, 周德群. 二氧化碳减排成本研究述评 [J]. 管理评论, 2014 (11): 20 – 27.

[135] 周亚虹, 宗庆庆, 陈曦明. 财政分权体制下地市级政府教育支出的标尺竞争 [J]. 经济研究, 2013 (11): 127 – 139.

[136] 朱帮助, 魏一鸣. 基于 GMDH-PSO-LSSVM 的国际碳市场价格预测 [J]. 系统工程理论与实践, 2011 (12): 2264 – 2271.

[137] 朱德米, 周林意. 当代中国环境治理制度框架之转型: 危机与应对 [J]. 复旦学报 (社会科学版), 2017 (3): 180 – 188.

[138] 邹璇, 雷璨, 胡春. 环境分权与区域绿色发展 [J]. 中国人口·资源与环境, 2019, 29 (6): 97 – 106.

[139] Adler J H. Jurisdictional Mismatch in Environmental Federalism [J]. NYU Envtl. LJ, 2005, 14: 130.

[140] Aghion, P and P Howitt. Endogenous Growth Theory [J]. MIT Press Cambridge, MA, 1998.

[141] Allan G, et al. The Impact of Increased Efficiency in the Industrial Use of Energy: A Computable General Equilibrium Analysis for the United Kingdom [J]. Energy Economics, 2007, 29 (4): 779 – 798.

[142] Apergis N, Payne J E. Energy Consumption and Economic Growth: Evidence from the Commonwealth of Independent States [J]. Energy Economics, 2009, 31 (5): 641 –647.

[143] Bandyopadhyay S, Shafikn N. Economic Growth and Environment Time Series and Cross-Country Evidence [R]. Background Paper for World Development Report World Bank, 1992.

[144] Banzhaf H S, Chupp B A. Fiscal Federalism and Interjurisdictional Externalities: New Results and an Application to US Air Pollution [J]. Journal of Public Economics , 2012, 96 (5 –6): 449 –464.

[145] Barker T, Ekins P, Foxon T. The Macro-Economic Rebound Effect and the UK Economy [J]. Energy Policy, 2007, 35 (10): 4935 –4946.

[146] Barro R J. Government Spending in a Simple Model of Endogenous Growth [R]. Journal of Political Economy, 1990: 103 –125.

[147] Besley T, Case A. Incumbent Behavior: Vote-Seeking, Tax-Setting, and Yardstick Competition [J]. American Economic Review, 1995, 85 (1): 25 –45.

[148] Boskovic B. Air Pollution, Externalities, and Decentralized Environmental Regulation [R]. 2015 –11 –20. http: //dx. doi. org/10. 2139/ssrn. 2781219.

[149] Bovenberg A L, Smulders S. Environmental Quality and Pollution Oaugmenting Technological Change in a Two Osector Endogenous Growth Model [J]. Journal of Public Economics, 1995: 369 –391.

[150] Brajer V, Mead R W, Xiao F. Searching for An Environmental Kuznets Curve in China's Air Pollution [J]. China Economic Review, 2011 (3): 383 –397.

[151] Bristow A L, Wardman M, Zanni A M, et al. Public Acceptability of Personal Carbon Trading Andcarbon Tax [J]. Ecological Economics, 2010, 69 (9): 1824 –1837.

[152] Burgess R, Hansen M, Olken B, A, et al. The Political Economy of Deforestation in the Tropics [J]. The Quarterly Journal of Economics, 2012,

127 (4): 1707 – 1754.

[153] Cachon G P, Kok A G. Competing Manufacturers in a Retailsupply Chain: On Contractual form and Coordination [J]. Management Science, 2010, 56 (3): 571 – 589.

[154] Caves D W, Christensen L R, Diewert W E. Multilateral Compositions of Output, Input and Productivity Using Superlative Index Numbers [J]. The Economic Journal, 1982, 92 (365): 73 – 86.

[155] Chang H F, Sigman H, Traub L G. Endogenous Decentralization in Federal Environmental Policies [J]. International Review of Law and Economics, 2014, 37: 39 – 50.

[156] Cole M A, Elliott R, Shanshan W. Industrial Activity and the Environment in China: an Industry-Level Analysis [J]. China Economic Review, 2008 (19): 393 – 408.

[157] Copeland B R, Taylor M S. Trade and The Environment: Theory and Environment [M]. Princeton University Publishing House, 2003.

[158] Copeland B R, Taylor M S. North-South Trade and The Environment [J]. Quarterly Journal of Economics, 1994, 109 (3): 755 – 787.

[159] Cumberland J H. Efficiency and Equity in Interregional Environmental Management [J]. Review of Regional Studies, 1981, 2 (1): 1 – 9.

[160] Cutter B, Deshazo J R. The Environmental Consequences of Decentralizing the Decision to Decentralize [J]. Journal of Environmental Economics and Management , 2007, 53 (1): 32 – 53.

[161] Dasgupta P, Heal G. Economic Theory and Exhaustible Resources Cambridge [M]. Cambridge University Press, 1974.

[162] Dasgupta S. Environmental Regulation and Development: Cross-Country Empirical Analysis [J]. Journal of Oxford Development Studies, 2001, 29 (2): 173 – 187.

[163] Ederington J, et al. Foot Loose and Pollution-Free [J]. Review of Econom-

ics and Statistics, 2005, 87 (1): 92 – 99.

[164] Falleth E I, Hovik S. Local Government and Nature Conservation in Nor-
way: Decentralisation as a Strategy in Environmental Policy [J]. Local En-
vironment, 2009, 14 (3): 221 – 231.

[165] Fare R, et al. Productivity Growth, Technical Progress, and Efficiency
Change in Industrialized Countries [J]. American Economic Review,
1994, 84 (1): 66 – 83.

[166] Farzanegan M R, Mennel T. Fiscal Decentralization and Pollution: Institu-
tions Matter [R]. Magks Papers on Economics, 2012.

[167] Ferrara I, Missios P, Yildiz H M. Inter-Regional Competition, Compara-
tive Advantage and Environmental Federalism [J]. The Canadian Journal of
Economics, 2014, 47 (3): 905 – 952.

[168] Frank A. Urban Air Quality in Larger Conurbations in the European Union
[J]. Environment Modeling and Software, 2001 (16).

[169] Fredriksson P G, Millimet D L. Strategic Interaction and the Determination
of Environmental Policy Across U. S. States [J]. Journal of Urban Econom-
ics, 2002, 51 (1): 101 – 122.

[170] Fredriksson P G, Wollscheid J R. Environmental Decentralization and Polit-
ical Centralization [J]. Ecological Economics, 2014, 107 (C): 402 –
410.

[171] Friedl B, Getzner M. Determinants of CO_2 Emission in a Small Open Econo-
my [J]. Journal of Economics, 2003 (45): 133 – 148.

[172] Garcia-Valiñas M A. What Level of Decentralization is Better in Environ-
mental Context? An Application to Water Policies [J]. Environmental Re-
source, 2007, 38 (2): 213 – 229.

[173] Glomsrød S, Wei T Y. Coal Cleaning: A Viable Strategy for Reduced Car-
bon Emissions and Improved Environment in China? [J]. Energy Policy,
2005, 33 (4): 525 – 542.

[174] Goel R K, Mazhar U, Nelson M A, et al. Different forms of Decentraliza-
tion and Their Impact on Government Performance: Microlevel Evidence
from 113 Countries [J]. Economic Modelling, 2017, 62: 171 – 183.

[175] Gordon R H. An Optimal Taxation Approach to Fiscal Federalism [J]. The
Quarterly Journal of Economics, 1983, 98 (4): 567 – 586.

[176] Gray, W. B. , Shadbegian, R. J. Optimal Pollution Abatement: Whose
Benefits Matter, and How Much? [J]. Journal of Environmental Economics
and Management, 2002, 47 (3): 510 – 534.

[177] Greening A L, Greene D L, Difiglio C. Energy Efficiency and Consump-
tion—the Rebound Effect—a Survey [J]. Energy Policy, 2000, 28 (6):
389 – 401.

[178] Grimaud A, Rouge L. Non Orenewable Resources and Growth with Vertical
Innovations: Optimum, Equilibrium and Economic Policies [J]. Journal of
Environmental Economics and Management, 2003: 433 – 453.

[179] Grooms K K. Enforcing the Clean Water Act: The effect of Statelevel Cor-
ruption on Compliance [J]. Journal of Environmental Economics & Man-
agement, 2015, 73: 50 – 78.

[180] Grossman G M, Krueger A B. Economic Growth and the Environment [J].
The Quarterly Journal of Economics, 1995 (2): 353 – 377.

[181] Grossman G M, Krueger A B. Environmental Impacts of a North American
Free Trade Agreement [J]. NBER Working Paper No. 3914, 1991.

[182] Grossman G M, Krueger A B. Environment in Pacts of the North American
Free Trade Agreement [R]. NBER Working Paper, 1991.

[183] Hanley N, et al. Do Increases in Energy Efficiency Improve Environmental
Quality and Sustainability? [J]. Ecological Economics, 2009, 68 (3):
692 – 709.

[184] Hannes E. Are Cross-Country Studies of the Environmental Kuznets Curvern
is Leading? New Evidence from Time Series Data for Germany [R]. Dis-

cussion Paper of Ernst-Moritz-Arndt University of Greifswald, 2001.

[185] Helland E, Whitford A B. Pollution Incidence and Political Jurisdiction: Evidence from the TRI [J]. Journal of Environmental Economics and Managemen, 2002, 46 (3): 403 – 424.

[186] Holdren J P, Ehrlich P R. Human Population and the Global Environment [J]. American Scientist, 1974, 62 (3): 282 – 292.

[187] Holtz-Eakin D, Selden T D. Stoking the Fires CO_2 Emission and Economic Growth [J]. Journal of Public Economics, 1995 (57): 85 – 101.

[188] Hu J L, Wang S C. Total-Factor Energy Efficiency of Regions in China [J]. Energy Policy, 2006, 34 (17): 3206 – 3217.

[189] Jacobsen G D, et al. The Behavioral Response to Voluntary Provision of an Environmental Public Good: Evidence from Residential Electricity Demand [J]. European Economic Review, 2010, 56 (5): 946 – 960.

[190] Kathuria V. Controlling Water Pollution in Developing and Transition Countries-lessons from Three Successful Cases [J]. Journal of Environmental Management, 2006, 78 (4): 405 – 426.

[191] Konisky D M. Regulatory Competition and Environmental Enforcement: Is There A Race to the Bottom? [J]. American Journal of Political Science, 2007, 51 (4): 853 – 872.

[192] Konisky D M, Woods N D. Environmental Free Riding in State Water Pollution Enforcement [J]. State Politics & Policy Quarterly, 2012, 12 (3): 227 – 251.

[193] Konisky D M, Woods N D. Environmental Policy, Federalism, and the Obama Presidency [J]. Publius: The Journal of Federalism, 2016, 46 (3): 366 – 391.

[194] Kunce M, Shogren J F. Destructive Interjurisdictional Competition: Firm, Capital and Labor Mobility in a Model of Direct Emission Control [J]. Ecological Economics, 2007, 60 (3): 543 – 549.

[195] Lazear E P, Rosen S. Rank-Order Tournaments as Optimum Labor Contracts [J]. Social Science Electronic Publishing, 1981, 89 (5): 841 – 64.

[196] LeSage J P. An Introduction to Spatial Economics [J]. Revue D Economic Industrielle, 2008 (3): 19 – 44.

[197] Lesage J P, Pace R K. Introduction to Spatial Econometrics [M]. London: CRC Press, 2009.

[198] Levinson A. Environmental Regulatory Competition: A Status Report and Some New Evidence [J]. Natioanl Tax Journal, 2003: 91 – 106.

[199] Ligthart J, Van der Ploeg F. Pollution, The Cost of Public Funds and Endogenous Growthl [J]. Economic Letters, 1994 (4): 339 – 349.

[200] Lipscomb M, Mobarak M. Decentralization and Pollution Spillovers: Evidence from the Redrawing of County Borders in Brazil [J]. Review of Economic Studies, 2017, 84 (1): 464 – 502.

[201] Lopez R. The Environment as A Factor of Production: The Effects of Economic Growth and Trade Liberalization [J]. Journal of Environmental Economics and Managemen, 1994, 27 (2): 163 – 184.

[202] Lucas E, Wheeler D. Economic Development Environment Regulation and the International Migration of Toxic Industrial Pollution [R]. Background Paper for World Development Report, 1992.

[203] Lucas R. On the Mechanics of Economic Development [J]. Journal of Monetary Economics, 1988 (1): 3 – 421.

[204] Magnani E. The Environmental Kuznets Curve, Environmental Protection Policy and Income Distribution [J]. Ecological Economics, 2000, 32 (3): 431 – 443.

[205] Markandya A, Pedroso-Galinato S, Streimikiene D. Energy Intensity in Transition Economies: Is there Convergence Towards the EU Average? [J]. Energy Economics, 2006, 28 (1): 121 – 145.

[206] Meadows D H, et al. The Limits to Growth [M]. Universe Books, 1972.

[207] Millimet D L. Assessing the Empirical Impact of Environmental Federalism [J]. Journal of Regional Science, 2003, 43 (4): 711 – 733.

[208] Musgrave R A. The Theory of Public Finance: A Study in Public Economy [J]. The American Journal of Clinical Nutrition, 2014, 99 (1): 213 – 213.

[209] Oates W E. A Reconsideration of Environmental Federalism [R]. Washington DC: Resources for the Future, 2001.

[210] Oates W E. Fiscal Federalism [M]. New York: Harcourt, 1972.

[211] Oates W E, Portney P R. The Political Economy of Environmental Policy [J]. Handbook of Environmental Economics, 2003, 1: 325 – 354.

[212] Oates W E. The Arsenic Rule: A Case for Decentralized Standard Setting? [J]. Resources, 2002 (147): 16 – 18.

[213] Oyono P R. Profiling Local-Level Outcomes of Environmental Decentralizations: The Case of Cameroon's Forests in the Congo Basin [J]. Journal of Environment & Development, 2005, 14 (2): 1146 – 1152.

[214] Porter M E, Linde C V D. Toward a New Conception of the Environment-Competitiveness Relationship [J]. The Journal of Economic Perspectives, 1995, 9 (4): 97 – 118.

[215] Shafik N. Economic Development and Environmental Quality: An Econometric Analysis [J]. Oxford Economic Papers, 1994, 46: 757 – 773.

[216] Shleifer A. A Theory of Yardstick Competition [J]. Rand Journal of Economics, 1985, 16 (3): 319 – 327.

[217] Sigman H. Decentralization and Environmental Quality: An International Analysis of Water Pollution Levels and Variation [J]. Land Economics, 2014, 90 (1): 114 – 130.

[218] Sjoberg E, Xu J. An Empirical Study of US Environmental Federalism: RCRA Enforcement from 1998 to 2011 [J]. Ecological Economics, 2018,

147: 253 – 263.

[219] Sorrell S, Dimitropoulos J, Sommerville M. Empirical Estimates of the Direct Rebound Effect: A Review [J]. Energy Policy, 2009, 37 (4): 1356 – 1371.

[220] Stern D I, Common M S. Is There an Environmental Kuznets Curve for Sulfur? [J]. Working Papers in Ecological Economics, 1998 (2): 162 – 178.

[221] Stern D I. Progress on the Environmental Kuznets Curve? [J]. Environment and Development Economics, 1998, 3 (2): 173 – 196.

[222] Stewart R B. Pyramids of Sacrifice? Problems of Federalism in Mandating State Implementation of National Environmental Policy [J]. Yale Law Journal, 1977, 86 (6): 1196 – 1272.

[223] Tiebout C M. A Pure Theory of Local Expenditures [J]. Journal of Political Economy, 1956, 64 (5): 416 – 424.

[224] Tobler W A. A Computer Movie Simulating Urban Growth in The Detroit Region [J]. Economic Geography, 1970 (2): 234 – 240.

[225] Ulph A. Political Institutions and the Design of Environmental Policy in a Federal System with Asymmetric Information [J]. European Economic Review, 1998, 42 (3 – 5): 583 – 592.

[226] Vinkanen J. Effect of Urbanization on Metal Deposition in the Bay of Southern Finaland [J]. Marine Pollution Bulletin, 1999 (36).

[227] Wilson J. A Theory of Interregional Tax Competition [J]. Journal of Urban Economics, 1986, 19 (3): 296 – 315.

[228] Wilson J D. Theories of Tax Competition [J]. National Tax Journal, 1999: 269 – 304.

[229] Yerhoef E T, Nijkamp P. Externalities in Urban Sustainability: Environment Versus Localization-Type Agglomeration Externalities in a General Spatial Equilibrium Model of a Singel-Sector Monocentric Industrial City [J].

Ecological Economics, 2002 (40).

[230] Zhang X P, et al. Total-Factor Energy Efficiency in Developing Countries [J]. Energy Policy, 2011, 39 (2): 644 – 650.

[231] Zodrow G R, Mieszkowski P. Pigou, Tiebout, Property Taxation, and the Underprovision of Local Public Goods [J]. Journal of Urban Economics, 1986, 19 (3): 356 – 370.